高 等 学 校 教 材

化工过程计算机
辅助设计基础

田文德　汪海　王英龙　编

U0243457

化学工业出版社

·北京·

本书以化工概念设计、流程设计、单元设计、控制方案设计和设计文档为编写主线，以 Aspen Plus 化工模拟软件为工具，通过大量的实例来说明计算机技术在化工设计过程中的基础应用。每章均给出了案例的详细设计过程和按顺序排列的 Aspen 软件截图，以方便读者重复这些案例。

　　本书可作为高等院校化工、石油、生物、制药、食品、环境、材料等专业的本科生和研究生教材，也可供这些专业的科研、设计、管理及生产人员参考使用。

图书在版编目（CIP）数据

化工过程计算机辅助设计基础/田文德，汪海，王英龙编 . —北京：化学工业出版社，2012.8（2015.8 重印）
高等学校教材
ISBN 978-7-122-14563-5

Ⅰ.①化…　Ⅱ.①田…②汪…③王…　Ⅲ.①化工过程-计算机辅助设计-高等学校-教材　Ⅳ.①TQ02-39

中国版本图书馆 CIP 数据核字（2012）第 131646 号

责任编辑：徐雅妮　　　　　　　　　　文字编辑：孙凤英
责任校对：边　涛　　　　　　　　　　装帧设计：关　飞

出版发行：化学工业出版社（北京市东城区青年湖南街 13 号　邮政编码 100011）
印　　刷：北京市振南印刷有限责任公司
装　　订：三河市宇新装订厂
787mm×1092mm　1/16　印张 15¼　字数 393 千字　　2015 年 8 月北京第 1 版第 2 次印刷

购书咨询：010-64518888（传真：010-64519686）　　售后服务：010-64518899
网　　址：http://www.cip.com.cn
凡购买本书，如有缺损质量问题，本社销售中心负责调换。

定　　价：32.00 元　　　　　　　　　　　　　　　　版权所有　违者必究

前　言

化工专业以讲授化工基本原理和简单计算过程为主，强调掌握基本概念和基本公式，培养能在化工、炼油、能源、环保和医药等部门从事工程设计的高级工程技术人员。目前化工专业中可供使用的教材种类繁多，分别从设计原理、计算程序、绘图规范等各个方面介绍了化工设计过程。但由于缺乏系统性和直观性，学生欲依靠使用一两部教材来完成课程设计和毕业设计的全部工作基本是不可能的。因此，编写一部系统性较强的化工辅助设计教材，可以大大减轻学生查阅文献资料的负担，提高学生复杂计算的能力，从而有力地提高他们独立进行化工设计的能力。

本教材以 Aspen Plus 软件为工具，综合流程模拟、单元设计、控制方案设计和绘图，系统性地介绍化工设计过程，强化学生的整体设计能力。为方便读者练习，本教材选取几个短小精悍的案例，以实例介绍的形式逐步展开各阶段的设计工作。每章均给出了案例设计的详细步骤截图，并列出了软件输入所需的数据列表，以及最终设计结果的数据表和软件截图，力图使读者能够顺利地重复书中案例，加深对具体设计过程的理解。此外，多数案例还配置了经济分析数据，并介绍了针对各类设备和流程进行经济效益优化的步骤和详细截图，以强化读者对优化工程设计的理解。

本教材在编写过程中，注意吸收我校在化工系统工程教学方面的丰富经验和体会，力争深入浅出、循序渐进、层次分明、论述严谨。同时注意结合化工专业的课程设计、毕业设计的实际需要，有针对性地介绍实际设计过程的思路和步骤，激发学生学习兴趣，让读者深切体会"学有所用"的认同感。

与本书配套的《化工过程计算机应用基础》于 2007 由化学工业出版社出版。该书以Matlab、GAMS、Fluent 等软件为工具，详细介绍了各类化工单元设备的设计、模拟和优化思路，并附有大量例题和源代码，可作为本书的基础教程参考使用。

本书共分五章。第 1 章为化工过程设计常用软件，简要介绍了化工中常用的软件 AspenPlus 和 PRO/Ⅱ，以及常用的工程计算语言 Matlab 的基本特征。第 2 章至第 5 章分别介绍了运用这些工具解决概念设计、流程设计、单元设计和控制方案设计的过程。附录部分对常见的化工设计文档进行了简介。本书由青岛科技大学田文德、王英龙和泰山医学院汪海编写，其中第 2 章、第 4 章和第 5 章由田文德编写，第 1 章和附录由汪海编写，第 3 章由王英龙编写。此外，青岛科技大学孙素莉、杨霞、李玉刚、程华农、叶臣等老师也参与了本书内容的组织与核定。

  在本书编写过程中，得到了青岛科技大学化工学院武玉民院长和王伟文副院长的大力支持与帮助，并提出了许多宝贵意见，在此表示衷心的感谢。此外，已毕业的硕士研究生杜廷召、在读硕士研究生胡明刚、张方坤参与了程序编制和书稿校验，在此一并表示感谢。

  由于编者水平有限，书中不足之处在所难免，有不妥之处，恳请读者批评指正。

编 者

2012 年 6 月

于青岛科技大学

目 录

第 5 章　化工过程控制方案设计

第1章

化工过程设计常用软件

1.1 Aspen Plus

1.1.1 Aspen Plus 简介

20 世纪 70 年代后期，在美国能源部资助下组成了一个开发小组，由麻省理工学院（MIT）主持、55 个高校和公司参与开发新型第三代流程模拟软件。该项目称为"过程工程的先进系统"（Advanced System for Process Engineering，简称 ASPEN），并于 1981 年底完成。1982 年为了将其商业化，成立了 Aspen Tech 公司，并称之为 Aspen Plus。Aspen Tech 公司在随后的时间里又先后兼并了 20 多个在各行业中技术领先的公司，成为为过程工业提供从集散控制系统（DCS）到企业资源计划（ERP）全方位服务的公司。Aspen ONE 作为一流的领先产品将 Aspen Tech 公司的所有产品统一起来，Aspen Tech 于 1994 在纳斯达克上市。

Aspen Plus 是一款功能强大的化工设计、过程流程模拟及各类计算的软件，它几乎能满足大多数化工设计及计算的要求，其计算结果得到许多同行的认可。Aspen Plus 软件经过 20 多年不断的改进、扩充和提高，已先后推出了十多个版本，成为举世公认的标准大型流程模拟软件，应用案例数以万计。全球各大化工、石化、炼油等过程工业制造企业及著名的工程公司都是 Aspen Plus 的用户。

（1）Aspen Plus 的主要功能和特点

① 具有方便灵活的用户操作环境，数据输入方便、直观，所需数据均以填表方式输入，内装在线专家系统 Model Manager 自动引导帮助用户逐步完成数据的输入工作。

② 配有最新且完备的物性模型库，具有物性数据回归、自选物性及数据库管理等功能。

③ 具有全面、广泛的化工单元操作模型，能方便地构成各种化工生产流程。

④ 应用范围广泛，可模拟分析各类过程工业，如化工、石油、生物化工、合成材料、冶金等行业。

⑤ 模拟计算以交互方式分析计算结果，按模拟要求修改数据，调整流程。

⑥ 强大的流程分析与优化功能。提供了一些重要的模拟分析工具，如流程优化、灵敏度分析、设计规定及工况研究等。具有技术经济估算系统，可进行设备投资费用、操作费用及工程利润估算。

⑦ DXF 格式接口可以将 Model Manager 中的流程图按 DXF 标准格式输出，冉转换成其他 CAD 系统，如 AutoCAD 所能调用的图形文件。

⑧ 可与 Aspen Tech 公司其他产品有效集成。

⑨ 具有与 Excel、VB 及其他 Aspen 软件的通信接口。

（2）Aspen Plus 的物性数据库

① Aspen Plus 共含有 5000 个纯组分数据。

② 40000 个二元交互参数可用于 5000 个二元混合物、1000 多个水相离子反应的反应常数。

③ 与世界上最大的热力学实验物性数据库 DETHERM（含 250000 多个混合物的气-液平衡、液-液平衡以及其他物性数据）的接口。

④ 可以建立自己的专用物性数据库。

在 Aspen Plus 中，有专用于 NRTL、WILSON 和 UNIQVAC 方法的二元交互参数库，如 VLE-IG、VLE-RK、VLE-HOC、VLE-LIT 及 VLE-ASPEN、LIE-LIT；亨利系数的二元参数库有 HENRY 及 BINARY；Aspen Plus 的电解质专家系统，有内置电解质，包括几乎所有常见的电解质应用中化学平衡常数及各种电解质专用二元参数。只要启动电解质热力学方法，这些参数便会自动检索。

其中的纯组分数据库有以下几种。

① Aqueous：适用于电解质（水溶剂），含 900 种离子参数。

② ASPEN PCD：含 472 个有机和无机化合物参数（主要为有机物）。

③ INORGANIC：含约 2450 个化合物物性数据（绝大多数为无机物）。

④ PURE10：基于 DIPPR 的数据库，含 1727 个（绝大多数为有机物）化合物参数，是 Aspen Plus 的主要数据库。

⑤ SOLIDS：含 3314 种固体化合物参数，主要用于固体和电解质的处理。

⑥ COMBUST：专用于高温、气相计算，含 59 种燃烧产物中典型组分的参数。

（3）Aspen Plus 的热力学模型

Aspen Plus 的热力学模型适用体系为：① 非理想体系——采用状态方程与活度系数相结合的模拟；② 原油和调和馏分；③ 水相和非水相电解质溶液；④ 聚合物体系；

Aspen Plus 的热力学状态方程有：① Benedict-Webb-Rubin-Lee-Starling(BWRS)；② Hayden-O'Connell；③ 用于 Hexamerization 的氢-氟化物状态方程；④ 理想气体模型；⑤ Lee-Kesler(LK)；⑥ Lee-Kesler-Plocker；⑦ Peng-Robinson(PR)；⑧ 采用 Wong-Sandler 混合规则的 SRK 或 PR；⑨ 采用修正的 Huron-Vidal-2 混合规则的 SRK 或 PR；⑩ 用于聚合物的 Sanchez-Lacombe 模型。

Aspen Plus 的热力学活度系数模型有：① Eletrolyte NRTL；② Flory-Huggins；③ NRTL；④ Scatchard-Hilde-Brand；⑤ UNIQUAC；⑥ UNIFAC；⑦ Van Laar；⑧ WILSON。

Aspen Plus 的其他热力学模型还有：① API 酸水方法；② Braun K-10；③ Chao-Seader；④ Grayson-Streed；⑤ Kent-Eisenberg；⑥ 水蒸气物性数据表。

（4）Aspen Plus 的物性分析工具

① 物性常数估算方法：可用于分子结构或其他易测量的物性常数（如正常沸点）估算其他物性计算模型的常数。

② 数据回归系统：用于实验数据的分析和拟合。

③ 物性分析系统：可以生成表格和曲线，如蒸气压曲线、相际线、t-p-x-y 图等。

④ 原油分析数据处理系统：用精馏曲线、相对密度和其他物性曲线特性化原油物系。

⑤ 电解质专家系统:对复杂的电解质体系可以自动生成离子或相应的反应。

（5）Aspen Plus 的单元模型库

① RADFRAC：用于精馏、吸收、萃取精馏和共沸精馏的严格法模拟；RADFRAC 可以

处理有双液相、固相以及带有化学反应和电化学反应的情况。

② PETROFRAC：用于炼油厂的预闪蒸塔、常减压塔、催化裂化主馏分塔和延迟焦化分馏塔等。

③ 各种反应过程：产率反应器（RYIELD）、化学计量反应器（RSTOIC）、化学平衡反应器（REQUIL）、基于 Gibbs 自由能最小化的平衡反应器（RGIBBS）、连续搅拌槽式反应器（RCSTR）、活塞流反应器（RPLUG）和间歇反应器（RBATCH）。

④ 固体处理模型：破碎机、筛分、织物过渡器、文丘里洗涤器、静电沉降器、水力旋流器、离心过滤器、旋风过滤器、洗矿机、结晶器和逆流洗涤器。

⑤ 严格的设备尺寸和性能计算：泄压阀、换热器、泵和压缩机、管线以及板式塔和填料塔。

⑥ 可以结合用户建立的设备计算模块。

1.1.2　Aspen Plus 基本操作

使用 Aspen Plus 进行流程模拟的基本步骤包括流程的设置、化学组分信息的输入、物性计算方法和模型的选择、单元模块参数的输入、过程运行和查看结果等。

在程序菜单中打开 Aspen Plus User Interface 启动 Aspen Plus。在弹出的对话框中，用户可以选择 Blank Simulation（新流程）、Template（模板）和 Using an Existing Simulation（打开一个已有的流程）。然后确定用户服务器的位置，使用缺省项，点 OK 键，进入 Aspen Plus 主界面。

图 1-1 为 Aspen Plus 的主界面，使用该工作页面可建立、显示模拟流程图及 PFD-STYLE 绘图。从主窗口可打开其他窗口，如绘图窗口（Plot）、数据浏览窗口（Data Browser）等。文件菜单有如下常见选项：新建（New）、打开（Open）、储存（Save）等。输出选项（Export），允许输出报告、摘要、输入和运行过程中提供的任何信息。

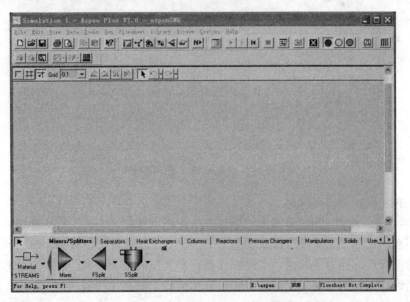

图 1-1　Aspen Plus 的主界面

图 1-2 为 Aspen Plus 的输入界面，在图中左侧窗口的树形目录中，可以依次进行全局设定、组分输入、物性方法选择、流程设定、模块参数设定等操作。如图中右侧窗口显示，在

全局设定（Setup）中，可以指定过程的标题、输入输出数据的单位制及过程的类型；当全局设定完成后，左侧目录树文件夹图标上对应的红色标识会变为蓝色对号，显示这一项所需要的参数设定已经满足计算的需要，这时可以对下一个文件夹选项进行相关设定。第二个文件夹是组分目录项（Components），打开后可以将整个过程中所有组分的化学信息输入，其中每个组分必须有唯一的 ID，可以选择用英文名称或者分子式输入，利用弹出的对话框区别同分异构体；第三项（Properties）是对过程模拟的物性方法加以设定，根据不同的物系和领域选择合适的物性方法；在第四项流程设置（Flowsheet）点击打开的右侧窗口中，可以进行整个流程中的各个模拟的 ID、输入输出流股等流程信息的修改；在下一个文件夹流股项（Streams）点击打开的窗口中可以修改各输入流股的温度、流量、压力等参数，也可以查看各输出流股的相应参数计算结果；同样下一个模块项（Blocks）的打开窗口可以查看、修改和模块相连接的所有流股的信息以及对模块自身的相关参数进行设定修改。还有一个非常重要的目录项就是结果汇总（Results Summary），在打开窗口中可以查看所有输入和计算输出数据的结果，这些数据也可以直接和 Excel 或者 Origin 等数据处理软件共享使用以进行相关的绘图、拟合等数据处理过程。

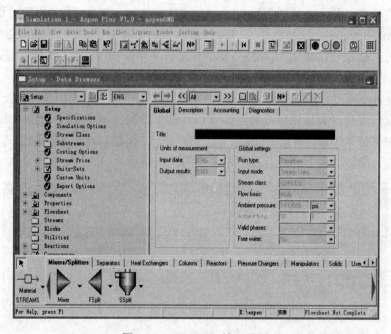

图 1-2　Aspen Plus 输入界面

（1）Aspen Plus 的流程设置

Flowsheet 是 Aspen Plus 最常用的运行类型，可以使用基本的工程关系式，如质量和能量平衡、相态和化学平衡以经济反应动力学去预测一个工艺过程。在 Aspen Plus 的运行环境中，只要给出合理的热力学数据、实际操作条件和严格的平衡模型，就能够模拟实际装置的现象，帮助设计更好的方案、优化现有的装置和流程，提高工程利润。

Aspen Plus 中用单元操作模型来表示实际装置的各个设备，主要包括混合器/分流器、分离器、换热器、蒸馏塔、反应器、压力变送器、手动操作器、固体处理装置、用户模型。选择相应合理的模型对于整个模拟流程是至关重要的，应按照所模拟反应器的特点加以选择。

定义的步骤是：选择单元操作模块，将其放置到流程窗口中；用物流、热流和功流连接模块；最后检查流程的完整性。

在流程中放置一个单元模块的方法：① 在模型库中单击一个模型类别标签；② 选择一个单元操作模型，单击下箭头选择一个模型图标；③ 在模块上单击并拖拉该图标到期望放置的流程位置上，然后释放鼠标。

在画好流程的基本单元后，就可以打开物流区，用物流将各个单元设备连接起来。

在流程中放置物流的方法：① 在模型库中的 Streams 图标上单击；② 如果想选择一个不同的物流类型（物料、热或功），单击靠近图标的下箭头，然后选择不同的类型；③ 选择一个高亮显示的出口做连接；④ 重复第③步连接物流的另一端；⑤ 若把一个物流的末端作为工艺物流的进料，或者作为产品来放置，则单击工艺流程窗口的空白部分；⑥ 单击鼠标右按钮停止建立物流。

进行物流连接时，系统会提示在设备的哪些地方需要物流连接，并在图中以红色标记显示。在红色标记处，确定所需要连接的物流，当整个流程结果确定后，红色标记消失，按 Next 按钮，系统提示需要做的工作。

若要在数据浏览器中显示一个物流或单元模块显示的输入表，在该对象上双击鼠标左键，若对单元模块和物流改名、删除、改变图标、提供输入数据或浏览结果，则：① 通过在模块或物流上单击鼠标左键，选择对象；② 当鼠标指针在所选择的对象图标之上时，单击鼠标右键，弹出该对象的菜单；③ 选择相应的菜单项目。

（2）物流数据及其他数据的输入

① 当流程的参数没有完全输入时，系统自动打开数据浏览器（Data Browser）使用户了解哪些参数需要输入，并以红色标记显示。

② 在组分（Component）一栏中，输入流程的组分，也可以通过查找功能从 Aspen 数据库中确定需要的组分。

③ 在物性计算方法栏（Properties-Specification）确定整个流程计算所需的热力学方法。

④ 设置物流的参数，包括压力、温度、浓度等。设定设备的参数，如塔板数、回流比。

⑤ 当数据浏览器的红色标记变成蓝色对号后，按 Next 按钮，系统提示所有信息输入完毕，可以进行计算。

（3）结果的输出

Aspen Plus 的缺省文件扩展名是 apw，备份文件扩展名是 bkp，模板文件扩展名是 apt。

当 Aspen Plus 对整个流程计算完毕以后，在数据浏览器中的结果汇总（Results Summary）中可以看到模拟的结果，也可以在物流（Streams）中看到输出物流的计算结果。更为详细的内容可通过生成数据文件获取，该数据文件以文本形式保存，便于其他软件调用编辑。获取数据文件的步骤如下。

① 点击 File，在其下拉菜单中选取 Export。

② 在弹出的 Export 对话框中，选择文件的保存类型为"Report File"。

③ 在文件名中输入文件名，点击保存，就可以在相关文件夹中找到此文件。

（4）灵敏度分析和设计规定

此功能在 Data Browser 页面下的 Sensitivity Form 表单中设定，其目的是测定某个变量对目标值的影响程度。分别定义分析变量（Sampled Variables）和操纵变量（Manipulated

Variables），设定操纵变量的变化范围，即可执行灵敏度分析。这一功能可以直观地发现哪一个变量对目标值起着关键作用。

在灵敏度分析的基础上，当确定了一个关键因素，并且希望它对系统的影响达到一个所希望的精确值时，就可通过设计规定来实现。因而除了要设置分析变量和操纵变量外，还要设定一个明确的希望值。Aspen Plus 让以前烦琐的实验求证过程变得简单。设定设计规定后，必须迭代求解回路，此外带有再循环回路的模块本身也需要循环求解。对于带有设计规定的流程，需按以下三个步骤来模拟。

① 选择撕裂流股。一个撕裂流股就是由循环确定的组分股、总摩尔流、压力和焓的循环流股，它可以是一个回路中的任意一个流股。

② 定义收敛模块使撕裂流股、设计规定收敛。由收敛模块决定如何对撕裂流股或设计规定控制的变量在循环过程中进行更新。

③ 确定一个包括所有单元操作和收敛模块在内的计算次序。当然，如果既没有规定撕裂流股，也没有规定收敛模块和顺序，Aspen Plus 会自动确定它们。

（5）物性分析和物性估算

在运行流程之前，确定各组分的相态及物性是否与所选择的物性方法相适应是很重要的。物性分析功能就可以帮助解决这样的问题。如果对某种物质的物理属性不是很清楚，想借助 Aspen Plus 强大的物性数据库来获得这些信息也是可以的。

可通过三种方式使用物性分析：① 单独运行，即将运行类型设置为 Property Analysis；②在流程图中运行；③ 在数据回归中运行。可使用 Tools 菜单下的 Analysis 命令来交互进行物性分析，也可在 Data Browser 的 Analysis 文件夹中使用窗口手动生成。进行物性分析的内容包括：纯组分物性、二元系统物性、三元共沸曲线图以及流程模型中的物流物性等。

Aspen Plus 在数据库中为大量组分存储了物性参数。如果所需的物性参数不在数据库中，可以直接输入，用物性估计进行估算，或用数据回归从实验数据中获取。与物性分析一样，物性估计也有三种运行方式，其中单独使用时只需将运行类型设置为 Property Estimation 即可。估计物性所必需的参数有：标准沸点温度（TB）、相对分子质量（MW）和分子结构。

另外，由于估计选项设定的不同，还可能需要对纯组分的常量参数、受温度影响的参数以及二元参数、UNIFAC 参数进行规定。总之，为了获得最佳的参数估计，应尽可能地输入所有可提供的实验数据。

（6）物性数据回归

通过这一功能，可以用实验数据来确定 Aspen Plus 模拟计算所需的物性模拟参数。Aspen Plus 数据回归系统，将物性模型参数与纯组分或多组分系统测量数据相匹配，进而进行拟合。可输入的实验物性数据有：气-液平衡数据、液-液平衡数据、密度值、热容值、活度系数值等。

数据回归系统会基于所选择的物性或数据类型，指定一个合理的标准差缺省值。如果不满意该标准差，最好自行设定，以提高准确度。回归的结果保存在 Data Browser 页的 Regression 文件夹的 Results 中。如果回归参数的标准偏差是零或是均方根残差很大，说明回归结果不好。这时，需要将数据绘制成曲线，查看一下每一个数据点是如何拟合的。

合理回归数据之后，在流程中使用它们时，先将模拟的运行类别设为 Flowsheet，然后打开 Tools 菜单的 Options 选项，在 Component Data 表页中选择将回归结果和估算结果复制到物性表的复选框即可。

1.1.3 应用举例

以如下三元混合物系的连续精馏过程为例来说明 Aspen Plus 的应用。

某生产过程产生的物流为甲醇-二甲醚-水三元混合物，需要采用精馏方法进行分离。已知进料流量为 80kmol/h，压力为 8atm（1atm=101325pa，下同）、温度为 30℃，混合物中水、甲醇和二甲醚的摩尔分数分别是 0.4、0.27 和 0.33，塔板数为 5 块，冷凝器为全凝器，回流比为 2，塔顶馏出液流量为 25kmol/h，塔顶压力为 7atm,进行精馏模拟计算。

解 ① 采用单元模块区中"Columns"中"Radfrac"模块，建立精馏流程。

② 为项目命名。单击"N→"，则系统弹出项目建立对话框，在"Title"中输入合适的流程名称；然后在"Units of measurement"中选择输入输出数据的单位制，选择米制（MET）。

③ 输入组分。单击"N→"，系统弹出模拟流程组分对话框。在"Component ID"下分别输入"1、2、3"，在对应的"Formula"下分别输入"H_2O、CH_4O、C_2H_6O"，在系统数据库中搜索这些物质，查到后点击"add"按钮将它们添加到系统模拟组分列表中。如图 1-3 所示。

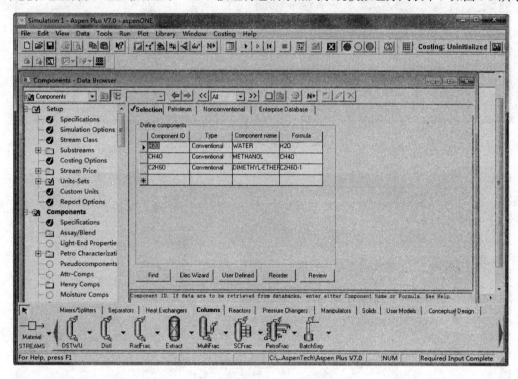

图 1-3　输入模拟流程组分

④ 制定物性计算方法。单击"N→"，系统弹出物性计算方法对话框，在对话框中选择"PENG-ROB"方法（实际应用中，具体的物流特性估算方法应根据具体情况，结合热力学知识进行选择，否则会出错）。

⑤ 输入物流属性。单击"N→"，系统弹出物流属性输入对话框。主要有进料流量 80kmol/h、压力 8atm、温度 30℃，水、甲醇和二甲醚的摩尔分数 0.4、0.27 和 0.23，如图 1-4 所示。

⑥ 输入塔参数。单击"N→"，系统弹出塔设备属性输入对话框。输入塔板数 5 块，冷凝器为全凝器，回流比为 2，塔顶馏出液量为 25kmol/h 以及其他各参数，如图 1-5 所示。

⑦ 点击"N→"，输入加料板位置及出料物流的气液状态；再点击"N→"，输入塔压

情况，计算完成后，可以点击"Results Summary"查看计算结果。

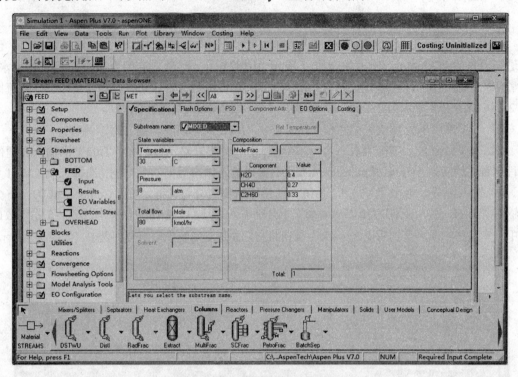

图 1-4　输入物料基本情况设置

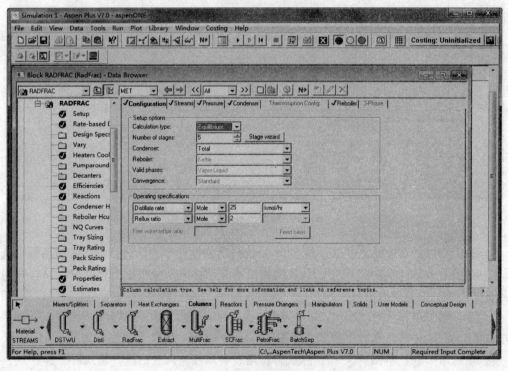

图 1-5　塔设备基本情况设置

1.2 Matlab

1.2.1 Matlab 简介

Matlab 源于 MATrix LABoratory 一词，即矩阵实验室。最初是 1967 年由 Clere Maler 用 FORTRAN 语言设计和编写的专门用于矩阵数值计算的软件。1984 年 Mathworks 公司用 C 语言完成了 Matlab 的商业化版本并推向市场。经过 20 余年的改进，Matlab 已发展成为一个具有极高通用性的、带有众多实用工具的运算平台，成为国际上广泛认可的优秀科学计算软件。目前，Matlab 已成为许多大学生和研究生课程中标准和重要的工具，在线性代数、高等数学、信号处理、模拟运算、自动控制等许多领域的教学和科研中表现出高效、简单和直观的优点。在国外的高等院校里，熟练运用 Matlab 已成为理工科大学生、研究生必须掌握的基本技能。其主要优点如下所述。

① 语法简单易学，编程效率高。
② 高质量、高可靠的数值计算能力。
③ 强大的矩阵运算能力。
④ 高级图形和数据可视化处理能力。
⑤ 提供 600 多个常用算法内建函数，以及众多面向应用的工具箱。

1.2.2 Matlab 程序基本语法

1.2.2.1 基本数据类型——常量和变量

（1）变量

与其他程序设计语言不同的是，Matlab 语言并不要求对所使用变量进行事先声明，也不需要指定变量类型，它会自动根据所赋予变量的值或对变量所进行的操作来确定变量的类型。在赋值过程中，如果变量已存在，Matlab 语言将使用新值代替旧值，并以新的变量类型代替旧的变量类型。

在 Matlab 语言中变量的命名遵守如下原则：变量名区分大小写；变量名长度不超过 31 位，第 31 个字符之后的字符就被忽略；变量名以字母开头，可包含字母、数字、下划线，但不能使用标点。

与其他程序设计语言相同的是，Matlab 语言也存在变量作用域的问题。在未加特殊说明的情况下，Matlab 语言将所识别的一切变量视为局部变量，即仅在其所调用的 M 文件内有效。若要定义全局变量，应对变量进行声明，即在该变量前加关键字 global。

（2）常量

Matlab 有一些预定义的变量，这些特殊的变量称为常量。表 1-1 给出了 Matlab 语言中经常使用的一些常量及其说明。

表 1-1　Matlab 语言中常量

常量名	说　明	常量名	说　明
i, j	虚数单位，定义为 $\sqrt{-1}$	Realmin	最小正浮点数 2^{-1022}
pi	圆周率	Realmax	最大的浮点数 2^{1023}
eps	浮点运算的相对精度 10^{-52}	Inf	无穷大
NaN	不定值，Not-a-Number		

Matlab 语言中，在定义变量时应避免与常量名相同，以免改变这些常量的值，如果已改

变了某个常量的值，可以通过"clear+常量名"命令恢复该常量的初始设定值。当然，重新启动 Matlab 系统也可以恢复这些常量值。

例如：

```
>> pi=1
pi =
    1
>> clear pi
>> pi
ans =
    3.1416
```

1.2.2.2　数组及向量运算

（1）向量的生成

生成向量最直接的方法就是在命令窗口中直接输入。格式上的要求是，向量元素需要用"[ ]"括起来，元素之间可以用空格、逗号或分号分隔。需要注意的是，用空格和逗号分隔生成行向量，用分号分隔生成列向量。

另外，利用冒号表达式也可以生成向量，其基本形式为"$x=x_0$: step: x_n"，其中 x_0 表示向量的首元素数值，x_n 表示向量尾元素数值限，step 表示元素数值大小与前一个元素值大小的差值。

在这里需要注意的是：这里强调 x_n 为尾元素数值限，而非尾元素数值，当 x_0-x_n 恰为 step 值的整数倍时，x_n 才能成为尾值；若 x_0>x_n，则需 step<0,若 x_0<x_n，则需 step>0，若 x_0=x_n，则向量只有一个元素；若 step＝1，则可省略此项的输入，直接写成 x_0: x_n。

例如：

```
>> x=1:2:10
x =
    1    3    5    7    9
>> y=10:-2:1
y =
    10    8    6    4    2
>> z=1:5
z =
    1    2    3    4    5
```

在 Matlab 中还提供了线性等分功能函数"linspace"，用来生成线性等分向量，其调用格式如下：

```
y = linspace(x1，x2)        %生成 100 维的行向量，使得 y(1)=x1，y(100)=x2;
y = linspace(x1，x2，n)      %生成 n 维的行向量，使得 y(1)=x1，y(100)=x2。
```

例如：

```
>> a=linspace(1,100,6)
a =
    1.0000   20.8000   40.6000   60.4000   80.2000  100.0000
```

（2）向量的运算

① 向量与数的相加（减）、相乘（除）以及向量与向量的相加（减）运算非常简单。

例如：

```
>> x-y     %这里的 x、y 即上面生成的 x、y
ans =
   -9    -5    -1    3    7
>> a*2     %这里的 a 即上面生成的 a
ans =
   2.0000  41.6000  81.2000  120.8000  160.4000  200.0000
```

② 向量与向量的相乘比较复杂，可以分为点乘与叉乘两类：向量的点乘是指两个向量在其中某一个向量方向上的投影的乘积，通常可以用来引申定义向量的模；向量的叉乘表示过两相交向量的交点的垂直于两向量所在平面的向量。

在 Matlab 中，向量的点积可由函数"dot"来实现，其调用格式如下：

dot(a，b)   返回向量 a 和 b 的数量点积。a 和 b 必须同维。

例如：

```
>> a=[1;2;3];b=[4;5;6];
>> dot(a,b)
ans =
   32
```

在 Matlab 中，向量的叉积可由函数"cross"来实现，其调用格式如下：

cross（a，b）返回向量 a 和 b 的叉积向量。a 和 b 必须为三维向量。

例如：

```
>> a=[1 2 3];b=[4 5 6];
>> cross(a,b)
ans =
   -3    6    -3
```

1.2.2.3 矩阵及其运算

（1）矩阵的生成

对于数值矩阵，从键盘上直接输入是最方便、最常用和最好的方法，尤其适合较小的简单矩阵。在用此方法创建矩阵时，应当注意以下几点：输入矩阵时要以"[ ]"为其标识，即矩阵的元素应在"[ ]"内部，此时 Matlab 才将其识别为矩阵；矩阵的同行元素之间可由空格或"，"分隔，行与行之间要用"；"或回车符分隔；矩阵大小可不预先定义；矩阵元素可为运算表达式。

例如：

```
>> a=[1,2,3;4,5,6;7,8,9]
a =
   1    2    3
   4    5    6
   7    8    9
>> b=[sin(pi/3) cos(pi/4)
log(9) tanh(6)]
b =
   0.8660    0.7071
   2.1972    1.0000
```

当矩阵的规模比较大时，直接输入法就显得笨拙，出现差错也不易修改。为了解决此问题，可以利用 M 文件的特点将所要输入的矩阵按格式先写入一个文本文件，并将此文件以 ".m" 为其扩展名，即为 M 文件。在 Matlab 命令窗口中输入此 M 文件名，则所要输入的大型矩阵就被输入到内存中。

此外，还可以通过 Matlab 命令生成几种常用的工具阵。除了单位阵外，其他的似乎并没有任何具体意义，但它们在实际中有十分广泛的应用，比如说定义矩阵的维数和赋予迭代的初值等。这几类工具阵主要包括全 0 阵、单位阵、全 1 阵和随机阵。

全 0 阵可由函数 "zeros" 生成，其主要调用格式为：

zeros(N)	生成 N×N 阶的全 0 阵。
zeros(M，N)或 zeros([M，N])	生成 M×N 阶的全 0 阵。
zeros (size(A))	生成与 A 同阶的全 0 阵。

单位阵可由函数 "eye" 生成，其主要调用格式为：

eye(N)	生成 N×N 阶的单位阵。
eye(M，N)或 eye([M，N])	生成 M×N 阶的单位阵。
eye(size(A))	生成与 A 同阶的单位阵。

全 1 阵可由函数 "ones" 生成，其主要调用格式为：

ones(N)	生成 N×N 阶的全 1 阵。
ones(M，N)或 ones([M，N])	生成 M×N 阶的全 1 阵。
ones (size(A))	生成与 A 同阶的全 1 阵。

（2）矩阵的运算

常数与矩阵的运算即是同此矩阵的各元素之间进行运算，如数加是指每个元素都加上此常数，数乘即是每个元素都与此常数相乘。需要注意的是，当进行数除时，常数通常只能做除数。

矩阵之间的加减法运算使用 "＋"、"－" 运算符，格式与数字运算完全相同，但要求相加减两矩阵是同阶的；矩阵之间的乘法运算使用 "*" 运算符，但要求相乘的双方具有相邻公共维，即若 A 为 i×j 阶，则 B 必须为 j×k 阶，才可以相乘。

例如：

```
>> a=[1,2,3;4,5,6;7,8,9];
>> b=[1 2 1;2 5 8;4 7 9];
>> a+b
ans =

     2     4     4
     6    10    14
    11    15    18
>> c=[1,4;5,2;6,3];
>> a*c
ans =
    29    17
    65    44
   101    71
```

矩阵之间的除法可以有两种形式：左除 "＼" 和右除 "／"，在传统的 Matlab 算法中，右除是要先计算矩阵的逆再做矩阵的乘法，而左除则不需要计算矩阵的逆而直接进行除运算。通常右除要快一点，但左除可以避免被除矩阵的奇异性所带来的麻烦。在 Matlab 6.5 中两者的区别不太大。

矩阵的逆运算是矩阵运算中很重要的一种运算。它在线性代数及计算方法中有很多的论述，而在 Matlab 中，众多复杂理论只变成了一个简单的命令"inv"。另外，矩阵的行列式的值可由"det"函数计算得出。

例如：

```
>> a=rand(4,4)
a =
    0.9501    0.8913    0.8214    0.9218
    0.2311    0.7621    0.4447    0.7382
    0.6068    0.4565    0.6154    0.1763
    0.4860    0.0185    0.7919    0.4057
>> inv(a)
ans =
    2.2631   -2.3495   -0.4696   -0.6631
   -0.7620    1.2122    1.7041   -1.2146
   -2.0408    1.4228    1.5538    1.3730
    1.3075   -0.0183   -2.5483    0.6344
>> a1=det(a);a2=det(inv(a));
>> a1*a2
ans =
    1.0000
```

矩阵的幂运算的形式同数字的幂运算的形式相同，即用算符"^"来表示。矩阵的幂运算在计算过程中与矩阵的某种分解有关，计算所得值并非是矩阵每个元素的幂值。

例如：

```
>> a=[1,4,7;2,5,8;3,6,9];
>> a^2
ans =
    30    66   102
    36    81   126
    42    96   150
```

另外，矩阵的指数运算的最常用的命令为"expm"，矩阵的对数运算由函数"logm"实现，矩阵的开方运算函数为"sqrtm"。

1.2.2.4 多项式运算

（1）多项式的生成

对于多项式 $P(x)=a_0x^n+a_1x^{n-1}+\cdots+a_{n-1}x+a_n$，用以下的行向量表示：$P=[a_0,a_1,\cdots,a_{n-1},a_n]$；这样就把多项式的问题转化为向量问题。

由于在 Matlab 中的多项式是以向量形式储存的，因此简单的多项式输入即为直接的向量输入，Matlab 自动将向量元素按降幂顺序分配给各系数值。向量可以为行向量，也可以是列向量。然后利用函数"poly2sym"即可将多项式向量表示形式转化为符号多项式形式。

例如：

```
>> p=[2 12 21 -33]
```

```
p =
     2     12     21     –33
>> poly2sym(p)
ans =
2*x^3+12*x^2+21*x–33
```
多项式创建的另一个途径是从矩阵求其特征多项式获得，由函数"poly"实现。

例如：
```
>> a=[1 2 3;3 4 5;5 6 7];
>> p=poly(a)
p =
    1.0000   –12.0000   –12.0000     0.0000
>> poly2sym(p)
ans =
x^3–12*x^2–12*x+427462056522529/39614081257132168796771975168
```

（2）多项式的运算

多项式的乘法由函数"conv"实现；多项式的除法由函数"deconv"实现。

例如：
```
>> p=[1 2 3 4];
>> poly2sym(p)
ans =
x^3+2*x^2+3*x+4
>> d=[5 6 7];
>> poly2sym(d)
ans =
5*x^2+6*x+7
>> pd=conv(p,d)
pd =
     5     16     34     52     45     28
>> poly2sym(pd)
ans =
5*x^5+16*x^4+34*x^3+52*x^2+45*x+28
>> deconv(pd,p)
ans =
     5      6      7
```

多项式拟合是多项式运算的一个重要组成部分，在工程及科研工作中部得到了广泛的应用。其实现一方面可以由矩阵的除法求解超定方程来进行；另一方面在 Matlab 中还提供了专用的拟合函数"polyfit"。其调用格式如下：

polyfit(X,Y,n)　　　　其中 X、Y 为拟合数据，n 为拟合多项式的阶数。

[p,s] = polyfit(X,Y,n)　　其中 p 为拟合多项式系数向量，s 为拟合多项式系数向量的结构信息。

例如：
```
>> x=0：pi/20：pi/2
```

```
>> y=sin(x);
>> a=polyfit(x,y,5)
a =
      0.0057    0.0060   -0.1721    0.0021    0.9997    0.0000
>> poly2sym(a)
ans =
```

1655897446691567/288230376151711744*x^5+6917088961402307/1152921504606846976*x^4-6200367060164747/36028797018963968*x^3+604718593642323/288230376151711744*x^2+2251172847900153/2251799813685248*x+1361042067858535/590295810358705651712

1.2.2.5 程序设计——M 文件

Matlab 实质上是一种解释性语言，就 Matlab 本身来说，它并不能做任何事情，本身没有实现功能而只对用户发出的指令起解释执行的作用。像前面介绍过的命令形式的操作一样，命令先送到 Matlab 系统内解释，再运行得到结果。这样就给用户提供了很大的方便，用户可以把所要实现的指令罗列编制成文件，再统一送入 Matlab 系统中解释运行，这就是 M 文件。只不过此文件必须以 ".m" 为扩展名，Matlab 系统才能识别。因此 M 文件语法简单，调试容易，人机交互性强。正是 M 文件的这个特点造就了 Matlab 强大的可开发性和可扩展性，Mathworks 公司推出了一系列工具箱就是明证。而正是有了这些工具箱，Matlab 才能被广泛地应用于各个领域。对个人用户来说，还可以利用 M 文件来建造和扩充属于自己的"库"。因此，一个不了解 M 文件，没有掌握 M 文件的 Matlab 使用者不能称其为一个真正的 Matlab 用户。

由于 Matlab 软件用 C 语言编写而成。因此，M 文件的语法与 C 语言十分相似。对广大的 C 语言爱好者来说，M 文件的编写是相当容易的。

M 文件有两种形式：命令式（Script）和函数式（Function）。命令式文件就是命令行的简单叠加，Matlab 自动按顺序执行文件中的命令。这样就解决了用户在命令窗口中运行许多命令的麻烦，还可以避免用户做许多重复性的工作。函数式文件主要用以解决参数传递和函数调用的问题，它的第一句以 function 语句为引导。

另外，值得注意的是，命令式 M 文件在运行过程中可以调用 Matlab 工作域内所有的数据，而且所产生的所有变量均为全局变量。也就是说，这些变量一旦生成就一直保存在内存空间中，直到用户执行 "clear" 或 "quit" 命令时为止。而在函数式文件中，变量除特殊声明外，均为局部变量。

1.2.3 Matlab 的绘图功能

1.2.3.1 基本图形绘制

二维图形的绘制是 Matlab 语言图形处理的基础，也是在绝大多数数值计算中广泛应用的图形方式之一。在进行数值计算过程中，用户可以方便地通过各种 Matlab 函数将计算结果图形化，以实现对结果数据的深层次理解。

绘制二维图形最常用的命令就是 "plot" 函数，对于不同形式的输入，该函数可以实现不同的功能。其调用格式如下。

plot(Y)　若 Y 为向量，则绘制的图形以向量索引为横坐标值，以向量元素值为纵坐标值；若 Y 为矩阵，则绘制 Y 的列向量对其坐标索引的图形。若 Y 为一复向量（矩阵），则 plot(Y) 相当于 plot(real(Y),imag(Y))。而在其他形式的函数调用中，元素的虚部将被忽略。

plot(X,Y)　一般来说是绘制向量 Y 对向量 X 的图形。如果 Y 为一矩阵，则 Matlab 绘出矩阵行向量或列向量对向量 X 的图形,条件向量的元素个数能够和矩阵的某个维数相等。若矩阵是方阵,则默认情况下将绘制矩阵的列向量图形。

plot(X,Y,s)   想绘制不同的线型、标识、颜色等的图形时,可调用此形式。其中 s 为字符,可以代表不同线型、点标、颜色。可用的字符及意义见表 1-2。

表 1-2   Matlab 语言中的图形设置选项

选项	说明	选项	说明	选项	说明
—	实线	x	x 符号	m	紫红色
:	点线	s	方形	c	蓝绿色
-.	点划线	d	菱形	r	红色
--	虚线	v	下三角形	g	绿色
.	点	^	上三角形	b	蓝色
O	圆	<	左三角形	w	白色
+	+号	>	右三角形	k	黑色
*	*号	p	正五边形	y	黄色

例如:

>> x=0: 0.1*pi: 2*pi;

>> y=sin(x);

>> z=cos(x);

>> plot(x,y,'--^k',x,z,'-.rd')

绘图结果如图 1-6 所示。

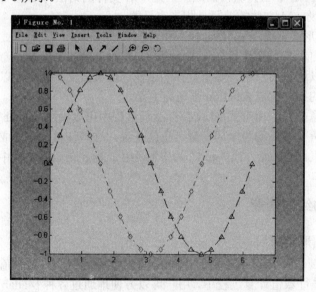

图 1-6   函数 plot(x,y,s)绘制图形示意

Matlab 语言还提供了绘制不同形式的对数坐标曲线的功能,具体实现该功能的函数为"semilogx"、"semilogy" 和 "loglog",这三个函数的调用格式与 "plot" 完全相同,只是前两个函数分别以 x 坐标和 y 坐标为对数坐标,而 "loglog" 函数则是双对数坐标。

例如:

>> x=0:0.01*pi:pi;

```
>> y=sin(x).*cos(x);
>> semilogx(x,y,'-*')
```
绘图结果如图 1-7 所示。

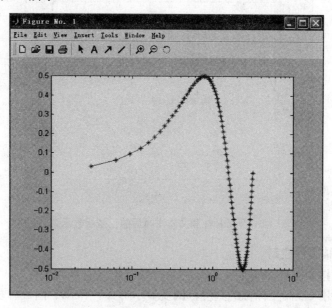

图 1-7　函数 semilogx(x,y,s)绘制图形示意

1.2.3.2　图形属性控制

Matlab 提供了许多坐标轴标注的函数，主要函数有"title"、"xlabel"和"ylabel"等。其中函数"title"是为图形添加标题，而"xlabel"和"ylabel"是为 x 和 y 坐标轴添加标注。三函数的调用格式大同小异，以函数"title"为例：

title（'标注'，'属性 1'，属性值 1，'属性 2'，属性值 2，……）

这里的属性是标注文本的属性，包括字体的大小、字体名、字体粗细等。

另外，Matlab 语言对图形进行文本注释所提供的函数为 text。其调用格式如下：

text(x,y,'标注文本及控制字符串')

其中（x，y）给定标注文本在图中的添加位置，而在标注文本中也可以添加控制字符串以提供对标注文本的控制。

例如：

```
>> x=0:0.1*pi:2*pi;
>> y=sin(x);
>> plot(x,y)
>> xlabel('x(0–2pi)','FontWeight','bold')
>> ylabel('y=sin(x)','FontWeight','bold')
>> title('正弦函数','FontWeight','bold','FontSize',16,'FontName','隶书')
>> text(3*pi/4,sin(3*pi/4),['\leftarrow sin(3*pi/4)=',num2str(sin(3*pi/4))],'FontSize',12)
>>text(5*pi/4,sin(5*pi/4),['sin(5*pi/4)=',num2str(sin(5*pi/4)),'\rightarrow'],'HorizontalAlignment','right','FontSize',12)
```

绘制结果如图 1-8 所示。

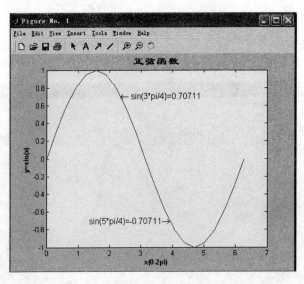

图 1-8 坐标标注和文本注释后的正弦函数示意

1.2.3.3 坐标轴属性控制

（1）坐标轴的控制函数 axis

函数"axis"用来控制坐标轴的刻度范围及显示形式。"axis"函数有多种调用形式，不同的调用形式可以实现不同的坐标轴控制功能。

① 最简单的调用形：axis(V) 其中 V 为一数组，用以存储坐标轴的范围，对于二维图形，V 的表达形式为：V=[XMIN,XMAX,YMIN,YMAX]；而对于三维图形，其表达形式为：V=[XMIN,XMAX,YMIN,YMAX,ZMIN,ZMAX]。

② axis'控制字符串' 使用这种调用形式，用户可以通过选择不同的控制字符串，完成对坐标轴的操作，具体的控制字符串的表达形式如表 1-3 所示。

表 1-3　axis 的控制字符串及说明

控制字符串	说　明
auto	自动模式，使得图形的坐标范围满足图中一切图元素
axis	将当前坐标设置固定，使用"hold"命令后，图形仍以此作为坐标界限
manual	以当前的坐标限定图形的绘制
tight	将坐标限控制在指定的数据范围内
fill	设置坐标限及坐标的 plotboxaspectratio 属性以满足要求
ij	将坐标设置成矩阵形式，即原点处于左下角
xy	将坐标设置成默认状态，即简单的直角坐标系形式
equal	严格控制各坐标的分度使其相等
image	与 equal 相类似
square	使绘图区为正方形
normal	解除对坐标轴的任何限制
vis3d	在图形旋转或拉伸过程中保持坐标轴间分度的比率
off	取消对坐标轴的一切设置，包括系统的自动设置
on	恢复对坐标轴的一切设置

（2）坐标轴缩放函数 zoom

函数"zoom"可以实现对二维图形的缩放，该函数在处理图形局部较为密集的问题中有很大作用。该函数的调用格式如下：

zoom'控制字符串'

不同的控制字符串能够完成各种不同的缩放命令，具体如表1-4所示。

表1-4　zoom的控制字符串及说明

控制字符串	说　明	控制字符串	说　明
空	在zoom on与zoom off间切换	out	恢复所进行的一切缩放
（factor）	以（f）为缩放因子进行坐标轴缩放	xon	只允许对x坐标轴进行缩放
on	允许对图形进行缩放	yon	只允许对y坐标轴进行缩放
off	禁止对图形进行缩放	reset	清除缩放点

当zoom处于on状态时，可以通过鼠标进行图形缩放，此时单击鼠标左键将以指定点为基础将图形放大100%；而单击鼠标右键则将图形缩小100%；如果双击鼠标左键，则将会恢复缩放前的状态，即取消一切缩放操作。

应注意的是，对图形的缩放不会影响图形的原始尺寸，也不会影响图形的横纵坐标比例，即不会改变图形的基本结构。

（3）平面坐标网图函数grid与坐标轴封闭函数box

与三维图形的情形相类似，Matlab语言也提供了平面的网图函数，不过"grid"函数此时并不是用于绘制图形，而仅是绘制坐标网格，用来提高图形显示效果。函数的具体调用格式如下：

grid on　　　　在图形中绘制坐标网格；

grid off　　　　取消坐标网格；

grid　　　　　实现grid on与grid off两种状态之间的转换。

平面图形的绘制有时希望图形四周都能显示坐标，增强图形的显示效果，此时就要用到坐标轴封闭函数"box"。其调用格式如下：

box on　　　　在图形四周都显示坐标轴；

box off　　　　仅显示常规的横坐标、纵坐标；

box　　　　　在box on与box off两种状态之间切换。

例如：

>> x=–2*pi:0.1*pi:2*pi;

>> y=sin(x);

>> plot(x,y)

>> axis([–2*pi,pi,0,2])

>> grid on

>> box on

图形效果如图1-9所示。

1.2.3.4　图形窗口控制

Matlab图形窗口的菜单与桌面平台的菜单有所不同，下面将介绍图形窗口菜单中几个常用选项的作用。

"File"菜单与桌面平台相似，但增加"Export"和"Page Setup"等选项。"Export"选项将打开图形输出对话框，如图1-10所示。在该对话框可以把图形以emf、bmp、eps、ai、jpg、tif、png、pcx、pbm、pgm、ppm等格式保存。"Page Setup"选项将打开页面设置对话框，如图1-11所示。对话框包括四个设置页面，分别为图形尺寸位置设置页面、纸张设置页面、线型及文本类型设置页面、坐标轴和图形设置页面，各页面功能非常齐全且操作简单，这里不做详细介绍。

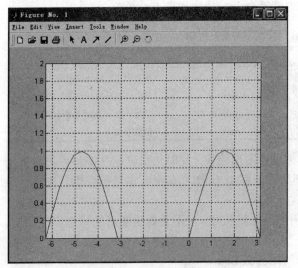

图 1-9 坐标轴属性改变后的图形效果   图 1-10 图形输出对话框

"Edit"菜单中增加了"Figure Properties"、"Axes Properties"和"Current Object Properties"等选项。"Figure Properties"选项将打开图形属性设置对话框，如图 1-12 所示。在该对话框顶部显示图形对象，下面则显示图形属性设置页面，包括图形风格、图形标题、图形显示类型以及图形信息等。"Axes Properties"选项将打开坐标轴属性对话框，如图 1-13 所示。在该对话框中可以设置坐标轴的尺度、风格、标注、比例、光源、视点以及坐标轴信息等。"Current Object Properties"选项将打开当前对象属性设置页面，如选中图中的线条，将打开线条属性设置页面，如图 1-14 所示。

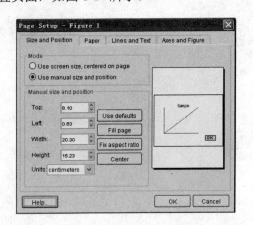

图 1-11 页面设置对话框图   图 1-12 图形属性设置对话框

"Tools"菜单内含简单的图形操作，其中还包括照相操作等。这里我们只简单介绍两种关于图形数据处理的对话框。"Basic Fitting"选项将打开图形数据拟合对话框，如图 1-15 所示。在该对话框中可以选取拟合的数据源、拟合方式、拟合函数的显示、数值的有效位数以及是否显示残差等。"Data Statistics"选项将对数据做统计分析，并打开图形数据统计对话框，如图 1-16 所示。在该对话框中可以获得数据的最小值、最大值、平均值、中值以及均方差等。

图1-13 坐标轴属性对话框图

图1-14 线条属性设置页面

图1-15 图形数据拟合对话框

图1-16 图形数据统计对话框

1.2.4 Matlab 应用举例

（1）题目

非等温管式反应器——固定床反应器一维稳态拟均相模型的模拟计算。

在一列管反应器中进行邻二甲苯（A）氧化制邻苯二酸酐（B），反应为连串平行反应：

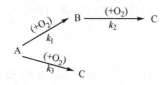

其中，C 是归并在一起的最终氧化产物 CO 和 CO_2。已知气体混合物的表观流速为 $G = 4684 \text{kg}/(\text{m}^2 \cdot \text{h})$，催化剂堆积密度 $\rho_B = 1300 \text{kg}/\text{m}^3$，气体的平均摩尔质量 $M_m = 29.48 \text{kg}/\text{kmol}$，入口处邻二甲苯的摩尔分数 $y_{A0} = 0.00924$，入口处氧的摩尔分数 $y_{O_2} = 0.208$，比热容 $c_p = 1.047 \text{kJ}/(\text{kmol} \cdot \text{K})$，传热系数 $U = 345.686 \text{kJ}/(\text{m}^2 \cdot \text{h} \cdot \text{K})$，管径 $D_t = 0.0254\text{m}$，夹套冷却温度 $T_J = 630\text{K}$，入口温度 $T_0 = 630\text{K}$。反应式 $A \longrightarrow B$ 的反应热

$H_1 = -1.285 \times 10^6 \, \text{kJ/kmol}$，$A \longrightarrow C$ 的反应热 $H_3 = -4.564 \times 10^6 \, \text{kJ/kmol}$，$A \longrightarrow B$ 的活化能 $E_1 = 1.1304 \times 10^5 \, \text{kJ/kmol}$，$B \longrightarrow C$ 的活化能 $E_2 = 1.315 \times 10^5 \, \text{kJ/kmol}$，$A \longrightarrow C$ 的活化能 $E_3 = 1.197 \times 10^5 \, \text{kJ/kmol}$，理想气体常数 $R = 8.314 \, \text{kJ/(kmol·K)}$。试确定轴向温度分布规律、转化率分布规律和浓度分布规律。

（2）数学模型

① 物料平衡模型（稳态）：

$$u_s \frac{dC_A}{dz} = \rho_B r_A \tag{1-1}$$

$$u_s \frac{dC_B}{dz} = \rho_B r_B \tag{1-2}$$

$$u_s \frac{dC_C}{dz} = \rho_B r_C \tag{1-3}$$

② 热量平衡方程（稳态）：

$$u_s \rho_g \frac{dT}{dz} = \rho_B (\Delta H_1 k_1 + \Delta H_3 k_3) y_A y_{O_2} - \frac{4U}{d_t}(T - T_J) \tag{1-4}$$

③ 反应动力学方程：由于氧的大量过剩，速率方程可以看作拟一级。因此，

$$r_A = -(k_1 + k_3) y_A y_{O_2}, \quad r_B = k_1 y_A y_{O_2} - k_2 y_B y_{O_2}, \quad r_C = k_2 y_B y_{O_2} + k_3 y_A y_{O_2} \tag{1-5}$$

其中，反应速率常数为：

$$\ln k_1 = -\frac{113040}{RT} + 19.837, \quad \ln k_2 = -\frac{131500}{RT} + 20.86, \quad \ln k_3 = -\frac{119700}{RT} + 18.97 \tag{1-6}$$

反应器的横截面积为：

$$A_c = \frac{\pi D_t^2}{4} \tag{1-7}$$

由于总摩尔流量不变（大多数为空气），因此有：

$$F_t = \frac{G}{M_m} A_c \tag{1-8}$$

$$C_t = \frac{F_t}{A_c u_s} \tag{1-9}$$

转化率：

$$x_A = \frac{C_{A0} - C_A}{C_{A0}}, \quad x_B = \frac{C_B}{C_{A0} - C_A}, \quad x_C = \frac{C_C}{C_{A0} - C_A} \tag{1-10}$$

进料（初始）摩尔流率：

$$F_{A0} = y_{A0} F_t, \quad F_{B0} = F_{C0} = 0 \tag{1-11}$$

（3）程序清单（NonIsothermTR.m）

```
function NonIsothermTR
% 模拟计算非等温固定床管式反应器的轴向温度分布和转化率分布
% 在一列管反应器中进行邻二甲苯(A)氧化制邻苯二酸酐(B)
clear all
clc
global   Ct Ac rhoB Cp H1 H3 U dt TJ Cp H1 H3 U TJ rhog us E1 E2 E3 R yO2
L = 1;                      % 反应管长, m
G = 4684;                   % 表观质量流速, kg/m2 hr
rhoB = 1300;                % 催化剂堆积密度, kg/m3
Mm = 29.48;                 % 气体的平均分子量, kg/kmol
yA0 = 0.00924;              % 入口处邻二甲苯的摩尔分数
```

```matlab
yO2 = 0.208;                    % 氧的摩尔分数（恒为常数）
Cp = 1.047;                     % 比热, kJ/kmol K
U = 345.686;                    % 传热系数, kJ/m2 hr K
P = 101.325;                    % 假设总压为定值 = 1 atm = 101.325 kJ
dt = 0.0254;                    % 管径, m
TJ = 580;                       % 冷却温度, K
T0 = 700;                       % 物料进口温度(初始温度), K
H1 = -1.285e+6;                 % 反应 A→B 的反应热, kJ/kmol
H3 = -4.564e+6;                 % 反应 A→C 的反应热, kJ/kmol
% 活化能, kJ/kmol
E1 = 1.1304e5;
E2 = 1.315e5;
E3 = 1.197e5;
R = 8.314;                      % 理想气体常数, kJ/(kmol·K)
Ac = pi*(dt/2)^2;               % 反应管的横截面积, m2
Ft = G*Ac/Mm;                   % 总摩尔流率, moles/hr
us = 3600;                      % 线速度, m/hr
rhog = G/us;
Ct = Ft/(Ac*us);
FA0 = yA0*Ft;                   % A 的进料摩尔流率, kmol/hr
CA0 = FA0/(Ac*us);
CB0 = 0;                        % FB0 = 0
CC0 = 0;                        % FC0 = 0
[z, y] = ode45(@Equations, [0 L], [CA0 CB0 CC0 T0])
CA = y(:, 1);
CB = y(:, 2);
CC = y(:, 3);
xA = (CA0–CA)./CA0;             % A 的转化率
xB = CB(2:end)./(CA0–CA(2:end)); % 生成的 B/反应的 A
xB = [0; xB]
xC = CC(2:end)./(CA0–CA(2:end)); % 生成的 C/反应的 A
xC = [0; xC]
% 图形输出
plot(z, y(:, 4))                % 温度分布
xlabel('z')
ylabel('T (K)')
figure
plot(z, xA, 'r-')               % 转化率分布
xlabel('z')
```

```matlab
ylabel('x_A')
figure
plot(z, CA, 'r-', z, CB, 'k--', z, CC, 'b:')     % 浓度分布
xlabel('z')
ylabel('C_A, C_B, C_C')
legend('C_A', 'C_B', 'C_C')
% --------------------------------------------------------------
function dydz = Equations(z, y)                  % 模型方程组
global    yO2 Ct Ac rhoB Cp H1 H3 U dt TJ Cp H1 H3 U TJ rhog us
CA = y(1);
CB = y(2);
CC = y(3);
T = y(4);
% 摩尔分数
yA = CA/Ct;
yB = CB/Ct;
yC = CC/Ct;
% 反应速率
[rA, rB, rC, k1, k2, k3] = Rates(yA, yB, yC, T);
% 物料平衡
dCAdz = rhoB*rA/us;
dCBdz = rhoB*rB/us;
dCCdz = rhoB*rC/us;
% 热量衡算
dTdz = ( rhoB*(–H1*k1 –H3*k3)*yA*yO2–4*U*(T–TJ)/dt )/(us*rhog*Cp);
dydz = [dCAdz; dCBdz; dCCdz; dTdz];
% --------------------------------------------------------------
function [rA, rB, rC, k1, k2, k3] = Rates(yA, yB, yC, T)          % 反应动力学
global E1 E2 E3 R yO2
% 速率常数, kmol/kg catalyst hr
k1 = exp(–E1/(R*T) + 19.837);
k2 = exp(–E2/(R*T) + 20.86);
k3 = exp(–E3/(R*T) + 18.97);
% 反应速率, kmol/kg catalyst hr
rA = –(k1+k3)*yA*yO2;                    %A 的总反应速率
rB = k1*yA*yO2–k2*yB*yO2;                % B 的净生成速率
rC = k2*yB*yO2 + k3*yA*yO2;              % C 的总生成速率
```

（4）计算结果

轴向温度分布、转化率分布和浓度分布分别示于图 1-17~图 1-19 中。

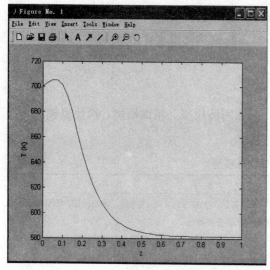

图 1-17　轴向温度分布

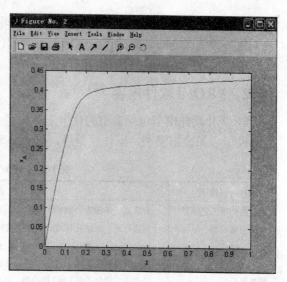

图 1-18　转化率分布

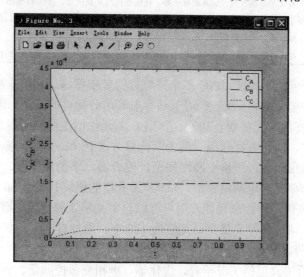

图 1-19　浓度分布

1.3　PRO/Ⅱ流程模拟软件

1.3.1　PRO/Ⅱ简介

　　PRO/Ⅱ是一款历史最久的、通用性的化工稳态流程模拟软件，最早起源于 1967 年美国模拟科学公司（SimSci）开发的世界上第一个蒸馏模拟器 SP05。1973 年 SimSci 推出基于流程图模拟器，1979 年又推出基于 PC 机的流程模拟软件 Process 即 PRO/Ⅱ的前身，很快成为该领域的国际标准，自此，PRO/Ⅱ获得了长足的发展，客户遍布全球各地。

　　该软件自 20 世纪 80 年代进入我国后，在一些大的石化和化工设计院广泛地应用，使用该软件产品可以降低用户成本、提高产品质量和效益、增强管理决策。PRO/Ⅱ适用于油/气加工、炼油、化工、化学、工程和建筑、聚合物、精细化工/制药等行业，主要用来模拟设计新工艺、评估改变的装置配置、改进现有装置、依据环境规则进行评估和证明、消除装置工艺瓶颈、优化和改进装置产量和效益等。

1.3.2　PRO/Ⅱ软件内容

PRO/Ⅱ软件模型包括典型的化学工艺模型、普通闪蒸模型、精馏模型、换热器模型、反应器模型、聚合物模型、固体模型等，见表 1-5。

表 1-5　PRO/Ⅱ软件模型

软件模型	说　明
典型的化学工艺模型	合成氨、共沸精馏和萃取精馏、结晶、脱水工艺、无机工艺、液-液抽提、苯酚精馏、固体处理
普通闪蒸模型	闪蒸、阀、压缩机/膨胀机、泵、管线、混合器/分离器
精馏模型	Inside/out、SURE、CHEMDIST 算法，两/三相精馏，四个初值估算器，电解质，反应精馏和间歇精馏，简捷模型，液-液抽提，填料塔的设计和核算，塔板的设计和核算，热虹吸再沸器
换热器模型	管壳式、简单式和 LNG 换热器，区域分析，加热/冷却曲线
反应器模型	转化和平衡反应、活塞流反应器、连续搅拌罐式反应器、在线 Fortran 反应动力学、吉布斯自由能最小、变换和甲烷化反应器、沸腾釜式反应器、Profimatics 重整和加氢器模型界面、间歇反应器
聚合物模型	连续搅拌釜式反应器、活塞流反应器、擦膜式蒸发器
固体模型	结晶器/溶解器、逆流倾析器、离心分离器、旋转过滤器、干燥器、固体分离器、旋风分离器

PRO/Ⅱ软件组分数据库包括 2000 多个纯组分的基础库、以 DIPPR 为基础的固体组分库、1900 多组分/种类的电解质库以及一些用于估算非库组分物性的方法。混合物数据包括 3000 多个 VLE 二元作用在线二元参数、300 多个 LLE 二元作用在线二元参数、2200 种在线共沸混合物用于参数估算、专用数据包等。热力学计算方法有 60 多种。操作单元包括蒸馏器、压缩机、结晶器、减压设备、严格空冷器模型、混合器、平衡反应器、流程优化器、过程数据、用户自定义操作单元（电解质模块，SIMSCI 外接的模块）等近 50 个。

PRO/Ⅱ软件还提供用户扩展功能，用户可以自定义物流属性包、增加用户组分数据、增加热力学计算方法、增加自定义操作单元模块 120 个、增加自定义计算模型 7 个、增加自定义电解质模型 20 个等。

PRO/Ⅱ软件分析工具包括工况研究、优化器、单相变量控制器、多相变量控制器、加热/冷却曲线等。

PRO/Ⅱ软件除基本包以外，还提供给用户有如下模块。

（1）界面模块

① HTFS、PRO/Ⅱ-HTFS Interface 自动从 PRO/Ⅱ数据库检索物流物性数据，并用该数据创建一个 HGFS 输入文件。然后 HTFS 能输出该文件，以访问各种物流物性数据。

② HTRI、PRO/Ⅱ-HTRI Interface 从 PRO/Ⅱ数据库检索数据，并创建一个用于各种 HTRI 程序的 HTRI 输入文件。来自 PRO/Ⅱ热物理性质计算的物流性质分配表提供给 HTRI 严格的换热器设计程序。这减少了在两个程序之间输入的数据重复。

③ Linnhoff March，来自 PRO/Ⅱ的严格质量和能量平衡结果能传送给 Super Target 塔模块，以分析整个分离过程的能量效率。所建议的改进方案就能在随后的 PRO/Ⅱ运行中求出值来。

（2）应用模拟

① Batch　搅拌釜反应器和间歇蒸馏模型能够独立运行或作为常规 PRO/Ⅱ流程的一部分运行。操作可通过一系列的操作方案来说明，具有无比的灵活性。

② Electrolytes 该模块严密结合了由 OLI Systems Inc.开发的严格电解质热力学算法。电解质应用包作为该模块的一部分，进一步扩展了一些功能，如生成用户电解质模型和创建、维护私有类数据库。

③ Polymers 能模拟和分析从单体提纯和聚合反应到分离和后处理范围内的工业聚合工艺。对于 PRO/II 其独到之处是通过一系列平均分子质量分数来描述聚合物组成，可以准确模拟聚合物的混合和分馏。

④ Profimatics KBC Profimatics 重整器和加氢模型被添加到 PRO/II 单元操作。对于 PRO/II 其独到之处是由这些反应修改的基础组分和热力学性质数据被自动录入。

1.3.3 PRO/II 软件的典型应用

（1）电解质工艺模拟

① 概述 PRO/II 的电解质模块致力于对 PRO/II 的电解质模型进行精确的稳态设计和运算分析。同时，PRO/II 和电解质模块构成了一个完美的工艺模拟器，由 OLI 系统开发，具有精确的热力学运算方法。电解质模块利用 PROVISION 的界面，可以方便地设计新工艺，分析原来的包含电解质的工艺。

② 优点 SIMSCI 与 OLI 合作多年，强大的模拟工具将节省用户的时间和金钱，减少工艺停工期和节约在线测试费用，评估设计、实施和优化工艺，大多数相均衡模块不要求实验数据退回，节省收集和分析数据的时间，即使在化学溶液未知的情况下也可以生成自定义模型，提供访问附加的 OLI 技术。

③ 应用 天然气脱硫、酸水处理、气体洗涤、腐蚀剂（NaOH）制造、强酸应用（H_2SO_4/HNO_3/H_3PO_4）、无机工艺、尿素/化肥生产、碱金属氯化物处理、预防腐蚀（例如：湿 H_2S 或 Fe^{2+} /Fe^{3+}）、用 K_2CO_3 除去 CO_2/H_2S。

④ 电解质组分数据库模型

■ 40 多种对工业生产有广泛适用性的电解质模型。

■ 电解质实用包（EUP）具有自定义模型生成能力。

■ 2500 多种可用化学物质。

■ OLI 界面技术提供了可访问的附加服务，如数据库（5000 多种化学物质）、OLI 分析器、ESP、OLI 发动机、ESP 数据库等。

⑤ 热力学方法

■ 精确的第一热力学运算定律，模拟蒸汽、水溶液、有机溶液、固体、固态氢氧化物间的化学平衡。

■ 从 HGK 状态方程中得知水的热焓和体积。

■ 从 Meissner 和 Kusik 中得知水化活性。

■ 用到的平衡常数包括标准状态 G_{ref}、H_{ref} 和 c_{pref}，从 Tangert 和 Helgesonk 中得到 $C_p(T)$ 等式。

■ 三个相互关联的离子溶质的有效系数，分别为：Debye-Hucket（大范围的 ion-ion）；Bromley-Zemaitis（小范围的 ion-ion）；Pitzer（小范围的 ion-molecule）。

■ 处理高度浓缩和混合的电解质溶液系统的 Chen NRTL 模型。

■ 精确而完备的 pH 值计算。

■ 对氧化还原反应有广泛的模拟能力。

⑥ 精确的计算功能

■ 增强的 ELDIST 蒸馏法则。

- 标准的单元操作包括：简单的和多芯（LNG）换热器；转化和平衡反应器；蒸馏塔。
- 特殊固体的处理操作，包括：精确的质量传递控制溶解器和结晶器；转鼓式过滤机；过滤式离心机。
- 针对实际的离子形式的化学和相平衡。
- 通过组分重建自动生成分子浓度。

⑦ 电解质实用包
- 通过 PRO/Ⅱ 电解质数据库广泛的数据生成自定义的电解质模型。
- 利用电解质模型运行独立的闪蒸。
- 创建并保存一个物性数据库。
- 从实验数据中还原模型参数。

（2）精炼厂工艺模拟

① 概述　PRO/Ⅱ程序功能强大，它能灵活地模拟精炼厂工艺，是世界上领先的精炼公司的理想选择。PRO/Ⅱ模拟能力极其广泛，从原油的特性和预热到复杂反应和分离装置。PROVISION 对建立和修改 PRO/Ⅱ 模型提供一个良好的用户界面。

② 优点　降低成本和操作费用、提高工厂设计、增加工厂效益和产品质量、众多的工艺模型、广泛的生产工艺过程、对复杂的生产模型简化经验曲线、节约资本或工程费用的 5%～15%。

③ 应用　设计新工艺、评估改变的装置配置、改进现有装置、依据环境规则进行评估和证明、清除装置工艺瓶颈、优化和改进装置产量和效益。

④ 工艺　原油真空蒸馏、气体分馏装置、FCCU、碳氢化合物分裂装置、Reforming、加氢处理、烷化、异构化、胺类、酸水反萃取器、润滑油工艺、炼焦。

（3）化工工艺模拟

① 概述　PRO/Ⅱ程序功能强大，它能灵活地模拟有机工艺和无机工艺。它广泛适用于氨的生产、工业废气处理、基本的和中间的石化产品、聚合物、制药、电解系统（如：胺、酸、盐、酸水和腐蚀清除），它能精确地模拟复杂的电解质化学、非理想蒸馏、多种反应系统、气/液/固分离，世界上 100 多个化学制品公司选择了这个理想的软件。

② 优点　降低成本和操作费用、提高工厂设计效果、增加工厂效益和产品质量、众多的工艺模型、广泛的生产工艺过程、在熟悉的 PROVISION 界面下集成了电解质、批处理和聚合技术、对复杂的生产模型简化经验曲线、节约资本或工程费用的 5%～15%。

③ 化工工艺特征　对化工生产应用提供专用的模型，包括反应/批蒸馏、恒沸点分离和多种反应器模型、在熟悉的 PROVISION 界面下集成了电解质、批处理和聚合技术、在单相和多相系统中快速而方便地访问精确的热力学数据、电解质系统预备模型、对纯组分和混合组分提供完备的物性数据、强大的流程优化、对装置提供独特而综合的单元操作、所有组分和热力学数据。

④ 应用　设计新工艺、评估改变的装置配置、改进现有装置、依据环境规则进行评估和证明、清除装置工艺瓶颈、优化和改进装置产量和效益。

⑤ 工艺　烯烃/石油化工产品生产、氨/尿素/化肥、制药、无机化工、有机化工、固体处理。

（4）间歇工艺模拟

① 概述　PRO/Ⅱ间歇模块能精确地设计和分析间歇反应器和间歇分裂蒸馏塔。间歇模块帮助设计、控制、查找故障并高度间歇和间歇/连续工艺，评估装置的配置和产品的产量与利润。间歇模块拥有 PROVISION 界面，是全内置于 PRO/Ⅱ 的附加功能。

② 应用　制药、染料、特殊化学制品、精细化工、间歇工艺。

③ 优点　使用 SIMSCI 的间歇模块将在以下方面节省用户的时间和金钱：降低成本和操作费用至少 5%、提高设计效果、增加工厂效益、提高产品质量、节约非特殊的产品再处理、众多的工艺模型、广泛的生产工艺过程、提高工艺设计效率、对工艺工程师减少经验曲线、减少在线测试费用和停工期、对完整工艺或间歇工艺与连续工艺提供设计和操作评估、自动调节单元之间的连接使间歇工艺与连续工艺完美结合、提供灵活的操作规则，使间歇方法很容易被设计。

④ 操作规则　允许用户定义启动和终止条件，如时间、温度、组分、数量等；预先的操作设置，如反应器预热、容器装料等；精馏与反应条件；操作后处理，如最终馏分和容器排出 Globe Stops 条件可以个别规定。

⑤ 间歇单元操作

- 间歇反应器：同步而有序的液相反应（CSTR）；连续的相平衡反应分析允许跟踪和除去气相产品；通过实用流体具有反应器加热和冷却的能力。

- 间歇分裂蒸馏塔：包括一个具有沉淀槽、塔、冷凝器和储料塔的整流器；支持多个进料和产品；支持连续或即时的进料和 Draws；在连续间歇或稳态单元操作中，支持储料塔物料处理；提供全部的逆流或储料塔原始组分。

- 集成的间歇和稳态装置：通过一个虚拟的思想，对连续工艺集成间歇装置；自动连接时变和稳态物流；连续的物流用指定的或计算出来的间歇周期来描述。

第 1 章　化工过程设计常用软件　29

第 2 章

化工过程概念设计

概念设计是化工过程设计的开始，其目的是按照规定的化工系统生产要求，寻求所需的系统结构及其各子系统的性能，并使系统按规定的目标进行最优组合。概念设计最终获得的一个最优的化工系统，应包括：① 由相互作用单元之间的拓扑和特性而规定的各种结构替换方案的选择（整数规划问题）；② 对组成该系统的各操作单元的替换方案的设计（非线性规划问题）。而且，概念设计的目标是多样化的，如系统的经济性指标、操作性、可控性、安全性和可靠性等。所以，概念设计实质上属于一个多目标的非线性混合整数规划问题。对于这样一个复杂计算问题，仅仅依靠理论上的数学计算方法是很难解决的，实践中更多地依赖设计者的经验来完成。

2.1 概念设计基础

2.1.1 概念设计所需数据

概念设计的主要内容包括反应、分离、循环、换热、公用工程等，如图 2-1 所示。

图 2-1 概念设计的主要内容

反应器网络的设计问题可表述为：为制造所要求的产品，对于给定的化学反应路径以及主、副反应的速率数据，确定一个反应器系统的最优拓扑结构和操作条件，以便在给定产率下总生产成本为最小。

分离序列的设计问题可表述为：给定一进料流股，已知它的状态（流量、温度、压力和组成），系统化地设计出能从进料中分离出所要求产品的过程，并使总费用最小。

换热网络的设计就是确定出这样的换热网络，它具有最小的设备（换热器、加热器和冷却器）投资费和操作（公用工程加热与冷却）费用，并满足把每一过程物流由初始温度达到指定的目标温度。

大型的化工过程系统通常由三个相互联系的部分所组成，即化学加工过程、热回收网络和公用工程系统。公用工程的概念设计问题可表述为：化工厂需要一定数量驱动机、泵等设备的动力，高、中、低压蒸汽，脱氨水，以及冷却水等；设计的目标是在满足上述要求前提下确定系统的流程结构和操作条件，使系统总费用最小。

以上内容的设计顺序是由内向外，而且各部分之间是紧密相关的。下面以图 2-2 所示的化工过程为例说明它们之间的关系。该过程需要一台反应器将原料转变成产品。但是，只有部分原料发生了化学反应，而且大部分转变成了主产品，少部分转变成了副产品。因此，它需要一套带有两个蒸馏塔的分离系统以分离出达到纯度要求的产品，并将未反应的原料循环利用，如图 2-3 所示。

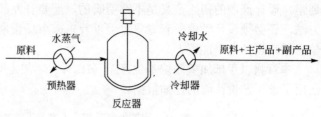

图 2-2　化工过程示意图

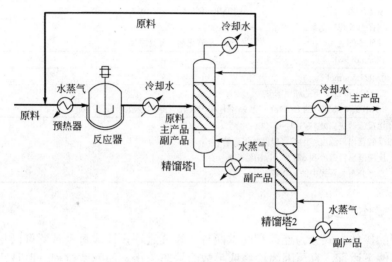

图 2-3　化工过程的工艺流程

在图 2-3 中，所有的加热和冷凝都由外部公用工程提供（本例中是蒸汽和冷却水），能量的利用率太低，应尝试进行热回收，在需要冷却的流股和需要加热的流股之间进行热交换。图 2-4 给出了针对图 2-3 的一种换热网络设计方案，当然也有许多其他的热集成结构。

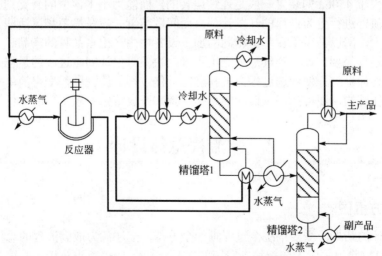

图 2-4　案例化工过程的一种热集成方案

由上述的分析可知，概念设计的各个层次联系紧密，它们所需要的数据也是各不相同的。通常，设计课题的初始定义是不够明确的，而要开发的设计不仅必须基于自己发明的新反应方法，还必须设计考虑所有竞争对手以及未来市场预期的新过程，所以经常必须基于最少的信息量来设计某个过程。

本章将以甲苯加氢脱烷基生产苯（HDA）工艺为例，介绍概念设计的一般步骤。表 2-1 给出了该工艺设计前的已知数据。

表 2-1　甲苯加氢脱烷基生产苯工艺的概念设计已知数据

反应条件	反应方程式	C_7H_8（甲苯）$+ H_2$（氢气）$\longrightarrow C_6H_6$（苯）$+ CH_4$（甲烷） $2C_6H_6$（苯）$\rightleftharpoons C_{12}H_{10}$（联苯）$+ H_2$（氢气）
	反应温度	>621℃（以获得合理的反应速率）
	反应压力	3.40MPa（绝压）
	选择性 S 与转化率 x 的关系	$S=1-0.0036 \times (1-x)^{-1.544}$
	其他条件	气相，无催化剂，氢气过量
生产规模	120kmol 苯/h	
产品苯的纯度	0.9997mol/mol	
原料	3.8MPa 和 25℃下的纯甲苯 3.8MPa 和 38℃下的 H_2 物流（含 95%H_2 和 5%CH_4，摩尔分数）	
制约条件	在反应器进口处 H_2/芳烃=5（以防结焦） 反应器出口温度<704℃（以防加氢裂解） 反应器出料骤冷到 621℃（以防结焦） 产品分布关系式中的 x<0.97	

2.1.2　过程操作方式

化工过程的操作方式分为连续和间歇两种。连续过程设计成每个装置可以几乎全年都在基本不变的条件下运行，直至因为检修或事故而停车为止。而间歇过程一般是几套或所有装置都设计成经常的加料、开车、停车、放料、清理，直到重复开始下一个周期。间歇和连续过程之间的区别有时是"模糊"的。例如，经常把几台间歇反应器的产物暂时储存起来，再作为中间产物送入一组连续操作的精馏塔内。同样，有时把各种少量生成的副产物不断积累起来，达到足够量后，再用一台间歇式蒸馏塔来分离产品。

生产能力大于 450t/a 的装置一般是连续运转的，而能力小于该值的装置则一般是间歇式的。大型装置值得进行更为详尽的开发计划，而间歇装置一般是简单和灵活些。由于间歇过程的灵活性较大，所以常用于在基本相同的加工设备中生产出多品种的产品。

设计间歇过程需要比设计连续过程做出更多的决策。设计间歇过程的最佳方法是先按连续过程来进行设计，这样使筛选过程方案和确定最佳过程的流程图都变得简单些。一旦确定了流程图的最佳结构，便可按间歇设计的系统步骤来开发特定间歇工厂的最佳设计。

2.2　流程总体设计

2.2.1　过程方框图

在概念设计的初期，需要围绕全过程画一个方框，把注意力放到流程的总体物料平衡上面。这是因为原料费用一般占全部加工费用的 33%~85%，所以重点分析那些输入过程的原料和从过程中出来的主产品和副产品是十分必要的。

如果工艺过程要求所有有价值物料的回收率达到99%以上,则过程方框图如图2-5所示。而下面两种情况下则采用如图2-6所示的过程方框图:① 若空气和水为部分反应物,则可能直接排放掉而不回收使用;② 若用到含有杂质的气态反应物,或反应产生了气态副产物时,则既需要循环气态反应物,又必须从过程中排除惰性气体,以免它们继续在循环气体回路中积累。此时,气体循环和放空成为设计问题的一个自由度,放空物流的反应物组成或进入过程的气态反应物过量值,将成为一个总体物料衡算的设计变量。

图 2-5　无循环的过程框图　　　　　　图 2-6　有循环的过程框图

2.2.2　产品物流的数目

要进行物料衡算,首先要明确过程的物流(进料、循环、出料)数目。通常,进料物流取决于反应物的种类,比较容易确定。而循环物流不影响过程的输入输出物料衡算,所以此阶段可以不予考虑。产物由于其用途的多样性,所以可能的出料物流需要根据具体设计要求来确定,是物料衡算之前需要重点分析的内容。

确定离开过程的产品物流的数目,首先要列出预计将离开反应器的所有组分,以及每一反应中出现的所有反应物和生成物。然后,将此清单上的每一组分进行分类,并标以用途说明(见表2-2)。最后,按正常沸点的顺序排列各组分,并按邻近的用途相同的组分合并成组。于是,除去循环物流外的组数即为产品的物流数。该方法的原理是:先分离两股物流,然后再把它们混合起来,是绝对无益的。在应用该方法时,必须确认所有的产物、副产物和杂质都离开过程,否则可能导致未来流程中的不期望的物料积累。

表 2-2　组分用途分类

用　途	组分分类	用　途	组分分类
1.循环和放空	气态反应物 惰性气体 气态副产物	3.排气	不回收且不循环的气态反应物
		4.排液	不回收且不循环的液体反应物
2.液体循环	反应物 反应中间物 与反应物的共沸物 可逆副产物(有时)	5.主销售产品	主产品
		6.副销售产品	有价值的副产物

下面说明采用上述方法,如何来确定HDA过程的产品物流数目。HDA中,参与反应的组分有甲苯、氢气、苯、甲烷和联苯。两股进料物流中都没有杂质存在。如果按正常沸点排列这些组分,得到的结果如表2-3所示。氢气(反应物)和甲烷(既是进料杂质,又是副产物)采用气体循环和放空物流处理。苯是主产品,而甲苯(反应物)要循环。联苯是可逆副产物,将其从过程中移出,并且送去作为燃料用。

表 2-3　HDA 组分列表

组分	沸点	去向代码	组分	沸点	去向代码
氢气	−253℃	循环和放空	甲苯	111℃	循环
甲烷	−161℃	循环和放空	联苯	253℃	燃料
苯	80℃	主产品			

将表 2-3 中的氢气和甲烷合并后，可知 HDA 共有三股产品物流：含氢气和甲烷的驰放气，含苯的主产品，含联苯的燃料副产品物流。
由此得到 HDA 的流程框图如图 2-7 所示。

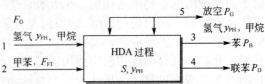

图 2-7   HDA 的流程框图

2.2.3   总物料衡算

正常情况下，可以由设计变量开发总物料平衡的公式，而根本不必考虑任何循环流量。下面以 HDA 为例说明总物料衡算的步骤。衡算中用到的符号见图 2-7，已知数据见表 2-1。HDA 过程的设计规定包括苯产量 P_B 和放空气中氢气含量 y_{PH}，前者在转化率 x 和选择性 S 已知的情况下可以计算得到甲苯的进料量 F_{FT}，后者则可以计算氢气的进料量 F_G。利用 Aspen Plus 软件可以非常方便地实现这一物料衡算，其具体步骤如下。

① 搭建流程图。如图 2-8 所示，图中各物流序号同图 2-7。由于该衡算过程只考虑了转化率和选择性对反应的影响，所以反应器 B1 选用 Model Library 中 Reactors→Rsoic 类型的反应器。该反应器只允许有一个出料 100，所以为将各组分分为物流 3、4 和 5，需要添加一个 Separators→Sep 类型的分离器 B2。

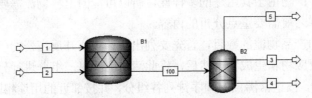

图 2-8   HDA 在 Aspen Plus 中的物料衡算框图

② 指定单位制。该衡算过程主要基于国际单位制 SI 来进行，但少数变量单位需要进行修改，以方便输入表 2-1 中的数据。在 Data Browser 的 Setup→Units-Sets 中新建一个单位制 US-1，并确定其为全局单位制，如图 2-9 所示。令 US-1 基于 SI 来构建（Copy from），并修改摩尔流量（Mole flow）单位为 kmol/h[❶]，温度（Temperature）单位为℃[❷]，压强（Pressure）单位为 MPa。[①②]

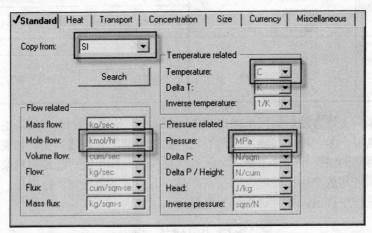

图 2-9   在 Aspen Plus 中定义单位制

---

❶ 在 Aspen Plus 中时间单位 h 用 hr 表示。
❷ 在 Aspen Plus 中温度单位℃用 C 表示。

③ 指定组分。在 Data Browser 的 Components→Specifications 中依次输入组分氢气（H₂）、甲烷（CH₄）、苯（C₆H₆）、甲苯（C₇H₈）和联苯（C₁₂H₁₀），如图 2-10 所示。

④ 指定热力学计算方法。在 Data Browser 的 Properties→Specifications 中选择 SRK（Soave-Ridlich-Kwang）为热力学计算方法，如图 2-11 所示。此时，Properties→Parameters 会变为红色，这是缺少 SRK 模型参数引起的。在后面的模拟计算开始时，Aspen Plus 会自动估算这些参数，该红色会自行变为蓝色。

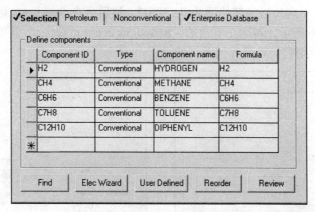

图 2-10　在 Aspen Plus 中指定组分

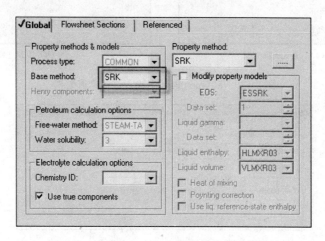

图 2-11　在 Aspen Plus 中指定热力学计算方法

⑤ 输入进料物流数据。在 Data Browser 的 Streams→1→Input 中输入氢气进料温度（Temperature）为 38℃，压强（Pressure）为 3.8MPa，流量（Total flow）为 250kmol/h，组成（Composition）方式为摩尔分数（Mole-Frac），并输入氢气（H₂）摩尔分数 0.95，甲烷（CH₄）摩尔分数 0.04，如图 2-12（a）所示。然后，在 Data Browser 的 Streams→2→Input 中输入甲苯进料温度（Temperature）为 25℃，压强（Pressure）为 3.8MPa，流量（Total flow）为 150kmol/h，组成（Composition）方式为摩尔分数（Mole-Frac），并输入甲苯（C₇H₈）摩尔分数 1，如图 2-12（b）所示。此处输入两个进料的流量，只是作为后面物料衡算的初值来使用，后面将根据设计规定进行准确计算。

⑥ 输入反应器参数。在 Data Browser 的 Blocks→B1→Setup 中输入反应器操作压强（Pressure）为 3.4MPa，温度（Temperature）为 621℃，如图 2-13 所示。然后，在该对话框的

Reactions 页面中点击 New... 输入主副反应方程式，如图 2-14 和图 2-15 所示。在输入反应方程式时，反应物（Reactants）的系数（Coefficient）为负值，生成物（Products）的系数（Coefficient）为正值。在指定产物生成（Products generation）方式时，选择转化率（Fractional conversion），并选择关键组分（of component）。对于主反应而言，本阶段的物料衡算假设外界输入的甲苯全部转化为了苯，所以指定甲苯的转化率为 1，该转化率实际上是总转化率。副反应的转化率等于 1–S，其中的 S 是根据表 2-1 中的公式由反应器内的单程转化率 x 计算出来的。实验数据表明 x=0.75，所以副反应的转化率为 0.030611。最后可在 Reactions 对话框内得到反应方程式列表，如图 2-16 所示。勾选左下角的 "Reactions occur in series" 选项，用于指明这些反应是串联发生的，否则它们就是并列发生的。

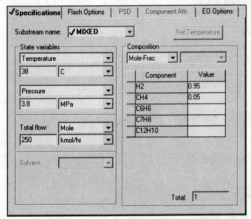

（a）氢气进料

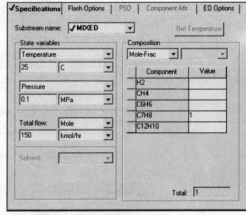

（b）甲苯进料

图 2-12　在 Aspen Plus 中输入进料物流数据

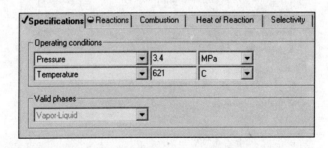

图 2-13　在 Aspen Plus 中输入反应器操作数据

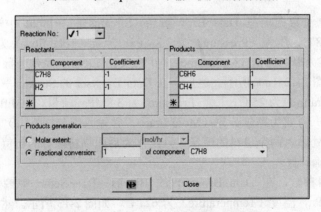

图 2-14　在 Aspen Plus 中输入主反应方程式

Reaction No.: 2
Reactants
Component
Coefficient
C6H6
-2
Products
Component
Coefficient
C12H10
1
H2
1
Products generation
Molar extent:
mol/hr
Fractional conversion:
0.030611
of component
C6H6
N>
Close

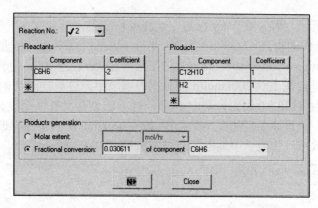

图 2-15　在 Aspen Plus 中输入副反应方程式

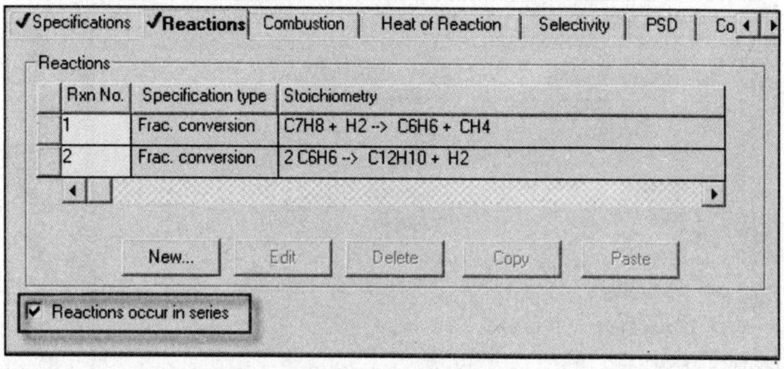

Specifications
Reactions
Combustion
Heat of Reaction
Selectivity
PSD
Co
Reactions
Rxn No.
Specification type
Stoichiometry
1
Frac. conversion
C7H8 + H2 --> C6H6 + CH4
2
Frac. conversion
2 C6H6 --> C12H10 + H2
New...
Edit
Delete
Copy
Paste
Reactions occur in series

图 2-16　在 Aspen Plus 中输入的反应方程式列表

⑦ 输入分离器参数。在 Data Browser 的 Blocks→B2→Input 中输入各输出物流（Outlet stream）的组分分割值（Value）。物流 5 对氢气（H_2）和甲烷（CH_4）的分割值（(Value）均为 1，如图 2-17 所示。物流 3 对苯（C_6H_6）的分割值（Value）为 1，输入方式同图 2-17。物流 4 不能指定分割值，因为 Aspen Plus 需要预留最后一个物流用于分配所有未分割的组分。

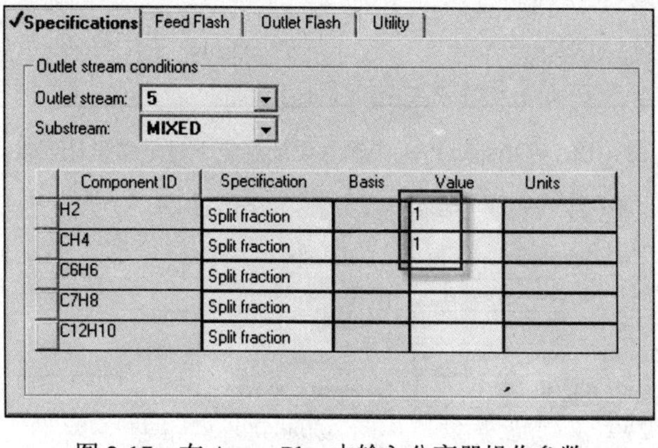

Specifications
Feed Flash
Outlet Flash
Utility
Outlet stream conditions
Outlet stream: 5
Substream: MIXED
Component ID
Specification
Basis
Value
Units
H2
Split fraction
1
CH4
Split fraction
1
C6H6
Split fraction
C7H8
Split fraction
C12H10
Split fraction

图 2-17　在 Aspen Plus 中输入分离器操作参数

⑧ 指定设计规定。在 Data Browser 的 Flowsheeting Options→Design Spec 中点击 New... 创建一个新设计规定 DS-1，并在 Define 标签中点击 New... 定义一个名为 PB 的变量。该变量类别（Category）为物流（Streams），类型（Type）为 Stream-Var，所针对的物流（Stream）是 3，变量（Variable）为摩尔流量（MOLE-FLOW），如图 2-18 所示。然后在 Spec 标签中输入设计变量（Spec）为前面定义好的 PB，其规定值（Target）为 120，绝对误差（Tolerance）

为 0.01，如图 2-19 所示。最后，在 Vary 标签中选择操作变量，如图 2-20 所示。变量类型（Type）为 Stream-Var，所操作的物流（Stream）为 2，变量（Variable）为摩尔流量（MOLE-FLOW），指定调节范围（Manipulated variable limits）的下限（Lower）为 100，上限（Upper）为 200。该设计规定的含义是：在 100~200kmol/h 的范围内调节甲苯进料物流 2 的摩尔流量，控制产品苯物流 3 的流量在(120±0.01)kmol/h。按照同样方法创建另外一个设计规定 DS-2，如图 2-21~图 2-23 所示。该设计规定的含义是：在 200~300kmol/h 的范围内调节氢气进料物流 1 的摩尔流量，控制放空气物流 5 中氢气的含量在(0.4±0.01)mol/mol。

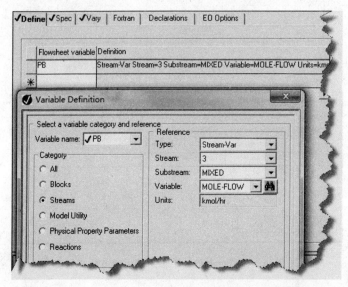

图 2-18　在 Aspen Plus 中输入设计规定 1 时定义变量

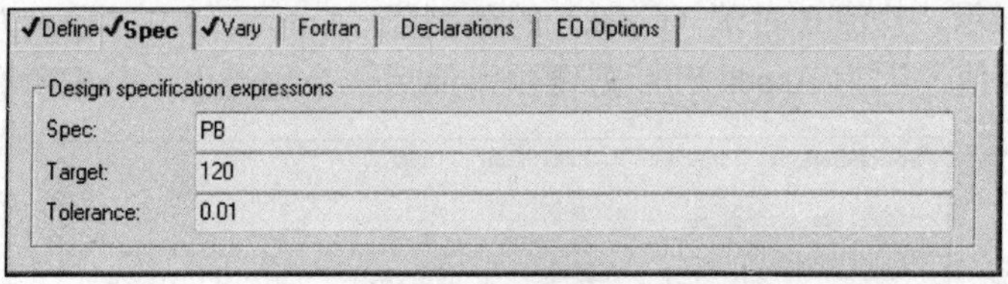

图 2-19　在 Aspen Plus 中输入设计规定 1 时定义设计要求

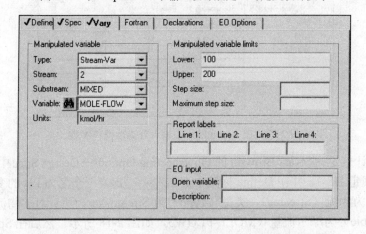

图 2-20　在 Aspen Plus 中输入设计规定 1 时定义操作变量

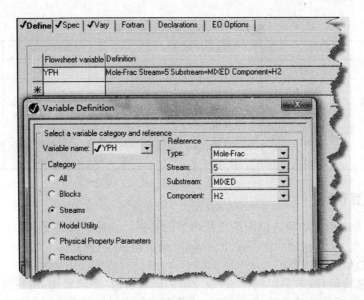

图 2-21　在 Aspen Plus 中输入设计规定 2 时定义变量

| Define √ | Spec | √Vary | Fortran | Declarations | EO Options |

Design specification expressions

Spec:	YPH
Target:	0.4
Tolerance:	0.01

图 2-22　在 Aspen Plus 中输入设计规定 2 时定义设计要求

| √Define | √ Spec | √Vary | Fortran | Declarations | EO Options |

Manipulated variable

Type:	Stream-Var
Stream:	1
Substream:	MIXED
Variable:	MOLE-FLOW
Units:	kmol/hr

Manipulated variable limits

Lower:	200
Upper:	300
Step size:	
Maximum step size:	

Report labels
Line 1:　Line 2:　Line 3:　Line 4:

EO input
Open variable:
Description:

图 2-23　在 Aspen Plus 中输入设计规定 2 时定义操作变量

⑨ 计算。至此，物料衡算所需要的所有数据均已输入完毕，点击 N► 启动计算。在提示需要估算 SRK 模型参数时，再次点击 N►，开始计算，弹出 Control Panel 对话框，显示迭代过程。计算结束后，Aspen Plus 主窗口的右下角出现蓝色的 "Results Available" 字样，显示计算成功。点击 Data Browser 的 Results Summary→Streams 来查看物流计算结果。

主要的结果已列于表 2-4 中。可以看出，苯产率和放空气浓度均已达到了设计规定。所以，利用 Aspen Plus 进行物料衡算是成功的，也是十分方便的。

表 2-4 HAD 总物料衡算结果

物流		1	2	3	4	5
流量/（kmol/h）		223.02	123.79	**120.00**	1.89	224.91
摩尔分数	氢气	0.95	0.00	0.00	0.00	**0.40**
	甲烷	0.05	0.00	0.00	0.00	**0.60**
	苯	0.00	0.00	1.00	0.00	0.00
	甲苯	0.00	1.00	0.00	0.00	0.00
	联苯	0.00	0.00	0.00	1.00	0.00

2.2.4 物料衡算优化

本阶段主要考虑由于物料进出而给工艺带来的利润，该利润通常定义为：

$$利润＝主产品价值+副产品价值–原料费用 \qquad (2\text{-}1)$$

该式用于 HDA 过程即为

$$利润＝苯价值+联苯的燃料价值+放空流的燃料价值–甲苯费用–进料气费用 \qquad (2\text{-}2)$$

HDA 过程的各项物料的价格见表 2-5。以式（2-2）为目标函数，以主反应转化率 x 和放空气组成 y_{PH} 为优化变量，通过最大化利润即可得到最优的物料衡算结果。

表 2-5 HDA 过程的经济数据

物料	价格/（\$/kmol）	组分	热值/（10^6kJ/kmol）
苯	19.93	氢气	0.29
甲苯	14.11	甲烷	0.89
进料氢气	2.51	苯	3.28
		甲苯	3.91
燃料单价=3.79\$/10^6kJ		联苯	6.25

利用 Aspen Plus 软件进行这一优化计算的具体步骤如下。

① 搭建流程图，同图 2-8。

② 指定单位制，同图 2-9。

③ 指定组分，同图 2-10。

④ 指定热力学计算方法，同图 2-11。

⑤ 输入进料物流数据，同图 2-12，但需将进料 1 和 2 的流量分别改为 126kmol/h 和 120kmol/h，以便为优化提供更好的初值。

⑥ 输入反应器参数，同图 2-13~图 2-16。

⑦ 输入分离器参数，同图 2-17。

⑧ 输入约束。该优化计算的约束有两个：苯产量=265mol/h；氢气过量。在 Data Browser 的 Model Analysis Tools→Constraint 中点击 New... 新建一条约束 C-1。在 Define 标签中点击 New... 定义名（Variable name）为 PB 的变量，种类（Category）为物流（Streams），类型（Type）为物流中的变量（Stream-Var），物流（Stream）号为 3，变量（Variable）为摩尔流量（MOLE-FLOW），如图 2-24 所示。然后，点击标签 Spec，输入约束的具体形式：PB 等于（Equal to）120，绝对误差（Tolerance）为 0.01，如图 2-25 所示。该约束的含义是：PB=(120±0.01)kmol/h。返回 Constraint 主界面中点击 New... 新建第二条约束 C-2。在 Define 标签中点击 New... 两次，分别定义名（Variable name）为 FH 和 FT 的变量，种类（Category）均为物流（Streams），类型（Type）均为组分摩尔流量（Mole-Flow），物流（Stream）号分别为 1 和 2，组分（Component）

分别选氢（H_2）和甲苯（C_7H_8），如图 2-26（a）和图 2-26（b）所示。然后，点击标签 Spec，输入约束的具体形式：FH 大于等于（Greater than or equal to） FT，绝对误差（Tolerance）为 0.01，如图 2-27 所示。该约束的含义是：FH≥FT±0.01。

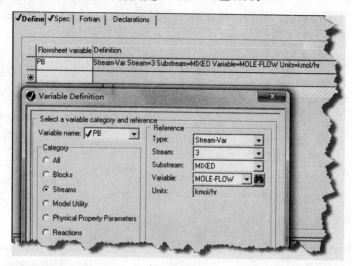

图 2-24　在 Aspen Plus 中输入约束 1 时定义变量

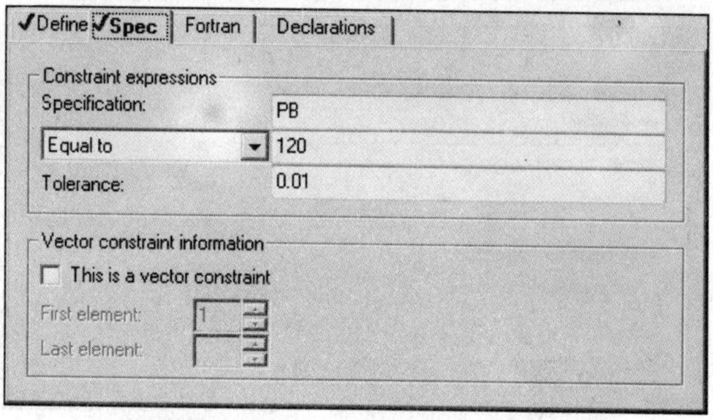

图 2-25　在 Aspen Plus 中输入约束 1 的规定

⑨ 定义优化。在 Data Browser 的 Model Analysis Tools→Optimization 中点击 New... 新建一条优化 O-1。在其 Define 标签中点击 New... ，定义六个变量：FH（进料氢气流量）、FT（进料甲苯流量）、PG（放空气流量）、YPH（放空气中氢含量）、PB（产品苯流量）、PD（副产物联苯流量），如图 2-28 所示。这些变量的输入方法同图 2-26，在此不再逐一列出。定义 YPH 时，类型（Type）为摩尔分数（Mole-Frac），组分（Component）为氢（H_2）；而定义其他 5 个变量时，类型（Type）为物流中的变量（Stream-Var），变量（Variable）为摩尔流量（MOLE-FLOW）。然后，在 Fortran 标签中输入 Fortran 语句来定义优化目标[式（2-2）]，如图 2-29 所示。其次，在 Objective& Constraints 中指定优化目标和约束。在目标函数（Objective function）中指定最大化（Maximize）变量 Cost（已在 Fortran 页中定义，见图 2-29），并点击 ›› 将可用约束（Available constraints）中的 C-1 和 C-2 添加到选择约束（Selected constraints）中，如图 2-30 所示。最后，在标签 Vary 中指定优化变量。点击变量名称（Variable number）中的<New>新建一个变量，类型（Type）为模块变量（Block-Var），所针对的具体模块（Block）为 B1，变量（Variable）为转化率（CONV），反应号（ID1）为 2，变量调节下限（Lower）为 0，上限（Upper）为 0.1，如图 2-31 所示。该变量的含义是：在 0~0.1 的范围内调节反应

器 B1 中副反应的转化率。接着新建第二个变量，类型（Type）为物流变量（Stream-Var），所针对的具体物流（Stream）为 1，变量（Variable）为摩尔流量（MOLE-FLOW），变量调节下限（Lower）为 100，上限（Upper）为 200，如图 2-32 所示。该变量的含义是：在 100~200kmol/h 的范围内调节氢气进料流量。同样，新建第三个变量，指定在 100~200kmol/h 的范围内调节甲苯进料流量，如图 2-33 所示。

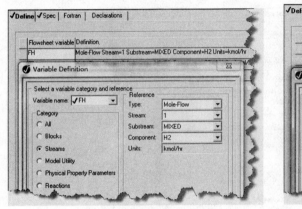 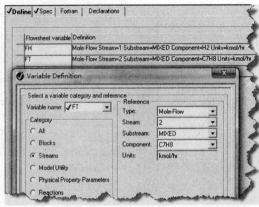

（a）进料氢摩尔流量　　　　　　　　　　　（b）进料甲苯摩尔流量

图 2-26　在 Aspen Plus 中定义约束 2 所需的变量

图 2-27　在 Aspen Plus 中定义约束 2 的规定

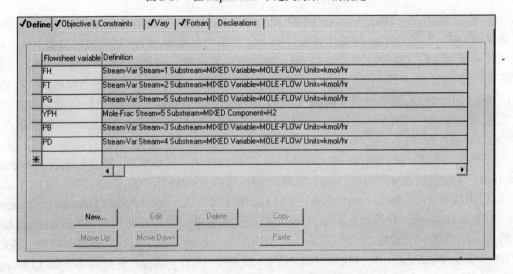

图 2-28　在 Aspen Plus 中定义优化所需的变量

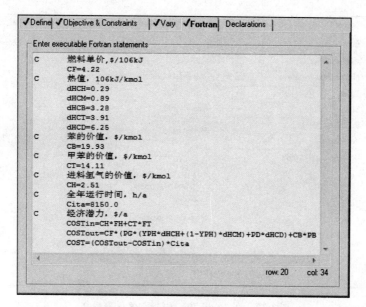

```
✓Define ✓Objective & Constraints  ✓Vary ✓Fortran  Declarations

Enter executable Fortran statements
C        燃料单价,$/106kJ
         CF=4.22
C        热值, 106kJ/kmol
         dHCH=0.29
         dHCM=0.89
         dHCB=3.28
         dHCT=3.91
         dHCD=6.25
C        苯的价值，$/kmol
         CB=19.93
C        甲苯的价值，$/kmol
         CT=14.11
C        进料氢气的价值，$/kmol
         CH=2.61
C        全年运行时间, h/a
         Cita=8150.0
C        经济潜力，$/a
         COSTin=CH*FH+CT*FT
         COSTout=CF*(PG*(YPH*dHCH+(1-YPH)*dHCM)+PD*dHCD)+CB*PB
         COST=(COSTout-COSTin)*Cita

                                              row: 20    col: 34
```

图 2-29　在 Aspen Plus 中定义优化目标

```
✓Define ✓Objective & Constraints ✓Vary ✓Fortran  Declarations

Objective function
(•) Maximize
( ) Minimize        COST

Constraints associated with the optimization
Available constraints          Selected constraints
                        [ > ]   C-1
                        [ >> ]  C-2
                        [ < ]
                        [ << ]
```

图 2-30　在 Aspen Plus 中指定优化目标和约束

```
✓Define ✓Objective & Constraints  Vary ✓Fortran  Declarations

Variable number:  1  ▼    ☐ Disable variable
Manipulated variable               Manipulated variable limits
Type:      Block-Var  ▼    Lower:  0
Block:     B1         ▼    Upper:  0.1
Variable: 🔍 CONV     ▼    Report labels
Sentence:  CONV            Line 1:          Line 2:
ID1:       2               Line 3:          Line 4:

                           Step size parameters
                           Step size:
                           Maximum step size:
```

图 2-31　在 Aspen Plus 中指定优化变量 1

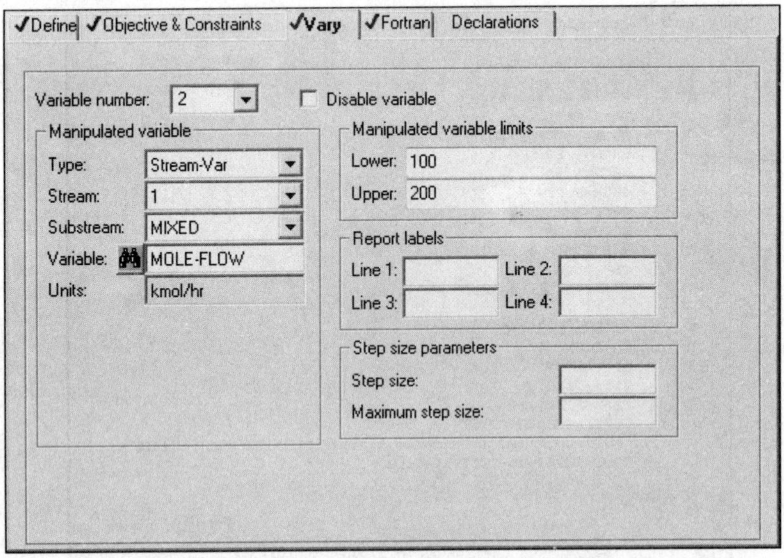

图 2-32　在 Aspen Plus 中指定优化变量 2

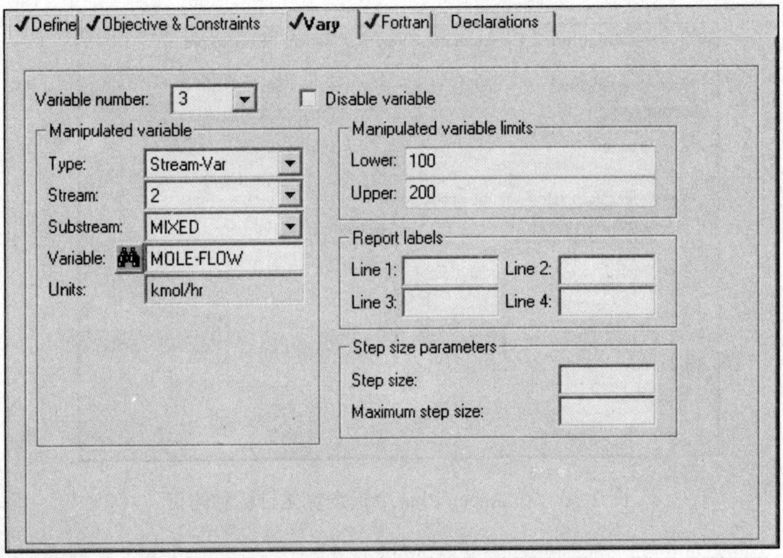

图 2-33　在 Aspen Plus 中指定优化变量 3

⑩ 计算。至此，所有优化计算所需数据均已输入完毕，点击 **N→** 启动计算。在提示需要估算 SRK 模型参数时，再次点击 **N→**，开始计算，弹出 Control Panel 对话框，显示迭代过程。计算结束后，在 Aspen Plus 主窗口的右下角出现蓝色的 "Results Available"，说明计算成功。在 Data Browser 的 Convergence→$SOLVER01→Iterations 中查看优化计算过程，如图 2-34 所示。在 Data Browser 的 Results Summary→Streams 来查看物流计算结果。

主要的结果已列于表 2-6 中。该计算结果说明，设计变量的最佳值对应于无副反应发生和放空气中无氢气的特定情形。这是因为，副反应导致 HDA 过程转化了太多的甲苯成联苯，致使其选择性的损失超过了生成苯所增加的价值；同时，放空气中的高氢含量也会带来原料氢的大量损失。需要注意的是，该结果具有一定的片面性，因为此时甲苯和氢气的循环量将趋于无穷大。随着后面概念设计的深入，在逐步考虑了操作和设备成本后，该优化过程将会渐趋合理。

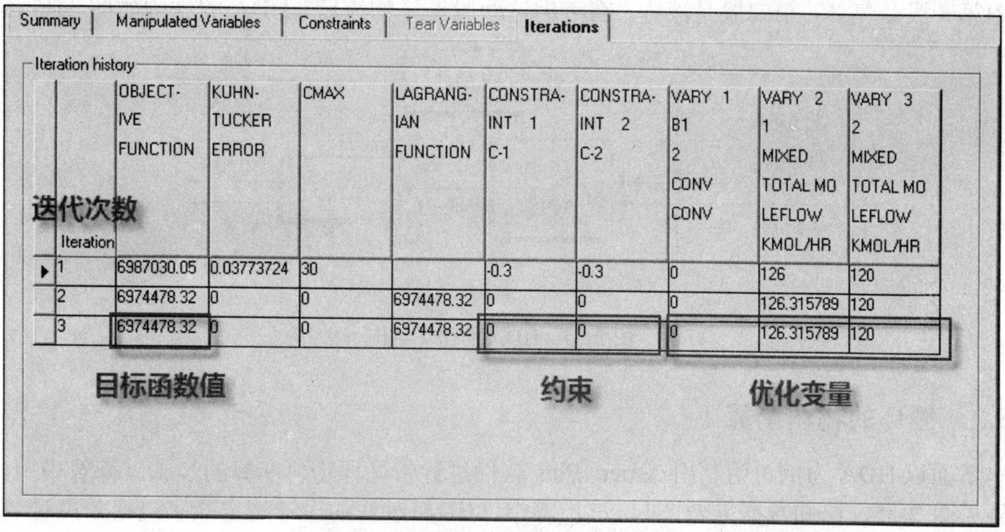

图 2-34　Aspen Plus 优化计算过程

表 2-6　HAD 总物料衡算优化结果

	物流	1	2	3	4	5
	流量/（kmol/h）	126.32	**120.00**	120.00	0.00	126.32
摩尔分数	氢	0.95	0.00	0.00	0.00	**0.00**
	甲烷	0.05	0.00	0.00	0.00	**1.00**
	苯	0.00	0.00	1.00	0.00	0.00
	甲苯	0.00	1.00	0.00	0.00	0.00
	联苯	0.00	0.00	0.00	1.00	0.00
	总利润/（$/a）	6974478				

2.3　物料循环结构

在决定了流程图的总物料衡算后，下面就需要考虑循环物流的数目及其输送费用。在该层次上，仍然把分离系统作为一个黑箱来处理。

2.3.1　循环物流的数目

如果一组反应在不同的温度或压力下反应，或者它们需要不同的催化剂，则这些反应需要用不同的反应器来完成。HDA 过程的主副反应（见表 2-1）均可在 621~704℃、3400kPa 的条件下进行，而且都不用催化剂，所以只需要一台反应器。

在设计过程的反应器系统时，需要把反应步骤和反应器联系起来。当然，也需要把进料物流和循环物流同促使其发生反应的反应器联系起来。所以，循环物流的数目直接与反应器数目有关。循环物流数目的确定方法与 2.2.2 节中的产品物流数目的确定方法基本相同。不同的是，此时需要列出反应器的位号作为每一股循环物流的去向代码，并把具有相同反应器去向代码的、沸点相邻的循环组分归并成组，这些组的数目就是循环物流数目。

HDA 过程的各组分及其去向见表 2-3。于是，有两个循环物流——氢气+甲烷、甲苯，其中第一股是气体，第二股是液体。在考虑这两股循环物流后，HDA 的结构如图 2-35 所示。

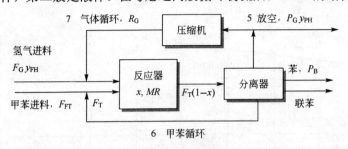

图 2-35 HDA 的循环结构

2.3.2 循环的物料衡算

下面以 HDA 为例说明利用 Aspen Plus 软件进行带循环物料衡算的步骤。衡算中用到的符号见图 2-35，已知数据见表 2-1。该步骤中，HDA 过程的设计规定除了包括苯产量 P_B 和放空气中氢气含量 y_{PH} 外，还包括反应器进口处氢对甲苯的摩尔比 MR。取 $x=0.75$，$P_B=265mol/h$，$y_{PH}=0.4$，$MR=5$，则可以计算出循环物流 6 和 7 的流量和组成。其具体步骤如下。

① 搭建流程图。与图 2-8 相似，首先从 Model Library 的 Reactors→Rsoic 向流程图添加一个计量系数类反应器 B1，然后从 Model Library 的 Separators→Sep 向流程图添加一个分离器 B2。不同的是，B2 多了一股物流 6，用于循环甲苯；气相物流 5 改为了物流 200，后者经一个分离器 B3 分为物流 7 和 5，物流 7 为气相循环物流，物流 5 为放空气。分离器 B3 与 B2 的不同之处在于：前者分割流量，后者分割组分。建立好的流程图如图 2-36 所示。

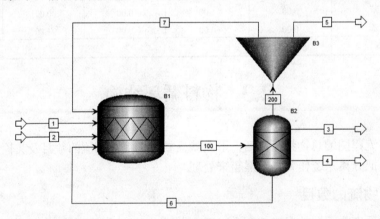

图 2-36 Aspen Plus 中的带循环的 HDA 流程图

② 指定单位制，同图 2-9。

③ 指定组分，同图 2-10。

④ 指定热力学计算方法，同图 2-11。

⑤ 输入进料物流数据，同图 2-12。

⑥ 输入反应器参数，同图 2-13~图 2-16。但是，由于此时引入了循环物流，所以反应器中主反应（Reaction No.: 1）的转化率不再是总转化率 1，而是单程转化率 0.75，所以需要将图 2-14 中的转化率（Fractional Conversion）修改为 0.75，如图 2-37 所示。

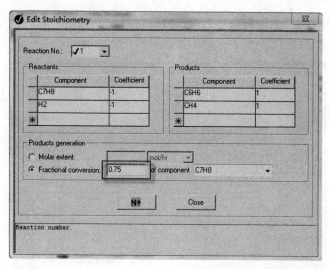

图 2-37　在 Aspen Plus 中输入带循环的 HDA 主反应方程式

⑦ 输入分离器参数，同图 2-17。但由于分离器 B2 增加了一个甲苯出料 6，所以需要指定物流 4 来分割联苯，如图 2-38。而且，原来的物流 5 也自动被物流 200 所取代。

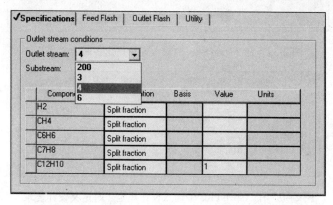

图 2-38　在 Aspen Plus 中输入分离器 B2 的联苯出料参数

⑧ 指定设计规定。此处的设计规定有三个。a. 在 100~200kmol/h 的范围内调节甲苯进料物流 2 的摩尔流量，控制产品苯物流 3 的流量在 (120±0.01)mol/h，同图 2-18~图 2-20。b. 在 200~300kmol/h 的范围内调节氢气进料物流 1 的摩尔流量，控制放空气物流 5 中氢气的含量在 (0.4±0.01)mol/mol，同图 2-21~图 2-23。c. 在 0~1 的范围内调节放空气 5 占总气相 200 的比例，控制反应器入口氢与甲苯的比例为 5。在 Data Browser 的 Flowsheeting Options→Design Spec 中点击 New... 创建一个新设计规定 DS-3，并在 Define 标签中点击 New... 定义一个名为 FHM 的变量。该变量类别（Category）为物流（Streams），类型（Type）为组分摩尔流量（Mole-Flow），所针对的物流（Stream）是 1，组分（Component）为氢（H_2），如图 2-39 所示。该变量的含义是：测量氢气进料 1 中的氢组分摩尔流量。同样地，定义循环气 7 中氢组分摩尔流量 FHR、进料甲苯中甲苯组分摩尔流量 FTM、循环液 6 中甲苯摩尔流量 FTR。然后在 Spec 标签中输入设计变量（Spec）为（FHM+FHR）/（FTM+FTR），代表反应器进口处的氢和甲苯之比，并给定规定值（Target）为 5，绝对误差（Tolerance）为 0.01，如图 2-40 所示。最后，在 Vary 标签中选择操作变量，如图 2-41 所示。变量类型（Type）为设备参数（Block-Var），所操作的设备（Block）为 B3，变量（Variable）为流量比（FLOW/FRAC），所

针对的物流号（ID1）为 5，指定调节范围（Manipulated variable limits）的下限（Lower）为 0，上限（Upper）为 1。

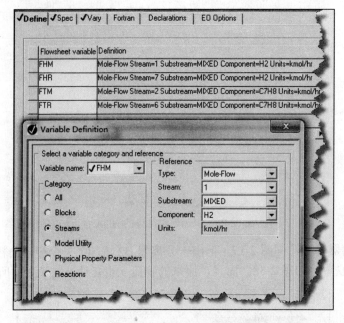

图 2-39　在 Aspen Plus 中输入设计规定 3 时定义变量

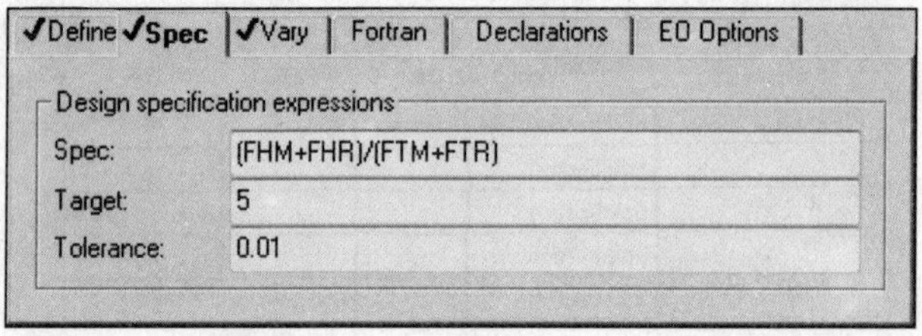

图 2-40　在 Aspen Plus 中输入设计规定 3 时定义设计要求

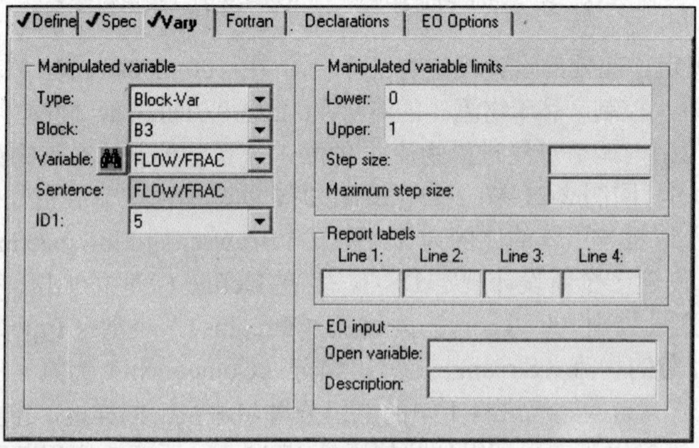

图 2-41　在 Aspen Plus 中输入设计规定 3 时定义操作变量

　⑨ 计算。至此，物料衡算所需要的所有数据均已输入完毕，点击 N⇒ 启动计算。在提示需要估算 SRK 模型参数时，再次点击 N⇒，开始计算，弹出 Control Panel 对话框，显示迭代过程。计算结束后，Aspen Plus 主窗口的右下角出现蓝色的"Results Available" 字样，显示

计算成功。点击 Data Browser 的 Results Summary→Streams 来查看物流计算结果。

主要的结果已列于表 2-7 中。可以看出，苯产率和放空气浓度均已达到了设计规定。经验算，反应器进口的氢与甲苯之比（222.75×0.95+1536.13×0.4）/（123.79+41.26）也等于 5。比较表 2-7 与表 2-4 可以看出，反应器进出物流的组成和流量基本一致（个别少量的变化来自计算误差），但出现了一个较大的循环气流量。所以，对带循环的 HDA 进行优化计算时，必须考虑循环气所带来的操作费用。

表 2-7 带循环的 HAD 物料衡算结果

物流		1	2	3	4	5	6	7
流量/（kmol/h）		**222.75**	123.79	**120.00**	1.89	224.65	**41.26**	**1536.13**
摩尔分数	氢	0.95	0.00	0.00	0.00	**0.40**	0.00	0.40
	甲烷	0.05	0.00	0.00	0.00	**0.60**	0.00	0.60
	苯	0.00	0.00	1.00	0.00	0.00	0.00	0.00
	甲苯	0.00	1.00	0.00	0.00	0.00	1.00	0.00
	联苯	0.00	0.00	0.00	1.00	0.00	0.00	0.00
反应器容积/m³			178.04					

2.3.3 反应器对循环结构的影响

为了做出关于反应器热效应的决策，就要估算反应器的绝热温度变化。由于单一反应的有限反应物的新鲜进料一般都在过程内得到转化（单程转化率可能很小），所以

反应器的热负荷＝反应热×新鲜进料率

一旦把反应器的热负荷确定了下来，就可以由下式估算绝热的温度变化。

$$Q_R = FC_p(T_{R,in} - T_{R,out})$$

(2-3)

其中，FC_p 为反应器进料物流的总热流率（流量×比热容）。

在 Aspen Plus 中，为了考察反应热对 HDA 反应器温度的影响，需要将 2.3.2 节 Aspen Plus 模拟实例少许修改。

① 从 Model Library 的 Heat Exchangers→Heater 向流程图添加一台换热器 B4，其作用是保持进入反应器 B1 进料温度恒定。如图 2-42 所示。同时，还从 Model Library 的 Mixers/Splitters →Mixer 向流程图中添加了一个汇合器 B5，以便将反应器的新鲜进料和循环进料汇合在一起进入换热器 B4。

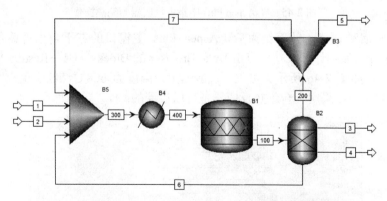

图 2-42 在 Aspen Plus 中为 HDA 过程添加一台换热器

② 点击 Data Browser 的 Blocks→B5，输入汇合器 B5 的操作压强为 3.4MPa（等于反应器压强），如图 2-43 所示。

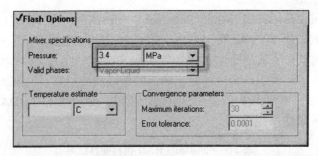

图 2-43　在 Aspen Plus 中指定汇合器 B5 的操作参数

③ 点击 Data Browser 的 Blocks→B4，输入换热器 B4 的操作温度为 621℃，压强为 3.4MPa，如图 2-44 所示。这样，进入反应器 B1 的物流 400 将保持 621℃的恒定进料温度。

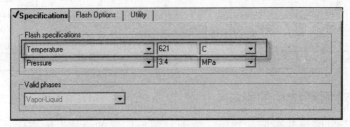

图 2-44　在 Aspen Plus 中指定换热器 B4 的操作参数

④ 点击 Data Browser 的 Blocks→B1，更改反应器 B1 的操作条件。将温度（Temperature）改为热负荷（Heat duty），在后面的数值框中输入 0，如图 2-45 所示。这表示，反应器 B1 在绝热条件下操作，与外界无换热。

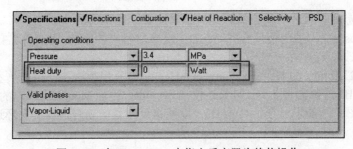

图 2-45　在 Aspen Plus 中指定反应器为绝热操作

⑤ 点击 **N→** 启动计算。计算结束后，Aspen Plus 主窗口的右下角出现蓝色的 "Results Available" 字样，显示计算成功。点击 Data Browser 的 Blocks→B1→Results 来查看反应器 B1 的计算结果，如图 2-46 所示。可见，反应器出口温度为 668℃，低于反应器出口温度要求的上限 704℃，所以采用一台绝热反应器是可以接受的。

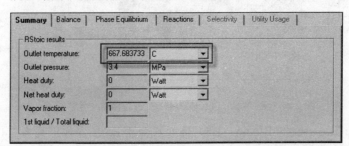

图 2-46　在 Aspen Plus 中查看绝热反应器 B1 的计算结果

2.3.4 循环物料衡算优化

当考虑循环时，需要从经济目标式（2-1）中减去年均反应器费用和年均压缩机费用，投资和操作费用都应包括在内。

（1）压缩机费用

只要有循环气流，就需要循环气压缩机。常用的离心式气体压缩机的功率计算式为

$$N_a = \frac{p_{in} V_{in}}{\gamma} \left[\left(\frac{p_{out}}{p_{in}} \right)^{\gamma} - 1 \right] \tag{2-4}$$

其中，N_a 为多变过程的压缩功率，W；p_{in} 和 p_{out} 分别为进出口压强，Pa；V_{in} 为压缩机入口气体流量，m^3/s；γ 为多变过程系数（与多变指数有关）。

而压缩机出口气体的温度为

$$T_{out} = T_{in} \left(\frac{p_{out}}{p_{in}} \right)^{\frac{n-1}{n}} \tag{2-5}$$

压缩机的年度投资费用 $C_{d,comp}$[\$/a] 由下式计算

$$C_{d,comp} = 1862 \left(\frac{N_a}{\eta_m} \right)^{0.82} \frac{(2.11 + F_c)}{n} \tag{2-6}$$

其中，η_m 为机械效率；F_c 为压缩机的校正系数（见表2-8）；n 为投资偿还年数。

表 2-8　压缩机的校正系数

压缩机类型	驱动机构	F_c	压缩机类型	驱动机构	F_c
离心式	电动机	1.00	往复式	电动机	1.29
往复式	水蒸气	1.07	往复式	燃气机	1.82
离心式	透平	1.15			

而操作费用 $C_{o,comp}$[\$/a] 则用由下式计算

$$C_{o,comp} = \frac{N_a}{\eta_m \eta_e} \theta J_p \tag{2-7}$$

其中，η_e 为电机效率；θ 为压缩机年运行时间，h/a；J_p 为用电单价，\$/(kW·h)。

对于 HDA 流程，应用上述各式计算压缩机费用的各项参数列于表 2-9 中。

表 2-9　HDA 实例中压缩机费用参数

参数	p_{in}/MPa	p_{out}/MPa	η_m	η_e	n/年	F_c	θ/(h/a)	J_p/[\$/(kW·h)]
取值	3.05	3.75	0.8	0.8	3	1.00	8150	0.045

由于反应器的操作压力为 3.4MPa，所以此处假设压缩机入口压力 p_{in}=3.05MPa，出口压力 p_{out}=3.75MPa。压缩机入口气体温度取决于相分离器的操作温度，暂取为 38℃（与进料氢气温度相同）。

（2）反应器费用

反应器按照压力容器来估算其费用，其年度投资费用 $C_{d,reac}$[\$/a] 由下式计算

$$C_{d,reac} = 2709.5 D^{1.066} H^{0.82} \frac{2.18 + F_{c,reac}}{n} \tag{2-8}$$

其中，D 和 H 分别为反应器的直径和高度，m；$F_{c,reac}$ 为反应器的校正系数[见式（2-9）和表 2-10、表 2-11]。

$$F_{c,\text{reac}} = F_m F_p \tag{2-9}$$

表 2-10 压力容器费用中的 F_m 系数

壳体材料	碳钢	不锈钢	镍合金	钛合金
复合衬里	1.00	2.25	3.89	4.25
单一材质	1.00	3.67	6.34	7.89

表 2-11 压力容器费用中的 F_p 系数

压强/MPa	≤0.3	0.7	1.4	2.1	2.8	3.5	4.1	4.8	5.5	6.2	6.9
F_p	1.00	1.05	1.15	1.20	1.35	1.45	1.60	1.80	1.90	2.30	2.50

对于 HDA 流程，式（2-8）中的 D 和 H 需要根据反应器的体积来确定，而后者与反应动力学有关。HDA 主反应的动力学方程为

$$\frac{dC_T}{dt} = -k[\text{T}][\text{H}]^{0.5} \tag{2-10}$$

$$k = 6.3 \times 10^{10} e^{-\frac{217568}{RT_R}} \tag{2-11}$$

其中，[T]和[H]分别代表甲苯和氢气的浓度，kmol/m^3；T_R 为反应器操作温度，K；k 为反应速率常数，$\text{kmol}^{-0.5}/(\text{m}^{-0.5} \cdot \text{s})$]；$R$=8.315kJ/（kmol·K）。

由反应器体积计算直径 D 和高度 H 时，假设 H/D=6，所以

$$D = \sqrt[3]{\frac{2V_R}{3\pi}} \tag{2-12}$$

最后，式（2-8）中的 n 取为 3 年，式（2-9）中的 F_m 取为 3.67（不锈钢材质），F_p 根据反应器操作压强取为 1.45。

（3）优化计算

此时，由于考虑了气相和液相循环对物料衡算的影响，所以压缩机和反应器的费用被包括进了优化目标函数中

利润 = 苯价值+联苯的燃料价值+放空流的燃料价值−甲苯费用 − 进料气费用−

压缩机年度投资费用−压缩机年度操作费用−反应器年度投资费用　　（2-13）

为进行该优化过程，需要将 2.3.3 节的 Aspen Plus 模拟实例做一些修改。

① 修改流程图。将图 2-42 中的反应器 B1 删除，从 Model Library 的 Reactors→RCSTR 向流程图添加一个全混釜类反应器 B1，然后从 Model Library 的 Heat Exchangers→Heater 向流程图添加一个换热器 B7，最后从 Model Library 的 Pressure Changers→Compr 向流程图添加一个压缩机 B6，如图 2-47 所示。先添加物流 500 将换热器 B7 和分离器 B2 连接起来，然后添加物流 8 将压缩机 B6 与汇合器 B5 连接起来。

② 设置反应器 B1 参数。点击 Data Browser 的 Blocks→B1，输入反应器 B1 的操作压力（Pressure）为 3.4MPa，热负荷（Heat duty）为 0W（绝热反应器），容积（Volume）为 178cum（立方米）。见图 2-48。全混流反应器中所要求的反应需在模块外定义。点击 Data Browser 的 Reactions→Reactions，并点击 New... 创建一个 POWERLAW 类型的反应集 R-1。在 Stoichiometry 标签下点击 New... 创建反应 1，输入 HDA 的主反应方程式（见表 2-1），如图 2-49 所示。其中，在 Component 中指定组分，在 Coefficient 中指定计量系数（负值为反应物，

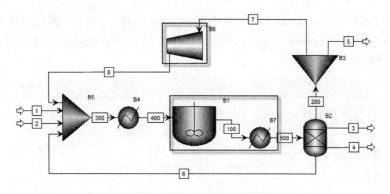

图 2-47　在 Aspen Plus 中建立 HDA 循环流程

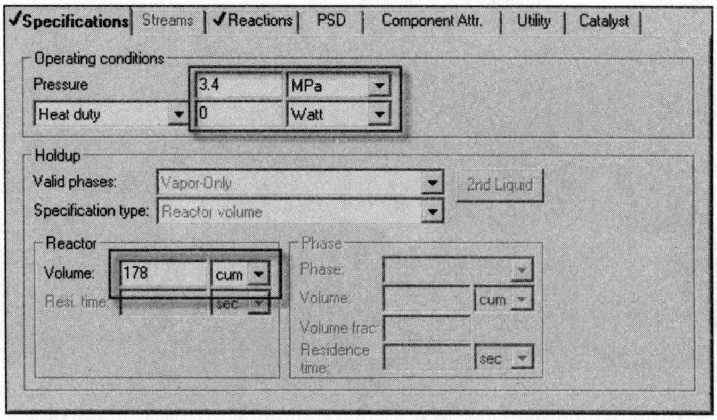

图 2-48　在 Aspen Plus 中输入 CSTR 反应器参数

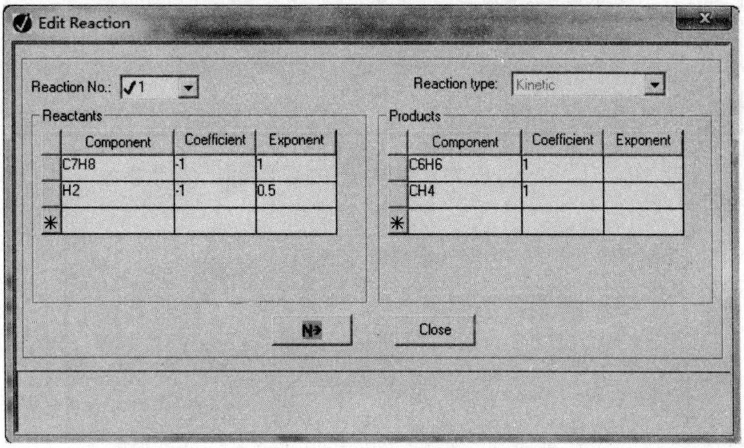

图 2-49　在 Aspen Plus 中输入 HDA 主反应方程式

正值为生成物），在 Exponent 中指定反应速率方程中各组分浓度的指数[见式（2-10）]，在 Reaction type 中指定该反应为 Kinetic（动力学型）。依同样方法创建反应 2，输入 HDA 的副反应方程式（见表 2-1），在 Reaction type 中指定该反应为 Equilibrium（平衡型），如图 2-50 所示。然后，点击 Kinetic 标签，输入主反应的动力学方程式（2-11）。指定主反应相态（Reacting phase）为气相（Vapor），指前因子 k 为 6.3e10，活化能 E 为 217568kJ/kmol，如图 2-51 所示。点击 Equilibrium 标签，指定副反应相态（Reacting phase）为气相（Vapor），如图 2-52 所示。

重新回到 Data Browser 的 Blocks→B1，点击 Reactions 标签，点击 >> 将反应集 R-1（图 2-53）由可用反应集（Available reaction sets）移至选定反应集（Selected reaction sets）。至此，反应器 B1 的所有参数输入完毕。

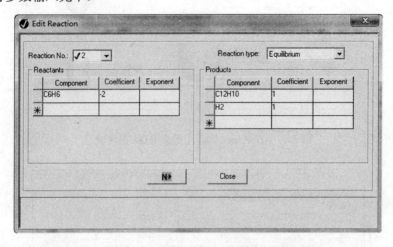

图 2-50 在 Aspen Plus 中输入 HDA 副反应方程式

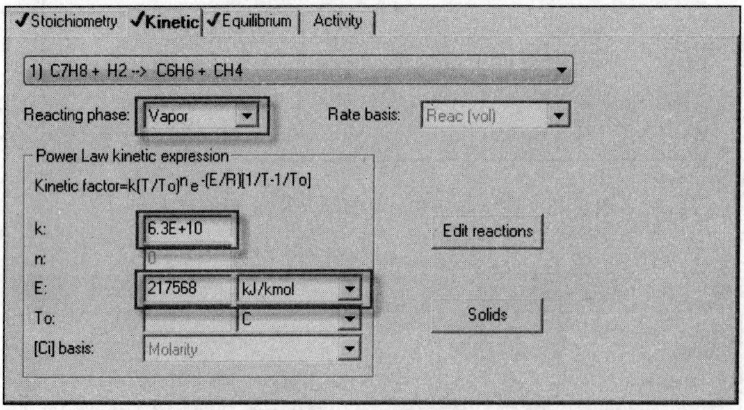

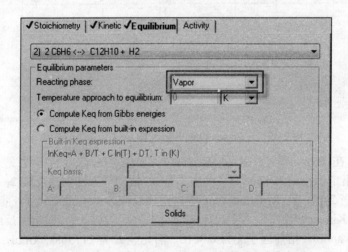

图 2-51 在 Aspen Plus 中输入 HDA 主反应动力学参数

图 2-52 在 Aspen Plus 中输入 HDA 副反应平衡参数

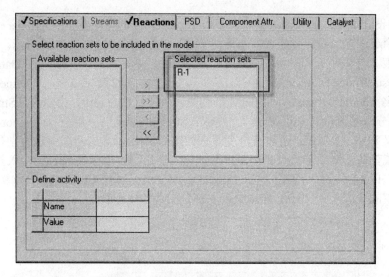

图 2-53 在 Aspen Plus 中选择反应集

③ 设置换热器 B7 和压缩机 B6 的参数。点击 Data Browser 的 Blocks→B7，输入换热器 B7 的操作温度（Temperature）为 38℃，压力（Pressure）为 3.2MPa，如图 2-54 所示。点击 Data Browser 的 Blocks→B6，输入压缩机 B6 的模型（Model）为压缩机（Compressor），类型（Type）为多变压缩（Polytropic using ASME method），压缩比（Pressure ratio）为 1.188，机械效率（Mechanic）为 0.8，如图 2-55 所示。

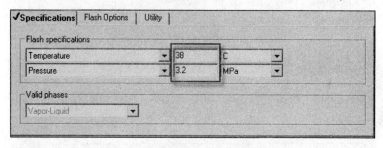

图 2-54 在 Aspen Plus 中输入换热器 B7 的参数

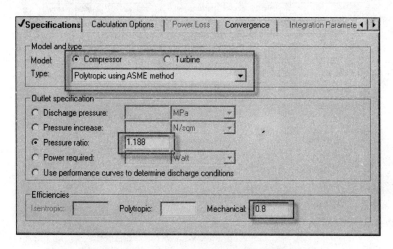

图 2-55 在 Aspen Plus 中输入压缩机 B6 的参数

④ 去除设计规定，加入约束。点击 Data Browser 的 Flowsheeting Options→Design Spec，点击 Hide 隐藏选定的设计规定（在需要时点击 Reveal 恢复），如图 2-56 所示。参照 2.2.4 节例子输入约束。首先输入苯产率约束 C-1，同图 2-24 和图 2-25。然后，在 Data Browser 的 Model Analysis Tools→Constraint 中点击 New... 新建一条约束 C-2。在 Define 标签中点击 New... 定义名（Variable name）为 FHM 的变量，种类（Category）为物流（Streams），类型（Type）为组分摩尔流量（Mole-Flow），物流（Stream）号为 1，组分（Component）为 H_2。同样方法定义 FHR、FTM 和 FTR 三个变量，如图 2-57 所示。这四个变量分别代表新鲜氢流量、循环氢流量、新鲜甲苯流量和循环甲苯流量。然后，点击标签 Spec，输入约束的具体形式：（FHM+FHR）/（FTM+FTR）等于（Equal to）5，绝对误差（Tolerance）为 0.1，如图 2-58 所示。该约束的含义是：（FHM+FHR）/（FTM+FTR）=5±0.1。

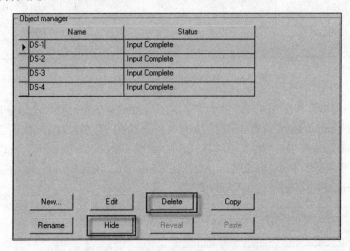

图 2-56　在 Aspen Plus 中去除设计规定

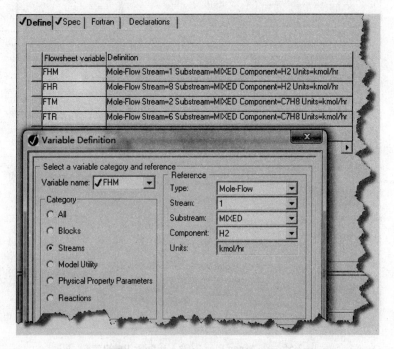

图 2-57　在 Aspen Plus 中输入氢甲苯比约束所需的变量

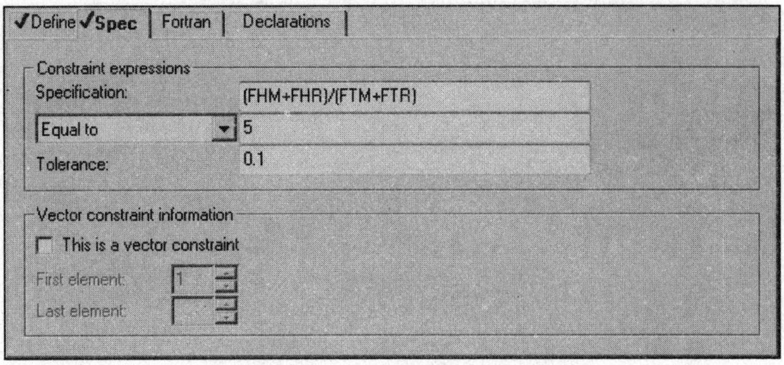

图 2-58 在 Aspen Plus 中输入氢甲苯比等式约束

⑤ 添加优化模块。在 Data Browser 的 Model Analysis Tools→Optimization 中点击 New... 新建一个优化模块 O-1，点击 New... 定义 8 个变量，如图 2-59 所示。其中前 6 个变量的定义同图 2-28，后 2 个变量的定义如图 2-60 所示。新增加的变量 NCOMP 代表压缩机 B6 的轴功率（W），变量 VR 代表反应器 B1 的体积（m^3）。然后，在 Fortran 标签中输入 Fortran 语句来定义优化目标[式（2-13）]，如图 2-61 所示。其次，在 Objective& Constraints 中指定优化目标和约束，同图 2-30。最后，在标签 Vary 中指定优化变量。点击变量名称（Variable number）中的<New>新建一个变量 1，类型（Type）为模块变量（Block-Var），所针对的具体模块（Block）为 B1，变量（Variable）为容积（VOL），变量调节下限（Lower）为 170，上限（Upper）为 300，如图 2-62 所示。该变量的含义是：在 0~0.1 的范围内调节反应器 B1 中副反应的转化率。接着新建变量 2，同图 2-32 所示，只是将下限（Lower）改为 150，上限（Upper）改为 230。同样，新建变量 3，同图 2-33 所示，只是将下限（Lower）改为 120，上限（Upper）改为 130。最后，新建变量 4，类型（Type）为模块变量（Block-Var），所针对的具体模块（Block）为 B3，变量（Variable）为流量比（FLOW/FRAC），调节流量号（ID1）为 5，变量调节下限（Lower）为 0.05，上限（Upper）为 0.15，如图 2-63 所示。该变量的含义是：在 0.05~0.15 的范围内调节分割器 B3 中物流 5 的流出比例。

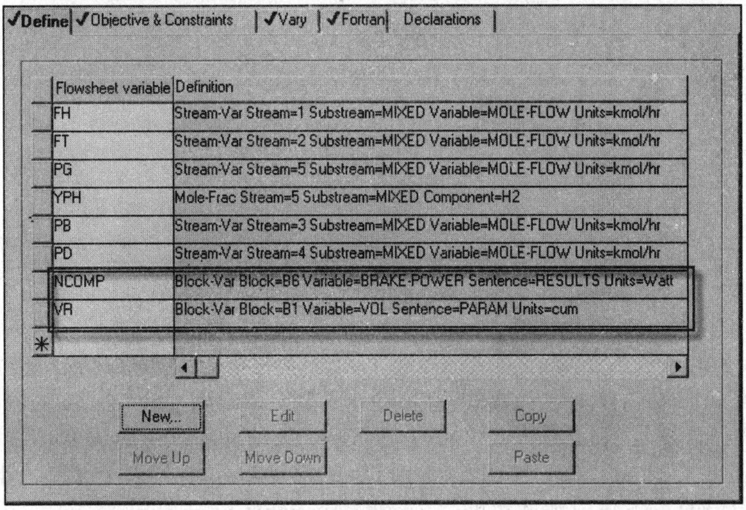

图 2-59 在 Aspen Plus 中定义循环物料优化所需的变量

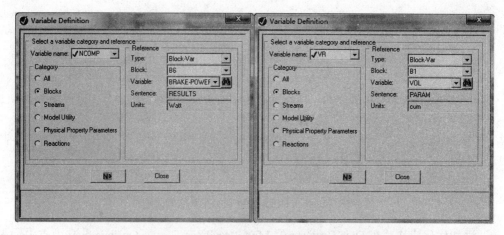

图 2-60　定义循环物料优化增加所需的其他变量

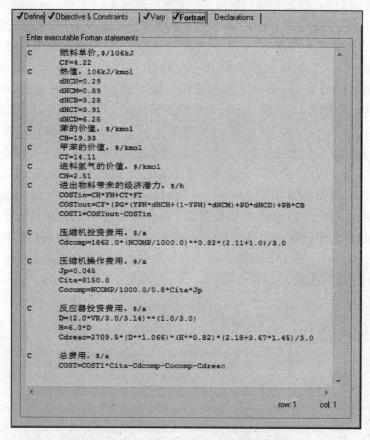

图 2-61　在 Fortran 块中定义循环物料的优化目标

⑥ 计算。至此，所有优化计算所需数据均已输入完毕。为向优化模块提供较好的初值，还需将物流 1 和 2 的流量分别设为 223.7kmol/h 和 125.0kmol/h，反应器 B1 的容积设为 178m³，分割器 B3 中物流 5 的比例设为 0.12824804。点击 N▸ 启动计算。在提示需要估算 SRK 模型参数时，再次点击 N▸，开始计算，弹出 Control Panel 对话框，显示迭代过程。计算结束后，在 Aspen Plus 主窗口的右下角出现蓝色的 "Results Available"，说明计算成功。在 Data Browser 的 Convergence→$OLVER01→Iterations 中查看优化计算过程，如图 2-64 所示。在 Data Browser 的 Results Summary→Streams 来查看物流计算结果。

图 2-62　在 Aspen Plus 中指定循环物料优化变量 1

图 2-63　在 Aspen Plus 中指定循环物料优化变量 4

Iteration	OBJECTIVE FUNCTION	KUHN-TUCKER ERROR	CMAX	LAGRANGIAN FUNCTION	CONSTRAINT 1 C-1	CONSTRAINT 2 C-2	VARY 1 B1 PARAM VOL CUM	VARY 2 1 MIXED TOTAL MOLEFLOW KMOL/HR	VARY 3 2 MIXED TOTAL MOLEFLOW KMOL/HR	VARY 4 B3 5 FRAC FRAC
21	5695018.27	0.01672013	3.57213551	5692110.87	-0.0183108	-0.0036112	297.390435	200.591068	124.963668	0.09956929
22	5697174.46	0.01865552	3.84689297	5694896.63	-0.0129571	-0.0032694	295.114012	200.38824	124.925176	0.09866237
23	5699296.6	0.01768497	9.63461115	5695732.88	-0.0091953	-0.0031097	290.643985	199.508886	124.810855	0.09564268
24	5697659.71	0.01518942	8.72737522	5692414.43	-0.0194113	-0.0033427	290.541138	199.467237	124.806322	0.09551509
25	5700220.16	0.01126082	13.1055929	5695668.97	-0.0080561	-0.0045059	279.307341	198.917498	124.627379	0.09178948
26	5704860.35	0.00246809	0.85913205	5704581.79	-0.0012563	3.856E-05	278.298623	198.902704	124.600285	0.09124613
27	5703084.36	0.00246809	0.85913205	5704579.72	-0.0113684	-0.0002317	278.298623	198.902704	124.600285	0.09124613

图 2-64　在 Aspen Plus 中查看循环物料优化结果

主要的结果已列于表 2-12 中。循环物料优化结果表明，与总物料优化结果（表 2-6）相比，经济利润有了一定的下降（6974478$/a→5703084$/a），反应转化率由 0 提高到了 0.73，产生了一定的联苯（2.60kmol/h），放空气中也出现了一定含量的氢（0.33）。与循环物料衡算结果（表 2-7）相比，氢进料量下降了（222.75kmol/h→198.90kmol/h），以减小由于放空带来的氢损失。氢含量的降低直接导致了反应速率的下降[见式（2-10）]，所以必须增加反应器容积（178.04m³→278.30 m³）来提高物料停留时间，进而部分抵消反应速率的下降。同时也看出，循环气体流量（1536.13kmol/h→2003.77kmol/h）有了一个大幅增加，这是由转化率下降（0.75→0.73）所致。所以，可望获利的设计变量的范围已经明显缩小了。在逐步考虑分离和换热器的费用后，该优化值还会进一步趋向合理化。

表 2-12　HDA 循环物料优化结果

物流		1	2	3	4	5	6	7
流量/(kmol/h)		198.90	**124.60**	119.99	**2.60**	201.19	45.97	2003.77
摩尔分数	氢	0.95	0.00	0.00	0.00	**0.33**	**0.00**	**0.33**
	甲烷	0.05	0.00	0.00	0.00	**0.67**	**0.00**	**0.67**
	苯	0.00	0.00	1.00	0.00	0.00	0.00	0.00
	甲苯	0.00	1.00	0.00	0.00	0.00	1.00	0.00
	联苯	0.00	0.00	0.00	1.00	0.00	0.00	0.00
反应器容积/m³			**278.30**	转化率	**0.73**	总利润/($/a)	**5703084**	

2.4　传质分离结构设计

2.4.1　分离系统的总体结构

为了确定分离系统的总体结构，首先需要确定反应器出料物流的相态（图 2-65）。对于气液过程来说，只有三种可能性。

① 如果反应器的出料是液体，就假定只需要一个液体分离系统（图 2-66）。这个系统或许包括蒸馏塔、萃取装置、共沸蒸馏等，但是往往不会有任何气体吸收器、气体吸附装置等。

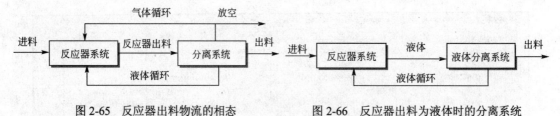

图 2-65　反应器出料物流的相态　　　　图 2-66　反应器出料为液体时的分离系统

② 如果反应器的出料是两相混合物（图 2-67），则首先进行相分离（通过反应器或后加闪蒸罐），液体送入液体分离系统（若主要含有反应物料，则送回反应器；若主要含有产品，则送入液体回收系统），气体送入气体循环和放空系统。

③ 如果反应器的出料是气体（图 2-68），则需首先进行部分冷凝，再相分离。也可以完全冷凝后，送入液体回收系统。要考虑高压和冷冻相结合的可能性，并考虑将出料直接送往气体回收系统的可能性。

HDA 反应器的出料全是气体，所以其分离系统采用类似图 2-68 所示的结构，如图 2-69

所示。在前面的分析（未考虑分离问题）中，放空气体被认为只含有氢气和甲烷，不含有苯和甲苯。现在具体考虑图 2-69 中分离器的分离效果对放空气流的影响。此处的分离器实际是在冷却反应器出料 8 后才进行操作的，所以其分离温度和压强分别取为 38℃和 3.2MPa。

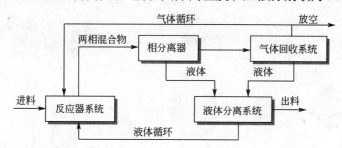

图 2-67　反应器出料为两相混合物时的分离系统

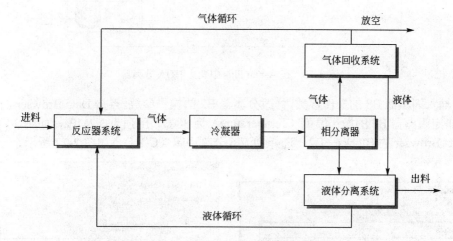

图 2-68　反应器出料为气体时的分离系统

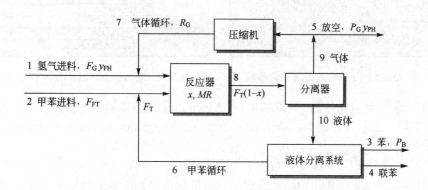

图 2-69　HDA 过程的分离系统

在 2.3.4 节实例的基础上，做如下修改。

① 修改流程图。从 Model Library 的 Separators→Flash2 向流程图 2-47 添加一个两相分离器 B8，代替分离器 B2 进行气液闪蒸。原来的分离器 B2 则移至 B8 的下游，充当液体分离系统，如图 2-70 所示。

② 去除优化和约束，添加设计规定。选中 Data Browser 的 Model Analysis Tools→Optimization 中的 O-1，点击 [Hide] 隐藏该优化模块。然后，选中 Data Browser 的 Model Analysis

Tools→Constraint 中的全部约束，点击 [Hide] 隐藏这些约束。最后，选中 Data Browser 的 Flowsheeting Options→Design Spec，点击 [Reveal] 恢复四个设计规定，同图 2-56。

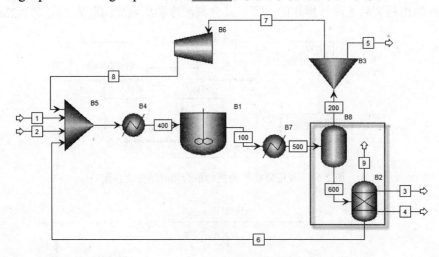

图 2-70   在 Aspen Plus 中变更 HDA 分离器

③ 输入闪蒸器 B8 的操作参数，修改分离器 B2 的操作参数。点击 Data Browser 的 Blocks →B8，指定闪蒸器 B8 的操作温度（Temperature）为 38℃，压强为 3.2MPa，如图 2-71 所示。点击 Data Browser 的 Blocks→B2，选择物流 6 分割甲苯（C₇H₈），如图 2-72 所示。

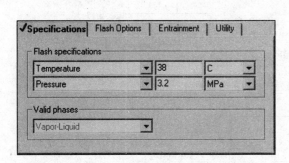

图 2-71   在 Aspen Plus 中输入闪蒸器的参数

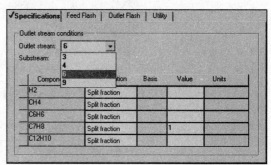

图 2-72   在 Aspen Plus 中修改分离器的参数

④ 计算。点击 N» 启动计算。计算结束后，Aspen Plus 主窗口的右下角出现蓝色的"Results Available"字样，显示计算成功。点击 Data Browser 的 Results Summary→Streams 来查看物流计算结果。

主要的结果已列于表 2-13 中。与表 2-7 比较可以看出，放空气中出现了少量的苯和甲苯（摩尔分数分别为 0.008 和 0.001），这些贵重物料的损失导致甲苯进料增加（127.76kmol/h），反应器体积也相应增加（189.13m³）以弥补反应速率的降低。此外，液体分离系统中出现了一股小流量（8.50kmol/h）的放空气，这是同前面结果不同之处。总之，分离器的更换，导致少量的苯和甲苯随气体流出分离器，它们有一部分将从放空物流中损失掉。所幸的是，这些损失的量都不大，所以前面设计的物料衡算结果仍然成立。

2.4.2 气体分离子系统

在液体分离之前考虑气体分离，是因为每个气体分离系统往往会生成液流。如果离开相分离器的物流中只有少量气体，而且在液体分离系统选择蒸馏来进行，则可以省掉相分离器，而把反应器的出料直接送入蒸馏塔，从而合并蒸气回收系统与液体分离系统。

表 2-13　带循环的 HDA 更换分离器后的物料衡算结果

物流		1	2	3	4	5	6	7	9	600
流量/(kmol/h)		223.70	**127.76**	119.94	2.97	220.05	41.31	1598.94	**8.50**	**172.67**
摩尔分数	氢	0.95	0.00	0.00	0.00	**0.396**	0.00	0.396	**0.10**	**0.005**
	甲烷	0.05	0.00	0.00	0.00	**0.595**	0.00	0.595	**0.90**	**0.044**
	苯	0.00	0.00	1.00	0.00	**0.008**	0.00	0.008	0.0	**0.695**
	甲苯	0.00	1.00	0.00	0.00	**0.001**	1.00	0.001	0.0	**0.239**
	联苯	0.00	0.00	0.00	1.00	0.00	0.00	0.00	0.0	**0.017**
反应器容积/m³		**189.13**								

该部分需要决定：① 哪里是放置气体分离系统的最佳位置？② 哪种气体回收系统最便宜？

气体回收系统可能的位置如图 2-73 所示。如果大量有价值的物料损失在放空气中，则放置在放空气流上（位置 A）；如果循环气中有对反应有害的物料，或某些组分会影响产品分布，则放在循环气体物流上（位置 B）。如果上述两项都成立，则放置到闪蒸气物流上（C）；如果上述两项都不重要，则不必用气体回收系统。

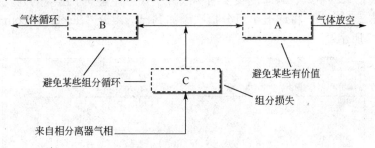

图 2-73　气体回收系统的位置

气体回收系统的种类包括：①冷凝（高压或低温，或二者）；②吸收；③吸附；④膜分离；⑤反应。

2.4.3　液体分离子系统

一般来讲，蒸馏是分离液体混合物的最经济的方法。为了清晰分割一个多元混合物，既可以先回收最轻的组分，也可以先回收最重的组分。当组分数目增加时，替代方案的数量急剧地上升（见图 2-74）。所以，为某个特定的过程选择某种蒸馏塔分离顺序就成了液体分离系统要决定的主要任务，尤其是当改变设计变量时可能会改变最佳的分离顺序。

为了简化这种设计，一般将研究对象限定为简单塔（只有一股进料、一股塔顶出料、一股塔底物料的塔），并出现了很多关于塔序的推理法则。在本部分，需要做出的决策有：①如果轻组分会污染产品，应如何把它们去除？②这些轻组分的去向是什么？③是否要循环与反应物形成共沸物的组分？④采用何种蒸馏塔顺序？⑤如果蒸馏不可行的话，应该怎样来完成分离任务？

对于 HDA 过程，上述决策中的③和⑤无需考虑，因为所有的组分都不与反应物形成共沸物，而且都易于用蒸馏分离。利用 Aspen DISTIL 软件可以查找待分离物系中是否存在共沸物，其步骤如下。

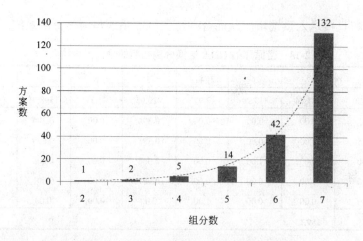

图 2-74　液体分离方案数随组分数的变化

① 建立流体包。点击菜单 Managers→Fluid Package Manager,在打开的流体包管理器(图2-75)中点击 🗋,新建一个流体包 Fluid1,如图 2-76 所示。在 Property Package 标签下,分别点击 Vapour 和 Liquid 单选项,选择气相和液相的热力学计算方法,此处均选择 SRK 方程法,如图 2-76 所示。在 Components 标签下,选中 Search by Formula 选项,在 Match 文本框中依次输入氢、甲烷、苯、甲苯、联苯的英文名称或分子式,并在其下出现的列表中选中正确的组分双击或点击 Select ,将这五个组分依次添加到已选组分（Selected Components）列表框中,如图 2-77 所示。

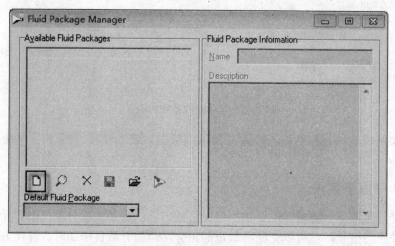

图 2-75　在 DISTIL 中新建一个流体包

② 查找共沸物。关闭流体包 Fluid1 对话框,点击菜单 Managers→Azeotropic Separation Manager,在打开的共沸物分离管理器(图 2-78)中,选择 AzeotropeAnalysis 后点击 Add... ,新建一个共沸物分析任务,如图 2-79 所示。在 Setup 标签下点击 Fluid Package,选择 Fluid1流体包,系统自动列出前面已输入的五个组分,如图 2-79 所示。在 Setup 标签下点击 Pressure,选择 Single Pressure,输入压强 101.3kPa,如图 2-80 所示。点击 Calculate 进行计算,左下角的状态条显示绿底黑字 Calculations OK,表示计算成功。点击 Compositions 或 Boiling Points标签,分别查看共沸物的组成和沸点,如图 2-81 所示。图 2-81 显示,Azeotropes 列表中无内容,说明 HDA 液体分离系统中无共沸物存在。

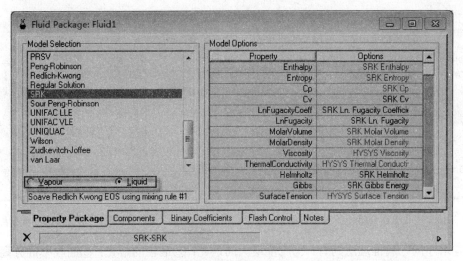

图 2-76　在 DISTIL 中制定热力学计算方法

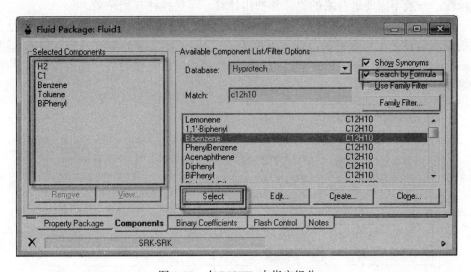

图 2-77　在 DISTIL 中指定组分

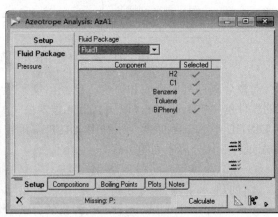

图 2-78　在 DISTIL 中新建一个共沸物分析任务　　　图 2-79　在共沸物分析任务中指定流体包

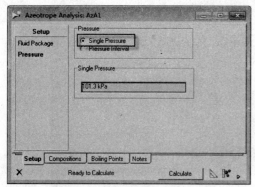
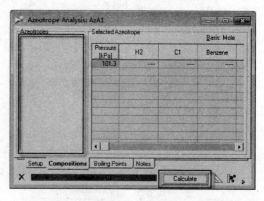

图 2-80　在共沸物分析任务中输入压强　　　　图 2-81　在 DISTIL 中查看共沸物分析结果

　　确定塔序的一般推理法则有：①流量最大的最先；②最轻的最先；③高收率的分离最后；④分离困难的最后；⑤等摩尔的分割优先；⑥下一个分离应该是最便宜的。这些法则具有很强的经验性，一般不需要进行塔的设计和费用计算，而且往往互相矛盾。

　　在确定塔序列时，确定塔的操作压强和冷凝器类型是十分重要的，其算法如图 2-82 所示。该计算的基本假设是：可获得的冷却水温度为 32℃，使要冷凝的蒸气的泡点或露点温度在50℃左右。所以，在用 Aspen Plus 软件进行精馏塔模拟时，需要对塔压强进行调整，使塔顶馏出物温度处于 50℃左右。

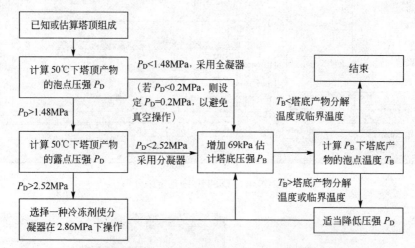

图 2-82　确定精馏塔操作压强和冷凝器类型的算法

　　对塔分离序列的合成和评价，已经出现了独立的软件包，如 Hyprotech（现属 Aspen 技术公司）的 DISTIL 软件。下面就介绍利用 DISTIL 确定 HDA 过程液体分离序列的步骤。

　　① 建立流体包。同图 2-75~图 2-77。

　　② 创建一个塔序列分析任务。点击菜单 Managers→Separation Manager，在弹出的分离管理器（图 2-83）中，选择 Column Sequencing 后点击 Add... ，添加一个塔序列分析任务 ZCS1，如图 2-84 所示。

图 2-83　在 DISTIL 中新建一个塔序列分析任务

③ 输入塔序列分析参数。在 Setup 标签下，点击 Fluid Package，选择 Fluid1 为流体包，如图 2-84 所示。点击 Options，在回收率（Recovery Fraction）中输入 0.99，表示进料中各组分 99% 的量要从相应的产品物流中流出。然后选中 Non-condensable Light Product，表示允许产品中存在不凝性气体（H_2 和 CH_4），如图 2-85 所示。在 Specifications 标签下，点击 Feed，依据表 2-13 中物流 600 的数据，输入进料温度（Temperature）为 38℃，摩尔流量（Molar Flow Rate）为 172.7kmol/h，摩尔组成（Composition）为：氢（H_2）0.000（因为其含量 0.005 较小，所以合并到了甲烷中），甲烷（C_1）0.0490，苯（Benzene）0.6950，甲苯（Toluene）0.2390，联苯的含量则根据归一化原理自动给出，如图 2-86 所示。点击 Specifications 标签下的 Splits，在 No. of Products 文本框中输入产品数 4，在分离关键组分（Split Keys）中分别选择产品 A 的关键组分为甲烷（C_1），产品 B 的关键组分为苯（Benzene），产品 C 的关键组分为甲苯（Toluene），产品 D 的关键组分为联苯（BiPhenyl），如图 2-87 所示。在 Task 标签中，选中 Column Top Product Group 单选项，并在右侧的压强（Pressure）列中全部输入 101.3kPa，表示各塔均在常压下操作，如图 2-88 所示。

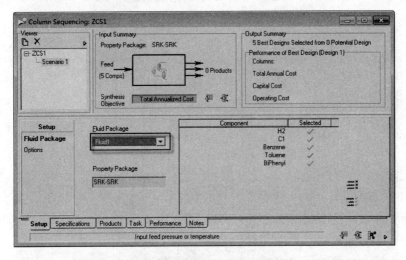

图 2-84　在塔序列分析中指定流体包

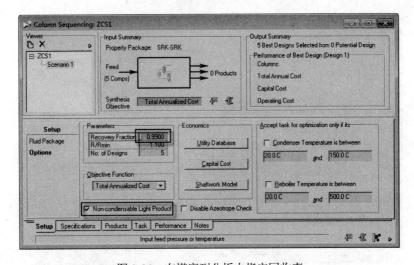

图 2-85　在塔序列分析中指定回收率

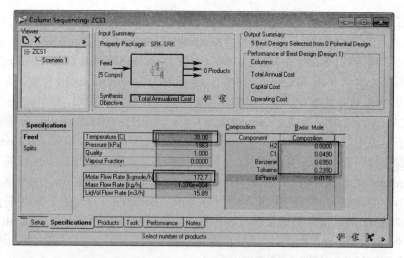

图 2-86　在塔序列分析中指定进料

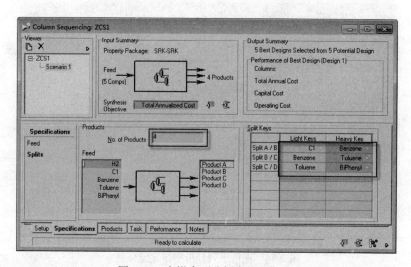

图 2-87　在塔序列分析中指定出料

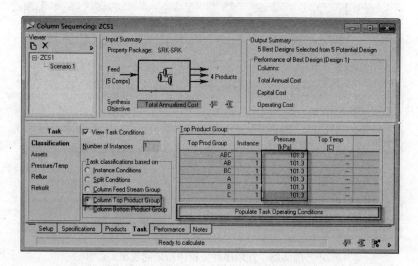

图 2-88　在塔序列分析中指定各塔顶操作压强

④ 计算。点击 ，开始计算。对话框左下角的状态条显示绿底黑字 Calculations are successful，表示计算成功。点击左上角 Viewer 列表框中的 Scenario1，就可以在 Output Summary 中看到计算结果，如图 2-89 所示。结果显示，最佳塔序列为 Design1 方案，包括 3 座塔（Columns），年均成本（Total Annual Cost）为 5.881×10^5 \$/a，并可以在 Performance 标签中查看所有的设计方案，如图 2-89 所示。点击左上角 Viewer 列表框中的 Design 1 方案，在右侧的精馏塔序列（Distillation Column Sequence）框中就可以查看最优分离方案的结构，在下侧的物流（Streams）标签中可以查看该最优结构下的物流数据，在塔（Columns）标签中可以查看塔数据，如图 2-90 所示。

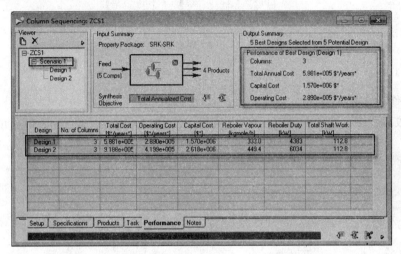

图 2-89　在 DISTIL 中查看塔序列分析结果

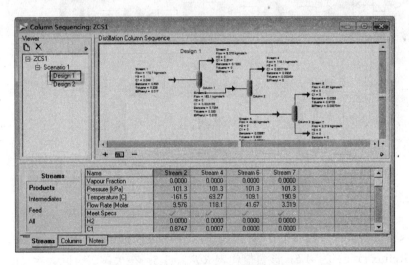

图 2-90　在 DISTIL 中查看最优塔序列

Aspen DISTIL 的分析结果表明，采用精馏进行 HDA 过程液体分离的最优结构是：首先引入一座稳定塔，将不易冷凝的 H_2 和 CH_4 分离下来；然后，确定了第二座塔是产品塔，塔顶得到产品苯；最后，第三座塔是循环塔，塔顶得到甲苯，循环回反应器入口，塔底得到联苯，作为燃料引出。这样，HDA 流程就增加了气体和液体分离系统，其结构如图 2-91 所示。

用三座精馏塔作为液体分离系统，再次用 Aspen Plus 软件进行 HDA 过程的稳态模拟。

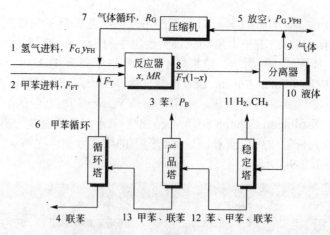

图 2-91　添加了分离系统后的 HDA 流程

该模拟通过修改 2.4.1 的模拟实例来完成，具体步骤如下。

① 修改流程图。选中图 2-70 中的分离器 B2，按 Delete 键或点击右键菜单中的 Delete Block 命令，删除该模块。从 Model Library 的 Columns→DSTWU 向流程添加三个简捷法塔设计模块 B8、B9、B10，并添加相应的物流，如图 2-92 所示。

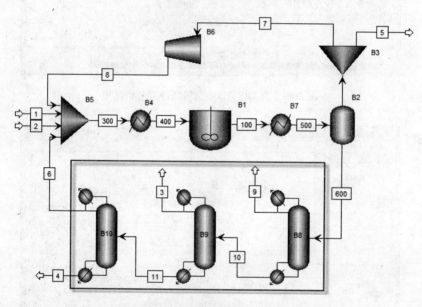

图 2-92　带精馏塔的 HDA 流程图

② 输入稳定塔模块参数。双击 B8 模块或点击 Data Browser 的 Blocks→B8，指定稳定塔的回流比（Reflux ratio）为 −1.5，该负值代表 R/R_{min}=1.5；在关键组分回收率（Key component recoveries）中指定轻关键组分（Light key→Comp）为甲烷（CH$_4$），其回收率（Recov）为 0.997，指定重关键组分（Heavy key→Comp）为苯（C$_6$H$_6$），其回收率（Recov）为 0.0035；在压强（Pressure）项中输入冷凝器（Condenser）压强为 1MPa，再沸器（Reboiler）压强为 1MPa；指定冷凝器属性（Condenser specifications）为分凝器（Partial condenser with all vapor distillate），如图 2-93 所示。上面给定的各个参数，是在同时考虑塔顶温度和后面苯产品纯度的要求上确定的。

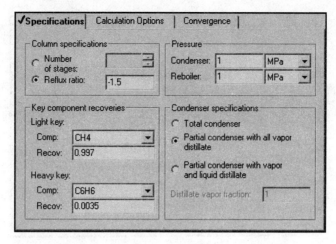

图 2-93　在 Aspen Plus 中输入稳定塔的参数

③ 输入产品塔模块参数。双击 B9 模块或点击 Data Browser 的 Blocks→B9，指定产品塔的回流比（Reflux ratio）为−1.5；在关键组分回收率（Key component recoveries）中指定轻关键组分（Light key→Comp）为苯（C_6H_6），其回收率（Recov）为 0.999，指定重关键组分（Heavy key→Comp）为甲苯（C_7H_8），其回收率（Recov）为 0.0005；在压强（Pressure）项中输入冷凝器（Condenser）压强为 0.1MPa，再沸器（Reboiler）压强为 0.1MPa；指定冷凝器属性（Condenser specifications）为全凝器（Total condenser），如图 2-94 所示。上面给定的各个参数，是在同时考虑塔顶温度和塔顶苯产品纯度（99.97%）的要求上确定的。

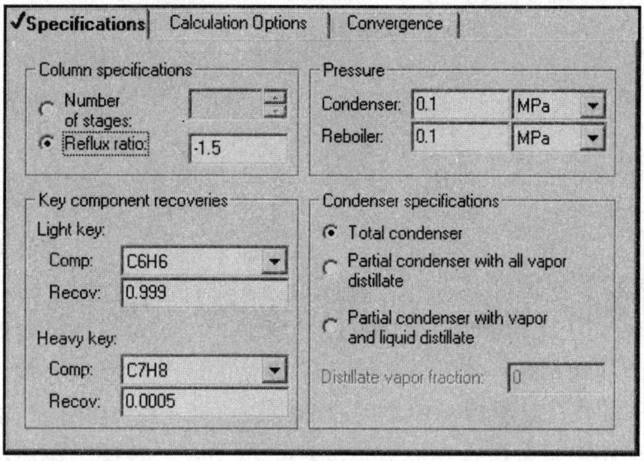

图 2-94　在 Aspen Plus 中输入产品塔的参数

④ 输入循环塔模块参数。双击 B10 模块或点击 Data Browser 的 Blocks→B10，指定产品塔的回流比（Reflux ratio）为−1.5；在关键组分回收率（Key component recoveries）中指定轻关键组分（Light key→Comp）为甲苯（C_7H_8），其回收率（Recov）为 0.95，指定重关键组分（Heavy key→Comp）为联苯（$C_{12}H_{10}$），其回收率（Recov）为 0.05；在压强（Pressure）项中输入冷凝器（Condenser）压强为 0.1MPa，再沸器（Reboiler）压强为 0.1MPa；指定冷凝器属性（Condenser specifications）为全凝器（Total condenser），如图 2-95 所示。上面给定的各个参数，是在同时考虑塔顶温度和甲苯回收 95%的要求上确定的。

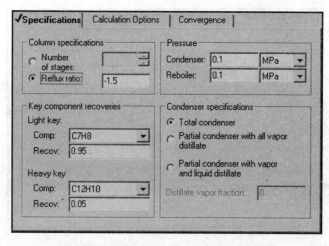

图 2-95　在 Aspen Plus 中输入循环塔的参数

⑤ 计算。点击 **N→** 启动计算。计算结束后，Aspen Plus 主窗口的右下角出现红色的"Results Available with Errors" 字样，查看后发现是稳定塔 B8 和循环塔 B10 有错误，提示信息为" MINIMUM REFLUX RATIO CALCULATED FROM UNDERWOOD EQUATION IS-0.42023E-01. REFLUX RATIO RESET TO 0.1"。该信息说明，由 Underwood 方程计算出的最小回流比为负值。通过分析 Underwood 方程[式（2-14）]可知，在分离要求（x_D）一定的情况下，过大的物系挥发度 α 是导致 R_{min} 为负的主要原因。所以，上述两塔中轻重组分间挥发度差异大，导致分离较容易，不需要精馏也能获得满足要求的塔顶产物，故强制用精馏来设计就会出错。在这种情况下，Aspen 强制令 R_{min}=0.1，实际上是用一个十分保守的塔来分离上述物系。所以，该出错信息不会影响计算结果的准确性，只是设计得到的理论板数会偏大。

$$\begin{cases} \sum_{i=1}^{n} \dfrac{\alpha_i x_{F,i}}{\alpha_i - \theta} = 1 - q \\ R_{min} + 1 = \sum_{i=1}^{n} \dfrac{\alpha_i x_{D,i}}{\alpha_i - \theta} \end{cases} \qquad (2\text{-}14)$$

点击 Data Browser 的 Results Summary→Streams 来查看物流计算结果。主要的结果已列于表 2-14 中。与表 2-13 比较可以看出，增加了三个精馏塔后，放空物流 9 和联苯出料 4 中分别带出了少量的苯和甲苯，致使甲苯进料流量增加（127.76kmol/h→130.11kmol/h）以弥补这些物料损失。此外，液相循环物流 6 中夹带了少量的联苯（摩尔分数为 0.004），从而一定程度上抑制了副反应的发生，所以反应器的容积得以下降（189.13m³→181.00 m³）。尽管有上述这些变化，但从总体上来看，各物流数据变化仍然不大。各塔的设计结果列于表 2-15 中。

表 2-14　带简捷精馏塔模块的 HDA 物料衡算结果

物流		1	2	3	4	5	6	7	9
流量/(kmol/h)		225.07	**130.11**	120.01	**4.98**	221.22	40.96	1588.78	8.99
摩尔分数	氢	0.95	0.00	0.00	0.00	0.398	0.00	0.398	**0.09**
	甲烷	0.05	0.00	**0.0002**	0.00	0.593	0.00	0.593	**0.86**
	苯	0.00	0.00	**0.9996**	0.00	0.008	**0.003**	0.008	**0.05**
	甲苯	0.00	1.00	**0.0002**	**0.43**	0.001	**0.993**	0.001	0.0
	联苯	0.00	0.00	0.00	**0.57**	0.00	**0.004**	0.00	0.0
反应器容积/m³			**181.00**						

表 2-15　HDA 精馏塔简捷设计结果

塔编号	B8	B9	B10
回流比 R	0.15	1.81	0.15
理论板数 N	8.0	32.8	6.1
进料板位置 N_F	3.6	21.3	3.9
馏出物对进料比 D/F	0.051	0.723	0.892

为了验证上述计算结果的准确性,利用 Aspen Plus 中的严格塔模型 RadFrac 代替简捷设计模型 DSTWU 重新进行计算。其中,RadFrac 模块通过点击 Model Library 的 Columns→RadFrac 向流程图添加,流程图结构同图 2-92。双击模块图标或点击 Data Browser→Blocks 中的对应模块,按照表 2-14 输入三塔数据。在 Configuration 标签下的 Number of stages 框中输入理论板数,在 Condenser 列表框中指定塔顶冷凝器类型,在操作规定(Operating specifications)中选择回流比(Reflux ratio)和馏出物对进料比(Distillate to feed ratio),并分别输入相应数据,如图 2-96 所示。在 Streams 标签下进料物流(Feed streams)中的塔板(Stage)列输入进料板位置,如图 2-97 所示。输入理论板数和进料板位置时,需要将表 2-14 中的对应小数转为整数。

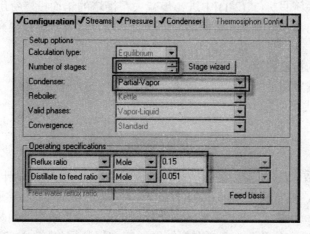

图 2-96　在 Aspen Plus 中输入严格塔模块的参数 I

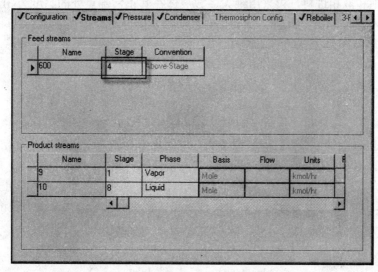

图 2-97　在 Aspen Plus 中输入严格塔模块的参数 II

用严格塔模块计算得到的 HDA 物料衡算结果列于表 2-16 中。与表 2-14 相比可以看出，二者结果变化不大。主要的区别在于：①由于循环物流 6 中不含联苯，所以副反应仍然较多，反应器容积增加（181.00m³→187.87 m³）；②苯产品纯度下降了（0.9996→0.9991）。所以，利用简捷法塔模型进行 HDA 模拟，结果是可信的，可用其来进行优化计算。

表 2-16　用严格精馏塔模块计算得到的 HDA 物料衡算结果

物流		1	2	3	4	5	6	7	9
流量/(kmol/h)		225.07	130.23	120.00	4.96	221.43	41.00	1590.25	8.92
摩尔分数	氢	0.95	0.00	0.00	0.00	0.398	0.00	0.398	0.09
	甲烷	0.05	0.00	0.00	0.00	0.594	0.00	0.594	0.87
	苯	0.00	0.00	**0.9991**	0.00	0.008	**0.04**	0.007	0.04
	甲苯	0.00	1.00	**0.0009**	0.38	0.000	**0.96**	0.001	0.0
	联苯	0.00	0.00	0.00	**0.62**	0.00	0.00	0.00	0.0
反应器容积/m³			**187.87**						

2.4.4　分离系统的物料衡算优化

本阶段需要从经济目标[式(2-1)]中进一步减去精馏塔的年均投资费用和操作费用，前者包括精馏塔体和换热器（冷凝器和再沸器）的投资费用，后者包括换热介质（冷却水和水蒸气）的费用。

（1）精馏塔体的投资费用

精馏塔体的投资费用计算方法同反应器，利用式（2-8）、式（2-9）、表 2-10 和表 2-11 来估算。塔高 H 按下式来计算

$$H = \left(\frac{N_T}{E_T} - 1\right)H_T + H_D + H_B \tag{2-15}$$

其中，N_T 为理论板数；E_T 为总板效率；H_T 为塔板间距，m，在初期设计中可取为 0.6m；H_D 为塔顶空间高度，m，通常取为（1.5~2.0）H_T；H_B 为塔底空间高度，m，通常取为 1~2m。

奥康奈尔（O′connell）方法目前被认为是较好的估算总板效率的简易方法，该方法将总板效率 E_T 对液相黏度 μ_L[mPa·s]与相对挥发度 α 的乘积进行关联[式（2-16）]。而且，如果所研究的塔是饱和液相进料，再采用绝大多数液体在其正常沸点处的黏度为 0.3mPa·s，则该方法可简化为式（2-17）。此外，低 α 值对应于昂贵的分离，但在 α 1.3~3.0 的范围内，式（2-17）计算出的效率只从 0.63 变化到 0.51。所以，总板效率对 α 相对不敏感，以致直接采用 E_T=0.5 就可以得到一个保守的常压塔的设计估算值。

$$E_T = 0.49(\alpha\mu_L)^{-0.245} \tag{2-16}$$

$$E_T = 0.49(0.3\alpha)^{-0.245} \tag{2-17}$$

在 Aspen Plus 软件中，DSTWU 模块的计算结果中并不包括相对挥发度 α，但包括最小理论板数 N_{min}，后者是根据芬斯克（Fenske）方程计算得到的，如式（2-18）所示。所以，可以根据芬斯克方程来反推相对挥发度 α，如式（2-19）所示。其中，r 代表组分在塔顶的回收率，下标 LK 代表轻关键组分，下标 HK 代表重关键组分，N_{min} 代表最小理论板数。

$$N_{min} = \frac{\ln\left(\dfrac{x_{LK,D}}{x_{HK,D}} \times \dfrac{x_{HK,W}}{x_{LK,W}}\right)}{\ln\alpha} = \frac{\ln\left(\dfrac{r_{LK}}{r_{HK}} \times \dfrac{1-r_{HK}}{1-r_{LK}}\right)}{\ln\alpha} \tag{2-18}$$

$$\alpha = \left(\frac{r_{LK}}{r_{HK}} \times \frac{1-r_{HK}}{1-r_{LK}} \right)^{\frac{1}{N_{min}}} \tag{2-19}$$

塔径 D 根据式（2-18）和式（2-19）计算得到。其中，A_T 为塔截面积，m^2；V 为塔内上升蒸气流量，kmol/h；M_G 为蒸气摩尔质量，kg/kmol；ρ_m 为蒸气平均密度，$kmol/m^3$。若精馏操作压强较低时，气相可视为理想气体混合物，则蒸气密度可用式（2-22）来计算。其中，T_0 和 P_0 分别为标准状况下（0℃，101.3kPa）的温度和压强。由于进料热状况及操作条件的不同，精馏段和提馏段的上升蒸气流量可能不同，故塔径也不相同，设计时通常选取两者中较大者。在初期设计时，考虑到塔釜温度较高，蒸气密度较小[见式（2-22）]，故可以塔釜操作条件为基准来求取一个较为保守的塔径。

$$A_T = 1.7 \times 10^{-4} V \sqrt{\frac{M_G}{\rho_m}} \tag{2-20}$$

$$D = \sqrt{\frac{4A_T}{\pi}} \tag{2-21}$$

$$\rho_m = \frac{1}{22.4} \times \frac{T_0}{T} \times \frac{P}{P_0} \tag{2-22}$$

（2）换热器的投资费用

塔顶冷凝器和塔釜再沸器的投资费用按照式（2-23）来计算。其中，S 为换热面积，m^2；$F_{c,exch}$ 为换热器的校正系数[由式（2-24）和表 2-17、表 2-18 来确定]。

$$C_{d,exch} = 1350.5 S^{0.65} \left(\frac{2.29 + F_{c,exch}}{n} \right) \tag{2-23}$$

$$F_{c,exch} = \left(F_{d,exch} + F_{p,exch} \right) F_{m,exch} \tag{2-24}$$

表 2-17　换热器费用中的校正系数 $F_{d,exch}$ 和 $F_{p,exch}$

设计类型	$F_{d,exch}$	设计压力/MPa	$F_{p,exch}$
釜式，再沸器	1.35	≤1.0	0.00
浮头式	1.00	2.1	0.10
U 形管式	0.85	2.8	0.25
固定管板式	0.80	5.5	0.52
		6.9	0.55

表 2-18　换热器费用中的壳程与管程材料系数 $F_{m,exch}$

换热面积/m²	碳钢	碳钢	碳钢	碳钢	不锈钢	碳钢	蒙乃尔	不锈钢	钛
	碳钢	黄铜	钼	不锈钢	不锈钢	蒙乃尔	蒙乃尔	钛	钛
≤9.3	1.00	1.05	1.60	1.54	2.50	2.00	3.20	4.10	10.28
9.3~46.5	1.00	1.10	1.75	1.78	3.10	2.30	3.50	5.20	10.60
46.5~92.9	1.00	1.15	1.82	2.25	3.26	2.50	3.65	6.15	10.75
92.9~464.5	1.00	1.30	2.15	2.81	3.75	3.10	4.25	8.95	13.05
464.5~929.0	1.00	1.52	2.50	3.52	4.50	3.75	4.95	11.10	16.60

对塔顶冷凝器进行热量衡算[见式（2-25）和式（2-26）]，即可求得其换热面积 $S_c[m^2]$ 和冷却水用量 w_c[kg/s][见式（2-27）和式（2-28）]。通常假定冷却器的总传热系数 K_c=570W/(m²·℃)时，可以得到合理的结果。而且，考虑到季节的影响，通常假设冷却水入口温度 t_{in}=32℃，出口温度 t_{out}=50℃,但当馏出物温度 t_b 偏低时，需要假设 $t_{out}=t_b-10$。冷却水

的比热容 $c_{pc}=4.174kJ/(kg \cdot ℃)$。

$$Q_c = K_c S_c \Delta t_{mc} = w_c c_{pc} \left(t_{out} - t_{in}\right) \tag{2-25}$$

$$\Delta t_{mc} = \frac{t_{out} - t_{in}}{\ln \dfrac{t_b - t_{in}}{t_b - t_{out}}} \tag{2-26}$$

$$S_c = \frac{Q_c}{K_c \Delta t_{mc}} \tag{2-27}$$

$$w_c = \frac{Q_c}{c_{pc} \left(t_{out} - t_{in}\right)} \tag{2-28}$$

同样，对塔釜再沸器进行热量衡算[见式（2-29）]，即可求得其换热面积 $S_R[m^2]$ 和水蒸气用量 $w_s[kg/s]$[见式（2-30）和式（2-31）]。再沸器内的温度推动力必须限制在 17~25℃ 以内，以避免出现膜状沸腾。由于再沸器内的传热是发生在冷凝的蒸气与沸腾的液体之间，可以期望达到一个很高的总传热系数值，所以假定 $K_R \Delta t_{mR} \approx 35460W/m^2$。

$$Q_R = K_R S_R \Delta t_{mR} = w_s r \tag{2-29}$$

$$S_R = \frac{Q_R}{K_R \Delta t_{mR}} \tag{2-30}$$

$$w_s = \frac{Q_R}{r} \tag{2-31}$$

（3）操作费用

只要获知塔顶冷凝器和塔釜再沸器所消耗的冷却水用量 w_c 和水蒸气用量 w_s，就可以将它们简单地乘上对应公共工程的单价（$C_w[\$/m^3]$ 和 $C_s[\$/kg]$）得到操作费用 $C_{o,dist}$，如式（2-32）所示。其中，冷却水密度 $\rho_c=990kg/m^3$，年运行时间 $\theta=8150h/a$。表 2-19 列出了常用公用工程的价格。该表将公用工程的费用与其当量燃料的价格关联起来，只要规定了燃料的价格，就可以简便地算出其他公用工程的费用。

$$C_{o,dist} = \left(C_w \frac{w_c}{\rho_c} + C_s w_s \right) \times 3600\theta \tag{2-32}$$

表 2-19　公用工程的价格

类　　型	因　子	价　　格
燃料（油或气）	1.00	$3.79 \times 10^{-6}\$/kJ$
水蒸气（4.2MPa，400℃）	1.30	$1.15 \times 10^{-2}\$/kg$
饱和水蒸气		
4.2MPa（250℃）	1.13	$9.96 \times 10^{-3}\$/kg$
1.8MPa（207℃）	0.93	$8.20 \times 10^{-3}\$/kg$
1.1MPa（180℃）	0.85	$7.50 \times 10^{-3}\$/kg$
0.4MPa（143℃）	0.70	$6.17 \times 10^{-3}\$/kg$
0.2MPa（120℃）	0.57	$5.03 \times 10^{-3}\$/kg$
电	1.0	$0.04\$/(kW \cdot h)$
冷却水	0.75	$7.93 \times 10^{-3}\$/m^3$

（4）优化计算

此时，由于考虑了液相循环对物料衡算的影响，所以压缩机和反应器的费用被包括进了优化目标函数中。具体到 HDA 过程，目标函数变为

利润=苯价值+联苯的燃料价值+放空流的燃料价值−甲苯费用−进料气费用−压缩
机年度投资费用−压缩机年度操作费用−反应器年度投资费用−精馏塔年度投
资费用−精馏塔年度操作费用 (2-33)

计算塔体高度 H 时，两端添加 3.0m 的额外高度[式（2-15）中的 H_D+H_B]。计算塔径 D 时，式（2-20）中的摩尔质量 M_G 和密度 ρ_m 由塔底出料来计算，蒸气流量 V 则根据塔顶出料来计算[$V=(R+1)D$，其中的 R 和 D 分别为回流比和馏出物流量]。塔体投资费用[式（2-9）]中的 $F_m=1$，$F_p=1.15$（稳定塔）或 1（产品塔和循环塔）。塔顶冷凝器和塔釜再沸器均采用浮头式换热器，碳钢结构，操作压强低于 1MPa，所以投资费用[式（2-24）]中的 $F_{d,exch}=1.00$，$F_{p,exch}=0.00$，$F_{m,exch}=1.00$，因而 $F_{c,exch}=1.00$。

计算操作费用时，各塔再沸器所采用的水蒸气规格如表 2-20 所示。

表 2-20　各塔采用的水蒸气规格

塔	水蒸气规格	汽化热/(kJ/kg)
稳定塔	1.8MPa（207℃）	1915
产品塔	0.4MPa（143℃）	2138
循环塔	1.1MPa（180℃）	2005

塔体和换热器投资费用中的投资偿还年数 n 均为 3。

为优化 HDA 过程，需要将 2.4.3 节的带简捷精馏塔模块的 Aspen Plus 模拟实例做一些修改，具体步骤如下。

① 去除设计规定，添加优化和约束。选中 Data Browser 的 Model Analysis Tools→Optimization，点击 Reveal 显示优化模块 O-1。然后，选中 Data Browser 的 Model Analysis Tools→Constraint，点击 Reveal 依次显示约束 C-1 和 C-2。最后，选中 Data Browser 的 Flowsheeting Options→Design Spec，点击 Hide 隐藏所有的设计规定，同图 2-56。

② 添加优化计算所需变量。点击优化模块 O-1 中的 Define 标签，添加 41 个变量，如表 2-21 所示。其中，变量 1 和 2 用于计算联苯的燃料价值，3~5 用于计算稳定塔放空气的燃料价值，6~17 用于计算稳定塔的投资和操作费用，18~29 用于计算产品塔的投资和操作费用（定义形式与 6~17 相似，表中未详细列出），30~41 用于计算循环塔的投资和操作费用（定义形式与 6~17 相似，表中未详细列出）。另外，变量 12、24、36 定义的塔釜出料平均分子量，需要在 Data Browser 的 Properties→Prop-Sets 中先新建一个物性集 PS-1，并输入混合物分子量（MWMX），如图 2-98 所示。然后，在优化模块中定义变量时，选择类型（Type）为 Stream-Prop，并在物性集（Prop-Set）中输入 PS-1，如图 2-99 所示。

表 2-21　带简捷塔模块的 HDA 优化中添加的变量列表

编号	变　量	定　　义	说　　明
1	PD	Stream-Var Stream=4 Substream=MIXED Variable=MOLE-FLOW Units=kmol/hr	联苯流量
2	XPD	Mole-Frac Stream=4 Substream=MIXED Component=C12H10	联苯含量
3	PFK	Stream-Var Stream=9 Substream=MIXED Variable=MOLE-FLOW Units=kmol/hr	稳定塔放空气流量
4	YPFKH	Mole-Frac Stream=9 Substream=MIXED Component=H2	PFK 中 H_2 含量
5	YPFKC	Mole-Frac Stream=9 Substream=MIXED Component=CH4	PFK 中 CH_4 含量
6	RLK1	Block-Var Block=B8 Variable=RECOVL Sentence=PARAM	稳定塔轻关键组分的回收率
7	RHK1	Block-Var Block=B8 Variable=RECOVH Sentence=PARAM	稳定塔重关键组分的回收率
8	NMIN1	Block-Var Block=B8 Variable=MIN-STAGES Sentence=RESULTS	稳定塔的最小理论板数

编号	变量	定义	说明
9	N1	Block-Var Block=B8 Variable=ACT-STAGES Sentence=RESULTS	稳定塔的理论板数
10	P1	Stream-Var Stream=10 Substream=MIXED Variable=PRES Units=MPa	稳定塔的塔釜压强
11	T1	Stream-Var Stream=10 Substream=MIXED Variable=TEMP Units=C	稳定塔的塔釜温度
12	MG1	Stream-Prop Stream=10 Prop-Set=PS-1	稳定塔的塔釜物流平均分子量
13	R1	Block-Var Block=B8 Variable=ACT-REFLUX Sentence=RESULTS	稳定塔的回流比
14	D1	Stream-Var Stream=9 Substream=MIXED Variable=MOLE-FLOW Units=kmol/hr	稳定塔的馏出物流量
15	QC1	Block-Var Block=B8 Variable=COND-DUTY Sentence=RESULTS Units=Watt	稳定塔的冷凝器负荷
16	TB1	TB1 Stream-Var Stream=9 Substream=MIXED Variable=TEMP Units=C	稳定塔的馏出物温度
17	QR1	Block-Var Block=B8 Variable=REB-DUTY Sentence=RESULTS Units=Watt	稳定塔的再沸器负荷
18~29	RLK2…QR2	…	产品塔变量
30~41	RLK3…QR3	…	循环塔变量

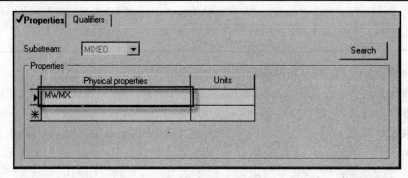

图 2-98　在 Aspen Plus 中定义物性集

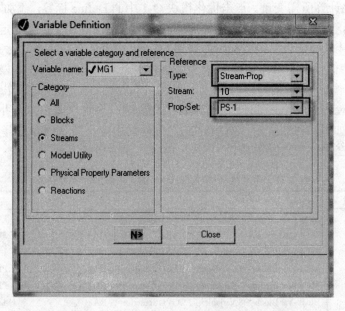

图 2-99　在 Aspen Plus 中定义物流的平均分子量

③ 修改 Fortran 计算块。将出料价值 COSTout 修改如下，以考虑稳定塔放空气的燃料价值和联苯物流中带出的甲苯燃料价值：

COSTout1=CF*(PG*(YPH*dHCH+(1–YPH)*dHCM))

COSTout2=CF*PD*(XPD*dHCD+(1.0–XPD)*DHCT)+PB*CB

COSTout3=CF*PFK*(YPFKH*dHCH+YPFKC*dHCM+(1.0–YPFKH–YPFKC)*dHCB)

COST1=COSTout1+COSTout2+COSTout3–COSTin

然后，在反应器投资费用后依次添加稳定塔、产品塔和循环塔的投资费用和操作费用：

C 稳定塔投资费用

  alpha=(RLK1/RHK1*(1.0–RHK1)/(1.0–RLK1))**(1.0/NMIN1)

  ET=0.49*(0.3*alpha)**(–0.245)

  H=(N1/ET–1)*0.6+3.0

  den=273.15*P1/22.4/(T1+273.15)/0.1

  V=(R1+1.0)*D1

  AT=1.7e–4*SQRT(MG1/den)

  D=dsqrt(4*AT/3.14)

  Cddist11=2709.5*(D**1.066)*(H**0.82)*(2.18+1.15)/3.0

  tin=32.0

  tout=TB1–10.0

  Sc=QC1/570.0/((TB1–tin)+(TB1–tout))*2.0

  Cddist12=1350.5*(Sc**0.65)*(2.29+1.00)/3.0

  Sr=QR1/34560.0

  Cddist13=1350.5* (Sr**0.65)*(2.29+1.00)/3.0

  Cddist1=Cddsit11+Cddist12+Cddist13

C 稳定塔操作费用，$/a

  wc=QC1/4174.0/(tout–tin)

  ws=QR1/1915.0e3

  Codist1=(7.93e–3*wc/990+8.2e–3*ws)*3600.0*Cita

C 产品塔投资费用

  alpha=(RLK2/RHK2*(1.0–RHK2)/(1.0–RLK2))**(1.0/NMIN2)

  ET=0.49*(0.3*alpha)**(–0.245)

  H=(N2/ET–1)*0.6+3.0

  den=273.15*P2/22.4/(T2+273.15)/0.1

  V=(R2+1.0)*D2

  AT=1.7e–4*SQRT(MG2/den)

  D=dsqrt(4*AT/3.14)

  Cddist21=2709.5*(D**1.066)*(H**0.82)*(2.18+1.15)/3.0

  tin=32.0

  tout=50.0

  Sc=QC2/570.0/((TB2–tin)+(TB2–tout))*2.0

  Cddist22=1350.5*(Sc**0.65)*(2.29+1.00)/3.0

  Sr=QR2/34560.0

  Cddist23=1350.5*(Sr**0.65)*(2.29+1.00)/3.0

  Cddist2=Cddist21+Cddist22+Cddist23

C   *产品塔操作费用，$/a*

wc=QC2/4174.0/(tout−tin)

ws=QR2/2138.0e3

Codist2=(7.93e−3*wc/990+8.2e−3*ws)*3600.0*Cita

C   *循环塔投资费用*

alpha=(RLK3/RHK3*(1.0−RHK3)/(1.0−RLK3))**(1.0/NMIN3)

ET=0.49*(0.3*alpha)**(−0.245)

H=(N3/ET−1)*0.6+3.0

den=273.15*P3/22.4/(T3+273.15)/0.1

V=(R3+1.0)*D3

AT=1.7e−4*SQRT(MG3/den)

D=dsqrt(4*AT/3.14)

Cddist31=2709.5*(D**1.066)*(H**0.82)*(2.18+1.15)/3.0

tin=32.0

tout=50.0

Sc=QC3/570.0/((TB3−tin)+(TB3−tout))*2.0

Cddist32=1350.5*(Sc**0.65)*(2.29+1.00)/3.0

Sr=QR3/34560.0

Cddist33=1350.5*(Sr**0.65)*(2.29+1.00)/3.0

Cddist3=Cddist31+Cddist32+Cddist33

C   *循环塔操作费用，$/a*

wc=QC3/4174.0/(tout−tin)

ws=QR3/2005.0e3

Codist3=(7.93e−3*wc/990+8.2e−3*ws)*3600.0*Cita

Cdist=Cddist1+Codist1+Cddist2+Codis2+Cddist3+Codist3

C   *总费用，$/a*

COST=COST1*Cita−Cdcomp−Cocomp−Cdreac−Cdist

④ 修改优化变量范围。在 Vary 标签中，修改变量 1 的范围为 300~320，变量 2 的范围为 190~210，变量 3 的范围为 100~150，变量 4 的范围为 0.01~0.10。

⑤ 计算。点击 N▸ 启动计算。计算结束后，在 Aspen Plus 主窗口的右下角出现红色的"Results Available with Errors"。其错误仍然来自于稳定塔和循环塔的最小回流比小于 0 的问题，可以不予理睬，认为优化技术成功。在 Data Browser 的 Convergence→$OLVER01→Iterations 中查看优化计算过程，在 Data Browser 的 Results Summary→Streams 来查看物流计算结果。

主要的结果已列于表 2-22 中。通过与未带液体循环系统的优化结果（表 2-12）比较可以看出，经济利润有了一定的下降（5703084→4450582$/a）。此时，精馏系统的引入，导致稳定塔顶出现了一股放空气流 9，损失了一定的苯。循环塔底的联苯物流中出现了甲苯，导致原料损失。所以，系统不得不增加甲苯进料量（124.30→130.00kmol/h）和减小放空气 5 的流量（201.19→193.26kmol/h），以弥补这些原料和产品的损失。同时，精馏成本的引入，导致液体循环量有了一定的下降（45.97→38.46kmol/h），反应转化率有了一定的提高（0.73→0.75），而对气体循环量则基本无影响。但总体来看，液体分离系统的引入对 HDA 系统影响不大。下节将从热集成的角度讨论 HDA 系统的优化。

表 2-22　带分离系统的 HDA 优化结果

物流		1	2	3	4	5	6	7	9
流量/(kmol/h)		197.97	130.00	120.00	4.95	193.26	38.46	2016.74	9.72
摩尔分数	氢	0.95	0.00	0.00	0.00	0.32	0.00	0.32	0.07
	甲烷	0.05	0.00	0.0002	0.00	0.68	0.00	0.67	0.89
	苯	0.00	0.00	0.9996	0.00	0.00	0.003	0.00	0.04
	甲苯	0.00	1.00	0.0002	0.41	0.00	0.993	0.00	0.00
	联苯	0.00	0.00	0.0002	0.59	0.00	0.004	0.00	0.00
反应器容积/m³			313.13	转化率	0.75	总利润/($/a)	4450582		

2.5　换热网络设计

在过程设计中，节能总是重要的。夹点技术（Pinch Point Technology）是一种针对整个工艺过程的能量集成技术，由 Linnhoff 为首的英国帝国化学公司（I. C. I.）的系统综合小组开发。这种用于换热网络（Heat Exchange Network，简称 HEN）设计的方法，可用商业软件实现，包括 Aspen 技术公司的 Aspen Pinch、Hyprotec 开发的 HX-NET、模拟科学公司开发的HEXTRAN 和 Linnhoff-March 公司开发的 TARGET。新版的 Aspen Plus 软件包将 Aspen Pinch 整合到 HX-Ne，推出了 Aspen Energy Analyzer 软件。Aspen Energy Analyzer 采用夹点分析的方法来辨别和比较不同工艺方案，有设计模式、改造模式和装置运行操作模式，功能强大，自动化水平高。本节中的计算实例将基于该软件来完成。

2.5.1　公用工程换热量

在任何工艺流程中，必须加热许多物流（称冷物流），同时必须冷却另一些物流（称热物流）。在大多数设计中，完全利用公用工程（加热蒸汽、冷却水等）来满足这些物流的热量需求是极其浪费的，需要通过热集成设计一高效的 HEN 系统（图 2-100）来节约能量。

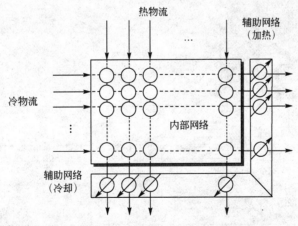

图 2-100　换热器网络（HEN）结构

能量分析的出发点是计算一个 HEN 所需的最低加热量和冷却量（来自公用工程），这些最低能耗值就提供了随后设计 HEN 时的目标。首先考虑只有一股热物流和一股冷物流的简单问题，物流数据列于表 2-23 中，其中的热容流率为物流流率与比热容的乘积。显然，可以采用蒸汽来加热冷流股、而用冷却水来冷却热流股，但必然会造成过多的能量消耗。相反，若有可能，进行热量回收是更为可取的。热量回收的多少可以通过将两流股标绘在温-焓图（纵坐标为温度，横坐标为焓值）上而得出。只有当热流股温度在所有点上都高于相应的冷流股温度，两流股间的换热才是可行的。图 2-101 给出了利用 Aspen Energy Analyzer 绘制的最小换热温差为 10℃时该问题的温焓图，图中两流股重叠的区域表示了可能回收的热量。其步骤如下。

① 建立一个热集成工程（HI Project）。方法有三种：a. 点击菜单 Managers→Heat Integration Manager，在弹出的对话框中选择 HI Project 选项后点击 Add 按钮；b. 点击菜单 Features→HI Project；c. 点击快捷工具栏中的 🖼。

② 输入数据。点击新建的工程 HIP1 对话框内的 Data 标签，在 Name 列中输入物流名称，Inlet T 列中输入入口温度，Outlet T 列中输入出口温度，MCp 列中输入热容流率，则软件自动识别冷热物流（指向右上方的蓝色箭头表示冷物流，指向左下方的红色箭头表示热物流），并自动绘出温焓图。

由图 2-101 可以看出，本问题的可回收热量为 1100kW。超出热流股起点的那部分冷流股，是不能通过回收热量来达到目标温度的，所以只能用蒸汽加热。这就是最小热公用工程量，对本问题为 3000kW。同样，超出冷流股起点的那部分热流股也只能用冷却水冷却，该冷却量即为最小冷公用工程量，对本问题为 1000kW。这两个公用工程的用量也可以由点击 Targets 标签来查看，如图 2-102 所示。

表 2-23　仅两物流的热回收问题

物流	入口温度/℃	出口温度/℃	热容流率/(kW/℃)	备注
1	30	100	200	冷物流
2	150	30	100	热物流

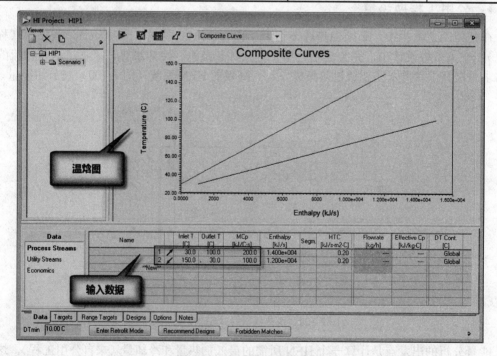

图 2-101　两个物流的温焓图

温焓图中，流股的温度和热容流率是不变的，因此它们不能上下移动，斜率也不会改变。但因为两流股的参照焓可以不同，所以它们可以在温焓图的水平方向上移动，从而产生了不同的相对位置。当流股的相对位置改变时，二者间的最小温度差也就发生了改变。图 2-101 中ΔT_{min}=10℃，如果该值增加，则两流股重叠部分的数量减少（因而热回收也相应减少），冷流股超出热流股起点的部分和热流股超出冷流股起点的部分也加长了，从而引起公用工程用量的增加。在图 2-101 中左下角的 DTmin 中输入ΔT_{min}值。

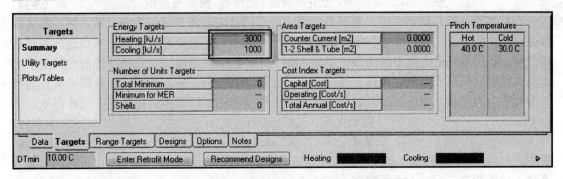

图 2-102　两个物流换热后的公用工程用量

现在考虑如表 2-24 所示的多物流间的换热问题。在 Aspen Energy Analyzer 中输入这四股物流的数据后，指定最小温度差ΔT_{min}=6℃，则可得到如图 2-103 所示的复合曲线。复合曲线的做法是：将各热（或冷）流股针对各温度区间划分，并将同一温度区间内的不同流股加以组合（温度不变，焓相加，热容流率相加），组合后的曲线斜率减小。将热复合曲线和冷复合曲线标绘在同一张温-焓图上，就可依照两物流的情形来分析所需的公用工程换热量，也可以左右移动热冷复合曲线来考察最小温度差对换热量的影响。点击 Targets 标签，可以看到所需的最小热公用工程用量为 24.78kW，最小冷公用工程用量为 17.49kW。

表 2-24　多物流的热回收问题

物流	入口温度/℃	出口温度/℃	热容流率/(kW/℃)	备注
1	121	49	0.53	热物流
2	93	38	2.11	热物流
3	32	66	1.58	冷物流
4	54	88	3.17	冷物流

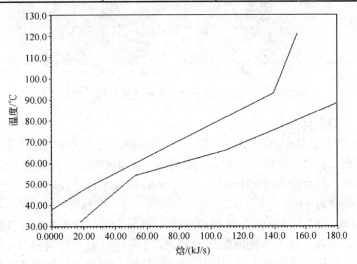

图 2-103　多个物流的温焓图

2.5.2 获取高换热匹配的换热器网络

利用热力学第一定律考虑每股过程物流的加热与冷却负荷，同时又要考虑符合第二定律所需要的最低公用系统消耗，则可以得到满足最低公用工程用量的最低换热器台数为：

$$换热器数=物流数+公用系统数+回路数-独立问题数 \tag{2-34}$$

在具体设计换热器网络时，需要考虑夹点的作用。夹点就是对应于温焓图上热冷流体间温度差最小的位置，该位置提供设计问题中的一个转折点。热量不能通过夹点传递，否则会使公用工程用量高于上面得到的最小用量。而且，在低于夹点温度时只向冷源放热，高于夹点温度时就只从热源吸热。设计分作两部分：先设计高于夹点的网络，再设计低于夹点的另一个网络。为了满足最低温度差的要求，夹点条件下的热量匹配需遵循下面的设计准则。

$$高于夹点：F_H C_{pH} \leqslant F_C C_{pC} \tag{2-35}$$

$$低于夹点：F_H C_{pH} \geqslant F_C C_{pC} \tag{2-36}$$

其中，F 为流量，kmol/h；C_p 为比热容，kW/(kmol·℃)，下标 H 和 C 分别代表热流体和冷流体。但离开夹点后，上述两准则不再适用。

热量匹配前，还需要制定热、冷公用工程类型，点击 Options 标签中的 Utility Database 按钮，可以查看 Aspen Energy Analyzer 预定义的各种公用工程，如图 2-104 所示。对表 2-23 中的冷流体，所需升高至的最高温度为 88℃，所以选用低压蒸汽（LP Steam）为热源；热流体所需降至的最低温度为 38℃，所以选用冷却水（Cooling Water）为冷源。然后，点击 Data 标签下的 Utility Streams，分别指定这两种公用工程。

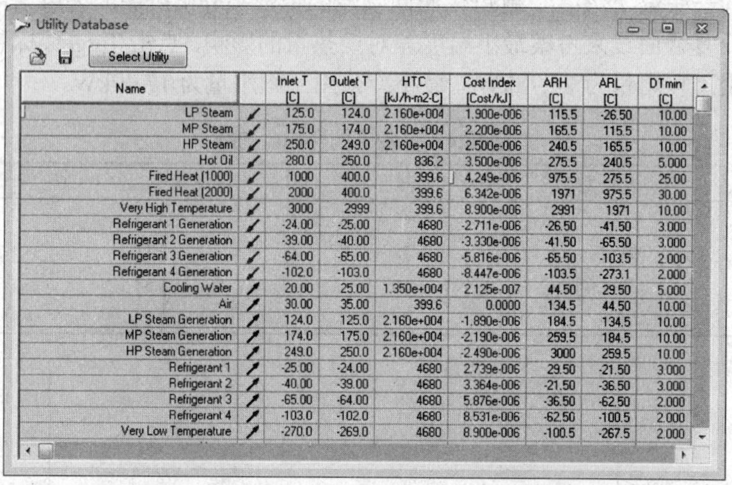

Name		Inlet T [C]	Outlet T [C]	HTC [kJ/h-m2-C]	Cost Index [Cost/kJ]	ARH [C]	ARL [C]	DTmin [C]
LP Steam		125.0	124.0	2.160e+004	1.900e-006	115.5	-26.50	10.00
MP Steam		175.0	174.0	2.160e+004	2.200e-006	165.5	115.5	10.00
HP Steam		250.0	249.0	2.160e+004	2.500e-006	240.5	165.5	10.00
Hot Oil		280.0	250.0	836.2	3.500e-006	275.5	240.5	5.000
Fired Heat (1000)		1000	400.0	399.6	4.249e-006	975.5	275.5	25.00
Fired Heat (2000)		2000	400.0	399.6	6.342e-006	1971	975.5	30.00
Very High Temperature		3000	2999	399.6	8.900e-006	2991	1971	10.00
Refrigerant 1 Generation		-24.00	-25.00	4680	-2.711e-006	-26.50	-41.50	3.000
Refrigerant 2 Generation		-39.00	-40.00	4680	-3.330e-006	-41.50	-65.50	3.000
Refrigerant 3 Generation		-64.00	-65.00	4680	-5.816e-006	-65.50	-103.5	2.000
Refrigerant 4 Generation		-102.0	-103.0	4680	-8.447e-006	-103.5	-273.1	2.000
Cooling Water		20.00	25.00	1.350e+004	2.125e-007	44.50	29.50	5.000
Air		30.00	35.00	399.6	0.0000	134.5	44.50	10.00
LP Steam Generation		124.0	125.0	2.160e+004	-1.890e-006	184.5	134.5	10.00
MP Steam Generation		174.0	175.0	2.160e+004	-2.190e-006	259.5	184.5	10.00
HP Steam Generation		249.0	250.0	2.160e+004	-2.490e-006	3000	259.5	10.00
Refrigerant 1		-25.00	-24.00	4680	2.739e-006	29.50	-21.50	3.000
Refrigerant 2		-40.00	-39.00	4680	3.364e-006	-21.50	-36.50	3.000
Refrigerant 3		-65.00	-64.00	4680	5.876e-006	-36.50	-62.50	2.000
Refrigerant 4		-103.0	-102.0	4680	8.531e-006	-62.50	-100.5	2.000
Very Low Temperature		-270.0	-269.0	4680	8.900e-006	-100.5	-267.5	2.000

图 2-104　Aspen Energy Analyzer 中的公用工程类型

（1）高于夹点的设计

点击 Viewer 框中的 Design1，Aspen Energy Analyzer 显示四个工艺物流和两个公用工程物流。在图上点击右键菜单中的 Edit Configuration→Alphabeticaly Sorted→All Streams，是各物流按名字来排列。再点击 Show/Hide Pinch Lines，则显示夹点线。夹点处热流体的温度为 60℃，冷流体的温度为 54℃。

据设计准则[式（2-24）]和表 2-24 可以看出，热流 1 可与冷流 2 和 4 匹配，而热流 2 只能与冷流 4 匹配。所以，让 1 号物流配 3 号物流，2 号物流配 4 号物流。在每一组匹配中，也尽量传递最大量的热，旨在消去该问题中的一些物流。物流 1 与物流 3 匹配，物流 1 尚剩余热量。物流 2 与物流 4 匹配，物流 4 上剩余冷量。所以，物流 1 再与物流 4 匹配，最后只有物流 4 中剩余冷量，只能与热公用工程进行匹配了。如此得到的热量匹配关系如图 2-105 所示。图中的虚线表示尚未匹配的部分，实线表示已经匹配的部分，连在一起的两个圆球表示换热器，灰色的换热器 1 为物流间的内部换热器，红色或蓝色的换热器 2 为物流与公用工程间的辅助换热器。

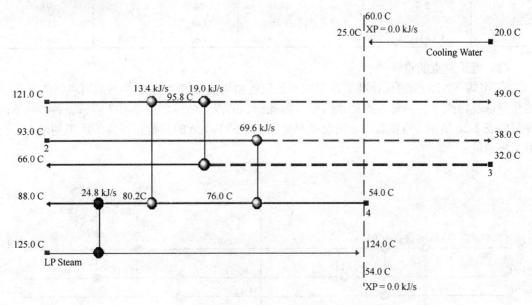

图 2-105　高于夹点的热量匹配

设计换热器时，右键按下 ⬚ 并拖动至相关物流上，松开右键则出现一红色圆圈。用左键点击红色圆圈并拖动，则出现一蓝绿色的直线和圆圈。在另一物流上松开左键，则出现一个换热器标志。左键双击该换热器的任意圆球，则弹出热量匹配对话框，如图 2-106 所示。热冷物流的方向有箭头指示，物流前后的温度分别为进出口温度，而换热器前后的温度分别为该物流进出换热器的温度。如果点击 Tied 框，则物流的进出换热器的温度就等于其自身的进出口温度。在确定物流的温度时，可先尝试点击 Tied，如果计算无错误警告或计算出的温度正常，则可逐步确定各温度。

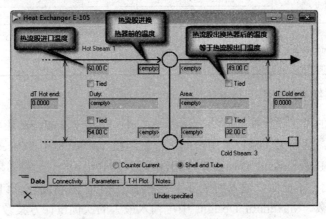

图 2-106　热量匹配对话框

各换热器应输入的参数如表 2-25 所示，空白处表示系统自动计算得到。可以看出，辅助换热器 E-103 的负荷正好等于系统所需的最小热公用工程用量。

表 2-25 高于夹点处的各换热器参数

名称	物流	热物流温度/℃		冷物流温度/℃		热负荷/kW
		进口	出口	进口	出口	
E-100	1, 3		60	54	Tied	18.96
E-101	2, 4	Tied	60	54	Tied	69.63
E-102	1, 4	Tied	Tied	Tied	Tied	13.37
E-103	4, LP Steam	Tied	Tied	Tied	Tied	24.78

（2）低于夹点的设计

遵照[式（2-25）]的设计准则，在夹点处只能由物流 2 和 3 匹配，然后再将物流 2 剩余的热量以及物流 1 的热量与冷却水匹配，如此得到的换热结构如图 2-107 所示。各换热器的参数如表 2-26 所示。可以看出，辅助换热器 E-105 和 E-106 的负荷正好等于所需的最小冷公用工程用量。

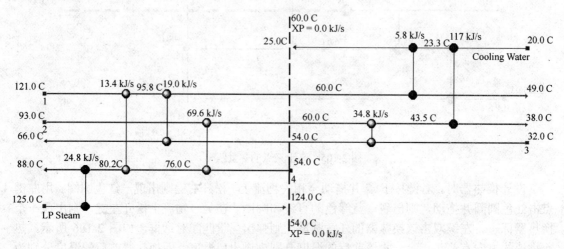

图 2-107　完整的热量匹配

表 2-26　低于夹点处的各换热器参数

名称	物流	热物流温度/℃		冷物流温度/℃		热负荷/kW
		进口	出口	进口	出口	
E-104	2, 3	Tied	Tied	Tied	Tied	34.76
E-105	1, Cooling Water	Tied	Tied			5.83
E-106	2, Cooling Water	Tied	Tied			11.66

2.5.3　换热网络结构优化

除了上面介绍的手工设计换热网络方法外，Aspen Energy Analyzer 还可以自动产生优化后的数个设计方案，从而大大减轻了用户的工作量。在 Viewer 框中的 Scenario1 上点右键，选择右键菜单中的 Recommend Designs，弹出如图 2-108 所示的对话框。对话框中的 Stream Split Options 部分列出了前面已输入的全部工艺物流，并可以在 Max Split Branches 列中指定各物流的可分支项数。Maximum Designs 中可输入最大的次优设计方案数。点击 Solve 按钮系统开始自动计算优化方案。计算结束后，在 Scenario1 下出现了 4 个换热网络方案，名称均以 "A_" 开头，表示为系统自动生成的方案。点击各方案名称，可以查看方案的具体内容。点击 Scenario1 后，再点击 Designs 标签，可以查看各方案的经济指标，如图 2-109 所示。可以看到，在现有的 5 个方案中，A_Design8 是最优的。

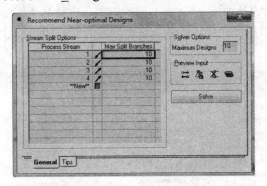

图 2-108　换热网络优化对话框

Design	Total Cost Index [Cost/s]	Area [m2]	Units	Shells	Cap. Cost Index [Cost]	Heating [kJ/s]	Cooling [kJ/s]	Op. Cost Index [Cost/s]
Design1	1.464e-003	148.1	7	12	1.384e+005	24.78	17.49	5.080e-005
A_Design6	1.020e-003	55.28	5	6	7.770e+004	107.8	100.5	2.261e-004
A_Design7	9.983e-004	47.32	5	7	7.560e+004	107.8	100.5	2.261e-004
A_Design9	9.278e-004	35.05	4	4	5.759e+004	161.5	154.2	3.396e-004
A_Design8	8.834e-004	41.96	4	5	6.113e+004	123.3	116.0	2.590e-004
Targets	1.546e-003	163.9	7	13	1.464e+005	24.78	17.49	5.080e-005

Data | Targets | Range Targets | **Designs** | Options | Notes

DTmin 6.00 C　　Enter Retrofit Mode　　Recommend Designs　☑ Complete designs only　☐ Relative to target　▷

图 2-109　查看换热网络优化方案

Aspen Energy Analyzer 也允许用户从现有的 Aspen Plus 工程中导入换热物流数据，以方便用户输入数据。点击 Scenario1，选择右键菜单中的 Data Transfer From Aspen Plus 或点击 🔲，则弹出数据传输向导对话框，如图 2-110 所示。在 Select File 步骤中，由 Simulation File to Import 处输入现有的 Aspen Plus 工程文件名称。在 Set Options 步骤中，选择 Only streams with phase changes 选项，其含义是针对有相变的物流分段回归其热容流率。然后，选择 Live Stream 框

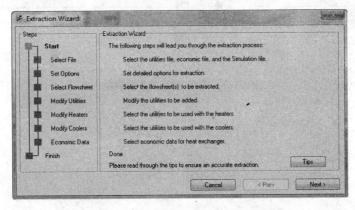

图 2-110　从 Aspen Plus 中导入换热数据

中的所有选项，确保不包括过热或过冷的物流。该步骤设置后的界面如图 2-111 所示。余下

的步骤均使用默认值即可，最后点击 Finish 按钮得到如图 2-112 所示的换热网络。该图为根据 HDA 过程的分离结构设计方案（2.4 节）而确定的。这只是 Aspen Energy Analyzer 给出的一个基础方案，用户可以根据已导入的数据进行重新设计，也可以让 Aspen Energy Analyzer 自行决定最佳方案。

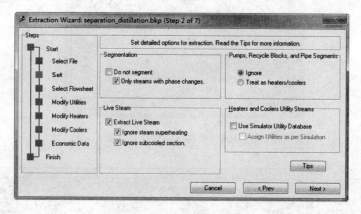

图 2-111　设定数据导入参数

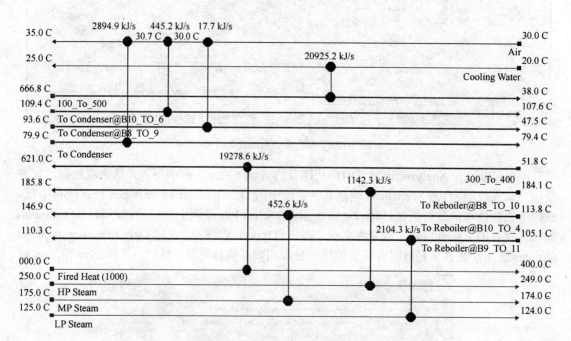

图 2-112　HDA 过程的换热网络

第3章

过程模拟软件 Aspen Plus 基础与实例

Aspen 工程套件（Engineering Suite）是目前应用最广泛的一种过程模拟软件系统，其功能强大，具有包括化工过程的模拟、优化与设计在内的很多功能。Aspen Plus 是 Aspen 工程套件中的一个重要组成部分，采用化学工程师所常用的流程求解技术实现对化工单元操作及整个工艺流程的模拟。

3.1 过程模拟实例详解

软件学习的最有效的途径就是实践，本节通过甲基环己烷回收的实例详细讲解 Aspen Plus 的使用。

（1）模拟问题描述

甲基环己烷与甲苯形成一个共沸体系，采用简单的精馏方法很难分离。在回收塔中，使用苯酚来萃取甲苯，使得在塔顶能够回收相对纯的甲基环己烷。回收的甲基环己烷的纯度依赖于苯酚进料流量。通过 Aspen Plus 的模拟，可以研究分离的情况。甲基环己烷回收塔的操作条件为：塔的理论板数为 22、采用全凝器且压力为 16psia[1psia=1psi（绝对）=6.8948kPa，下同]、回流比为 8、塔顶馏出物的流量为 200 lbmol/h、再沸器压力为 20.2 psia，原料进料位置为 14、温度为 220℉ $[t/℃=\frac{5}{9}(t/℉-32)$，下同]、压力为 20psia、甲基环己烷与甲苯各 200 lbmol/h，苯酚进料位置为 7、温度为 220℉、压力为 20psia、流量为 1200 lbmol/h。

（2）选择模板创建模拟

Aspen Plus 内置模板可以用于化学品、石油、电解质、特殊化学品、药物、冶金、聚合物、固体等的模拟，如图 3-1 所示。

采用默认模板，注意到图中右下角显示运行类型为 Flowsheet，正是模拟所需要的，其他运行类型包括数据分析、数据回归、性质估计等，可以在需要的时候通过下拉菜单进行选择。

（3）绘制工艺流程图

在工艺流程窗口下部的模型库中，单击 Columns 标签，出现一系列塔的模块，如图 3-2 所示。将鼠标放置在各个模块上，会出现相应的说明。

在该模拟中，选用 RadFrac。首先，单击 RadFrac 右侧的三角形，出现可用的图标，如图 3-3 所示。

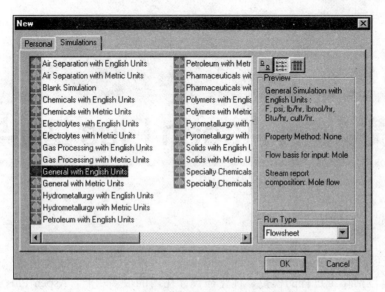

图 3-1 Aspen Plus 启动对话框——单位与运行类型

图 3-2 塔模块

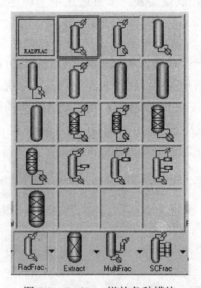

图 3-3 RadFrac 塔的各种模块

单击图中顶部第二个标志为 FRACT1 的图标，此时鼠标变成十字线，然后在流程图中单击，如图 3-4 所示，完成在流程图中放置单元操作模块的过程。

注意到，此时箭头仍然为十字线，如果在流程图上再次单击，则出现第二个模块，单击鼠标右键，恢复鼠标形状，从而进行其他的操作。

在流程图中放置单元操作模块的过程也可以通过另一种方式实现：单击图中顶部第二个标志为 FRACT1 的图标，保持鼠标左键按住不放，然后移动鼠标到流程图中，释放鼠标左键。

然后连接相应的物流。单击模型库最左侧的物流图标，鼠标变成十字线，注意到此时流程图中的塔模块上出现可以连接物流的箭头，如图3-5所示。

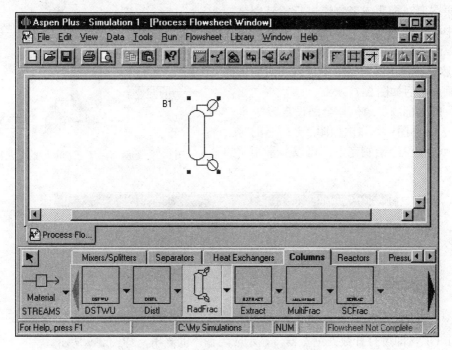

图 3-4　在工艺流程中放置 RadFrac 模块

图中的红色箭头表示必须连接物流，蓝色的箭头表示可选连接。在流程图上单击鼠标左键，生成一个物流，此时鼠标与物流相关联，将鼠标移动到与塔左侧红色箭头相重合的地方，单击鼠标左键，则建立并连接进料物流。单击鼠标的右键，可以恢复鼠标的形状，进行其他的操作。再次单击模型库最左侧的物流图标，鼠标变成十字线，在塔顶部的横向红色箭头上单击，建立一个物流，此时鼠标与物流相关联，将鼠标移动到空白位置，单击左键，完成塔顶采出产品物流的建立与连接。同样操作，可以完成塔底采出产品与另外一股进料物流的建立与连接。如图3-6所示。

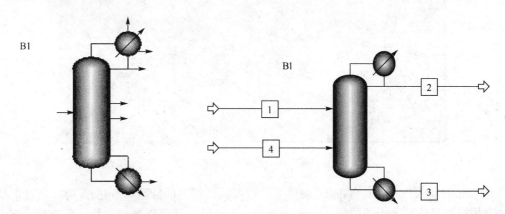

图 3-5　RadFrac 模块上的物流连接点　　　　图 3-6　完整的工艺流程

如果图中的物流线比较凌乱，可以单击 Ctrl+A，选中所有的对象，然后在其中的塔模块上单击鼠标右键，在弹出的菜单中选择 Align Blocks，则物流的形状变得清晰美观。

主窗口右下角的红色状态指示符显示为 Required Input Incomplete，这表明要完成模拟，还有其他必需的输入没有完成。

如果需要对模块或者物流进行重新命名，可以选中模块或者物流，单击鼠标右键，在弹出的菜单中选择 Rename Stream 或者 Rename Block，然后在弹出的对话框中输入相应的名称即可，重命名后如图 3-7。

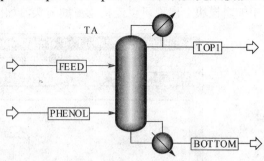

图 3-7　重新命名工艺物流后的工艺流程

（4）输入标题、单位与全局设定数据

单击 Next 图标，弹出如图 3-8 所示的对话框，表示流程已经绘制完整，可以显示相关的输入表格。

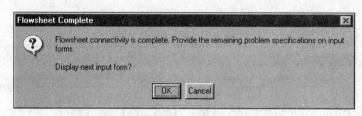

图 3-8　提示流程完成对话框

单击 **OK**，即可打开数据浏览器，显示应当输入的表单，如图 3-9 所示。

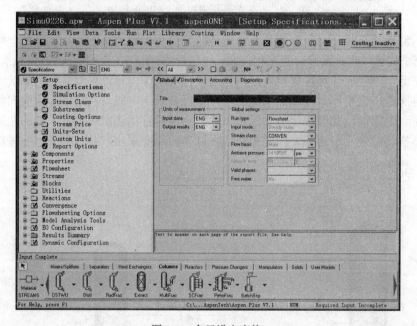

图 3-9　全局设定表格

在 Setup | Specifications | Global 表格下，可以输入模拟的标题（Title），可以通过下拉菜单选择模拟过程中所采用的单位（Units of measurement），还可以通过进行一些全局设定，这些设定对模拟的各个部分都是适用的。

（5）定制报告中所要显示的内容

单击 Setup | Report Options，可以观察到 Aspen Plus 默认设置的报告内容，在该模拟中需

要显示摩尔分数，因此单击其中的 Stream 标签，选中 Fraction basis 下的 Mole 复选框，如图 3-10 所示。

如果用户要显示质量分数，同时选择 Fraction basis 下的 Mass 复选框即可。有时，用户希望显示物流的某些物性，可以通过以下方法实现：单击 Setup | Report Options | Stream | Property Sets，然后在弹出的对话框中选择相应的物性集即可，如图 3-11 所示。

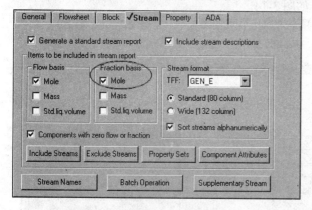
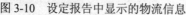

图 3-10　设定报告中显示的物流信息

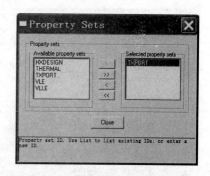

图 3-11　物性集选择对话框

Aspen Plus 中内置有五个物性集模板：HXDESIGN、THERMAL、TXPORT、VLE、VLLE。TXPORT 能够显示物流的密度、黏度以及液相物流的表面张力。设置好后，单击 Close。

（6）输入模拟中涉及的物质

单击 Next 图标，专家系统导航到下一个必需的操作：在 Components | Specifications | Selection 内进行化学物质的规定。可以通过物质名称、分子式、CAS 号或者分子量与沸点的范围确定所需要的物质，比如输入名称等于（equals）TOLUENE，单击 Find now，则找到甲苯，如图 3-12。

单击甲苯物质，然后单击左下角的 Add selected compounds 按钮，将甲苯添加到模拟中去。按照同样的方法，将苯酚与甲基环己烷也添加到模拟中去。然后单击 Close 按钮。以上完成之后，应当如图 3-13 所示。

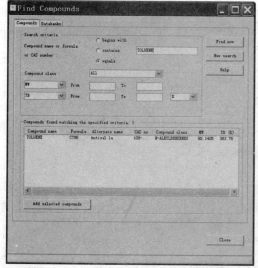

图 3-12　查找物质甲苯

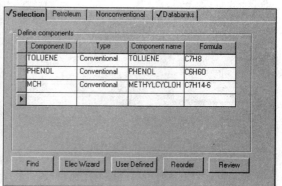

图 3-13　所添加物质一览表

（7）选择适宜的热力学方法

单击 Next 图标，专家系统导航到热力学方法的选择。单击 Properties | Specifications | Global | Properties methods & models| Process type 下的下拉菜单，将其选为 All。单击其下面的 Base mothod 的下拉菜单，可以看到 Aspen Plus 内置了超过 50 多种的物性方法。热力学方法的选择对模拟至关重要，很多情况下要根据具体的物系结合文献中发表的实验数据进行确定。本例中，热力学方法选择 UNIFAC，如图 3-14。

然后单击 Next 图标，出现如图 3-15 所示的对话框。

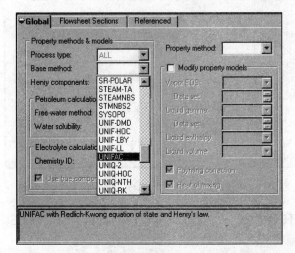

图 3-14　选择热力学方法为 UNIFAC　　　　图 3-15　专家系统向导对话框

单击 OK，专家系统导航到物流相关参数的规定。

（8）工艺物流数据的规定

在 Streams | FEED | Input | Specifications 表格上，输入进料物流的温度、压力以及流量：温度为 220℉、压力为 20psia、甲苯流量 200 lbmol/h、甲基环己烷流量 200 lbmol/h。输入完成后应当如图 3-16 所示，注意单位要一致。

单击 Next 图标，定位到规定苯酚物流的表格上，输入如下数据：温度为 220℉、压力为 20psia、苯酚流量 1200 lbmol/h，输入完成后应当如图 3-17 所示，注意到数据输入前后，状态提示符由红色变为蓝色。

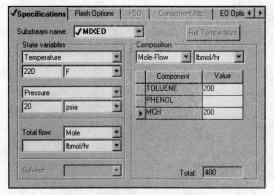

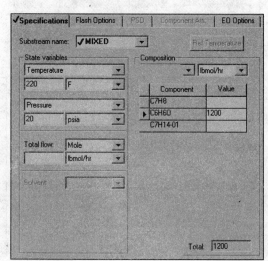

图 3-16　进料物流信息规定一览表　　　　图 3-17　所输入的进料物流信息

（9）单元操作模块相关参数的规定

单击 Next 图标，专家系统导航到单元操作模块的设置，出现如图 3-18 所示的表格。

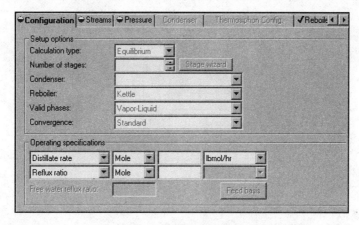

图 3-18　塔的输入信息一览表

在 Blocks | TA | Setup | Configuration 表上，输入相关的数据：理论板数（Number of stages）为 22、冷凝器（Condenser）为全凝器（Total）、塔顶产品流率（Distillate rate）为 200 lbmol/h、回流比（Reflux ratio）为 8，其他项目采用缺省值，如图 3-19。

状态指示符变为蓝色，说明所需要的输入已经填好。然后单击 Next 或者单击 Streams 标签，进入到塔中物流相关参数的设置。物流 FEED 的进料位置设定为 14，物流 PHENOL 的进料位置设定为 7，如图 3-20 所示。

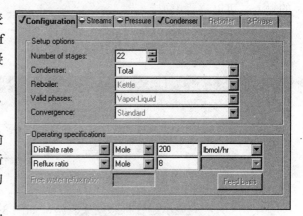

图 3-19　所规定的塔配置信息

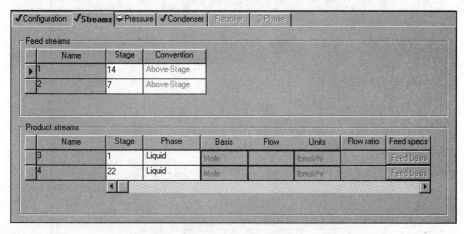

图 3-20　所规定的塔的进料物流配置信息

单击 Next 或者单击 Pressure 标签，进入到塔压力的设置。单击 View 下的下拉菜单，选择 Pressure profile，在其中的 Stage 下输入 1，Pressure 下输入 16，设定塔顶冷凝器的压力为

16 psia，此时会自动增加一行，输入 22 与 20.2，设定再沸器的压力为 20.2 psia。设置好后，如图 3-21 所示。

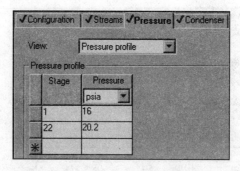

图 3-21　所规定的塔的压力信息

（10）运行模拟

单击 Next，如果没有错误的话，会出现如图 3-22 所示的对话框，说明已完成所有必需的输入，可以进行模拟。

（11）查看模拟运行后的结果

单击 Next，出现如图 3-23 的对话框。

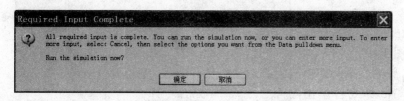

图 3-22　提示运行模拟的对话框　　　　　　　　图 3-23　提示显示结果对话框

单击 OK，则显示运行状态结果表格，如图 3-24。

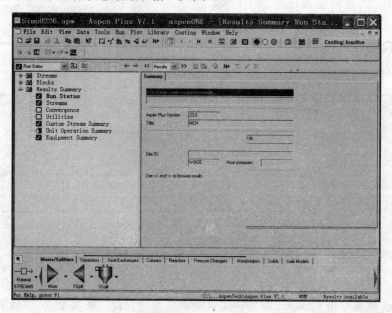

图 3-24　运行结果信息

单击数据浏览器中的 Blocks | TA | Results，可以显示精馏塔的计算结果，如图 3-25。

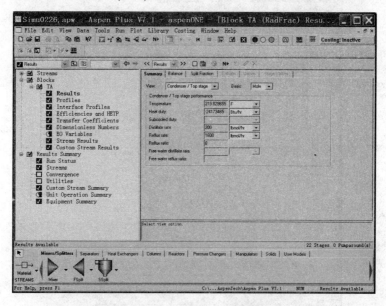

图 3-25　精馏塔计算结果信息

以上显示的是冷凝器的温度与热负荷，单击 View 的下拉菜单，可以显示再沸器的相关数据。

单击数据浏览器中的 Blocks | TA | Profiles，可以显示精馏塔内每块板上的温度、压力、气液相流率等相关数据，如图 3-26 所示。

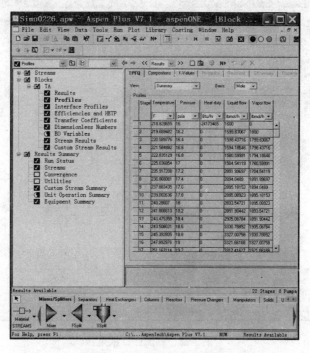

图 3-26　精馏塔的 TPFQ 结果

单击 TPFQ 右侧的 compositions 标签，可以观察每块理论板上的组成，如图 3-27 所示。

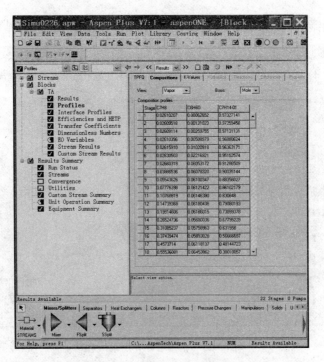

图 3-27　精馏塔的组成分布

单击数据浏览器中的 Blocks | Results Summary| Streams，可以显示物流的计算结果，如图 3-28。

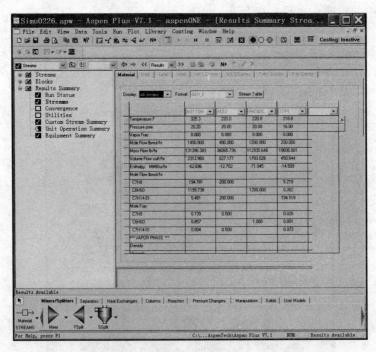

图 3-28　物流计算结果

可以看出，塔顶甲基环己烷的纯度为 97.3%（摩尔分数，下同）。该数据结果可以通过单击数据浏览器中的 Streams | TOP1| Results 而得到，如图 3-29。

（12）改变条件重新运行模拟

现在的问题是想知道如果增加萃取剂的流量，塔顶产品的纯度是否会增加，那么单击数据浏览器中的 Streams | PHENOL|Input，将苯酚的进料量改为 1800 lbmol/h，如图 3-30。

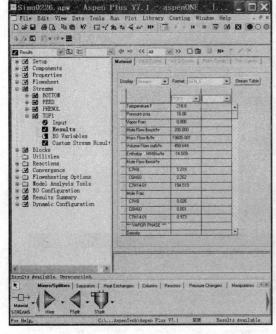
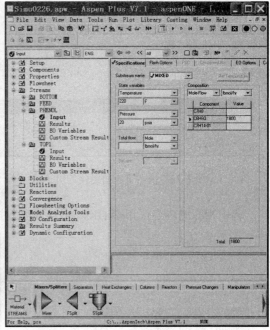

图 3-29 塔顶物流计算结果   图 3-30 塔顶物流计算结果

然后单击 Next，在弹出的对话框上单击 OK，重新运行模拟。进行 5 次迭代后模拟收敛。按照前面讲述的步骤，可以观察到塔顶甲基环己烷的纯度为 98.4%，说明增加苯酚的进料量能够提高塔顶产品的纯度。

需要指出，Aspen Plus 在每次计算过程中都会保留计算结果，下一次运行时，计算的初值采用上次的计算结果，这也是为何只迭代 5 次就能收敛的原因。如果不让 Aspen Plus 采用上次计算的结果作为初值，则单击工具栏上的重新初始化图标 ，弹出如图 3-31 所示的对话框。

单击 OK，出现如图 3-32 所示的提示。

图 3-31 选择重新初始化对象的对话框

单击确定实现数据的重新初始化。此时单击 Next 重新运行模拟，可以看出仍然需要 7 次迭代，但是得到的结果完全相同。

当然如此手动修改条件进行重复模拟的效率是很低的，在后面的小节里介绍的灵敏度分析与设计规定可以提高模拟与优化的效率。

（13）生成报告并保存文件

用户可以生成包括模拟规定与计算结果的报告文件。单击 File 菜单，选择 Export，弹出如图 3-33 所示的对话框。

在保存文件类型中选择 Report File (*.rep)。输入文件名后单击 Save 就可以生成报告文件。

以后就可以在不启动 Aspen Plus 的情况下，使用文件编辑器打开报告文件。也可以在 Aspen Plus 中选择 View | Report 观察报告文件，则弹出如图 3-34 所示的对话框。

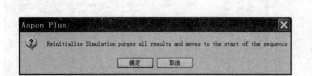

图 3-32　提示重新初始化的对话框　　　　　　图 3-33　保存路径与文件名

选中相应的内容，单击 OK，则可以观察报告文件的内容，如图 3-35。

图 3-34　选择显示报告的对象　　　　　　图 3-35　报告文件内容

运行模拟之后，可以选择 File | Save as 保存文件并退出 Aspen Plus。保存文件时需要注意文件的扩展名，常用的文件格式有两种：apw 文件与 bkp 文件。apw 文件是 Aspen 的标准文档，包括模拟输入、模拟结果以及中间收敛的信息，文件较大，适用于大的流程合并时采用；bkp 文件是备份文件，含有输入规定与模拟结果，但是不含有中间收敛信息，文件较小，而且不同版本之间是向上兼容的。

3.2　物性分析估计与数据回归

对于流体的物理性质，Aspen Plus 提供的物性分析与物性估计功能非常有用，在数据浏览器的 Setup | Specifications | Global | Global settings | Run type 中的下拉菜单可以进行设置，如图 3-36 所示。

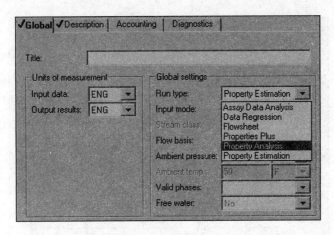

图 3-36　规定运行类型为物性分析

性质分析功能显示诸如临界压缩因子、比热容、密度、黏度、热导率的纯组分数值以及取自各种资料库的混合物特性。对于用户定义的组分，物性估计的功能能为用户提供相对可靠的估计数据。

3.2.1　纯组分的物性分析

Aspen 物性系统（Physical Property System）主要数据库是 Pure22，其中包括物质的各种性质：① 普适常数，比如临界温度与临界压力；② 温度与过渡性质，比如沸点与三联点；③ 参考态性质，比如焓与吉布斯自由能；④ 热力学性质，比如液体-蒸气压；⑤ 传输性质，比如液体黏度；⑥ 安全性质，比如闪点与燃烧极限；⑦ Unifac 模型的官能团信息；⑧ Soave-Redlich-Kwong 与 Peng-Robinson 状态方程的参数；⑨ 石油相关的性质，如 API 相对密度、辛醇数、芳烃含量、氢含量与硫含量；⑩ 具体到模型的参数，比如 Rackett 与 Uniquac 参数。

打开前文所作的模拟，利用数据浏览器的 Setup | Specifications | Global | Global settings | Run type:中的下拉菜单将运行类型设置为性质分析，如图 3-36 所示。选择 Tools | Retrieve Parameter Results，弹出如图 3-37 所示的对话框。

单击 OK，弹出的对话框，提示可以查看参数结果，如图 3-38 所示。

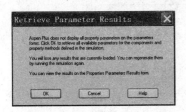

图 3-37　提取参数结果对话框

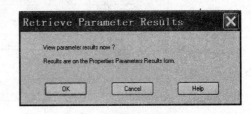

图 3-38　查看参数结果对话框

单击 OK，然后单击数据浏览器中的 Properties | Parameters | Results | Pure component，可以查看相关的性质数据，如图 3-39。

纯组分与温度有关的性质可以通过单击 Scalar 标签右侧的 T-Dependent 标签得到，在 Parameter 的下拉菜单下选择参数 Plxant-1，则调出三种物质的扩展安托因方程系数，如图 3-40 所示。

Parameter	Unit	Data set	Component C7H14-01	Component C7H8	Component C6H6O
API		1	51.3	30.8	3.4
CHARGE		1	0	0	0
CHI		1	0	0	0
DGFORM	BTU/LBMOL	1	11749.785	52536.5434	-14031.384
DGSFRM	BTU/LBMOL	1	0	0	0
DHAQFM	BTU/LBMOL	1	0	0	0
DHFORM	BTU/LBMOL	1	-66552.021	21569.2175	-41444.11
DHSFRM	BTU/LBMOL	1	0	0	0
DHVLB	BTU/LBMOL	1	13446.9905	14343.5512	19981.5993
DLWC		1	1	1	1
DVBLNC		1	1	1	1
FREEZEPT	F	1	-195.82599	-138.946	105.638003
HCOM	BTU/LBMOL	1	-1830240.8	-1605331	-1255804
HCTYPE		1	2	5	0
MUP	(BTU*CUFT)**	1	0	2.0813E-26	8.3947E-26
MW		1	98.18816	92.14052	94.11304
OMEGA		1	0.236055	0.264012	0.44346
PC	PSIA	1	504.731327	595.815026	889.081331
RHOM	LB/CUFT	1	0	0	0
RKTZRA		1	0.27054	0.26436	0.27662
S025E	BTU/LBMOL-R	1	0	134.447024	126.362831
SG		1	0.774	0.8718	1.049

图 3-39　查看与温度无关的性质数据

	C7H14-01	C7H8	C6H6O
Component	C7H14-01	C7H8	C6H6O
Temperature	R	R	R
Source	PURE22	PURE22	PURE22
Property units	PSIA	PSIA	PSIA
Element 1	90.1318617	72.9139905	92.5362508
Element 2	-12745.44	-12113.64	-18203.4
Element 3	0	0	0
Element 4	0	0	0
Element 5	-10.695	-8.179	-10.09
Element 6	2.5113E-06	1.6363E-06	1.9876E-19
Element 7	2	2	6
Element 8	263.843998	320.723997	565.307995
Element 9	1029.77999	1065.14999	1249.64999

图 3-40　查看与温度有关的性质数据

　　此外，Aspen Plus 提供了丰富的图形化表达方式。对于上面的例子，可以利用做图功能绘制出不同温度三种物质的饱和蒸气压，则会使得物性数据更加清晰明了。单击 Tools | Analysis | Property | Pure，如图 3-41。

　　出现如图 3-42 的窗口。

　　在上图中，单击 Property | Property 的下拉菜单，选择 PL，即饱和蒸气压；单击 Property | Units 的下拉菜单，选择 kPa；单击 Components 下两个方框中间的第二个按钮，将三个物质

都选中；单击 Temperature | Units 的下拉菜单，选择 C，即摄氏度；将 Upper 右侧的数值设定为 120；如图 3-43 所示。

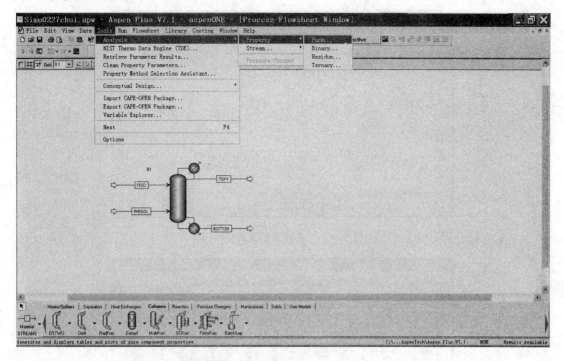

图 3-41　选择纯组分性质分析

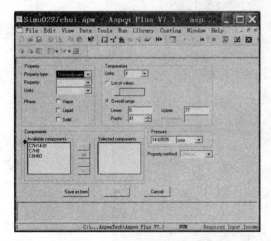

图 3-42　纯组分性质分析的规定

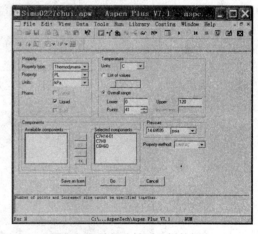

图 3-43　纯组分性质分析的规定

单击下部中间的 Go 按钮，则绘制出不同温度下三种物质的饱和蒸气压，如图 3-44。类似的，可以做出图形化表达的其他物性。

3.2.2　混合物相图的绘制

对于混合物来说，性质分析可以在用户选择的温度范围内以图形化的方式显示两相与三相的相平衡数据。打开前文所作的模拟，在 Aspen Plus 主菜单下，选择 Tools | Analysis | Property | Binary，如图 3-45。

出现二元分析对话框，在 Analysis type 中包括可用的分析类型：Txy and Pxy 分析用于研究气液体系的非理想性，是否形成共沸物。Gibbs energy of mixing 用于观察体系是否会形成两个液相。选择 Txy，其余的采用系统的缺省值，如图 3-46。

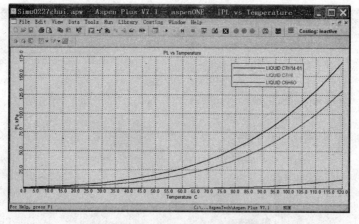

图 3-44　三种物质的饱和蒸气压

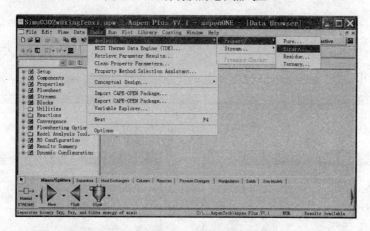

图 3-45　二元组分性质分析的规定

图 3-46　二元组分性质分析的规定

单击 Go，应用缺省的设置并开始分析，计算完成后，结果以表格的形式出现，同时自动显示一个 T-xy 图，如图 3-47 所示。

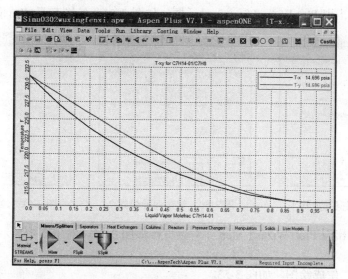

图 3-47 T-xy 相图

在图的内部单击鼠标可以显示相应的坐标，从图中可以看出，体系含有一个共沸物。单击图形右上角的关闭按钮，关闭图形，则以表格形式显示计算结果，如图 3-48。

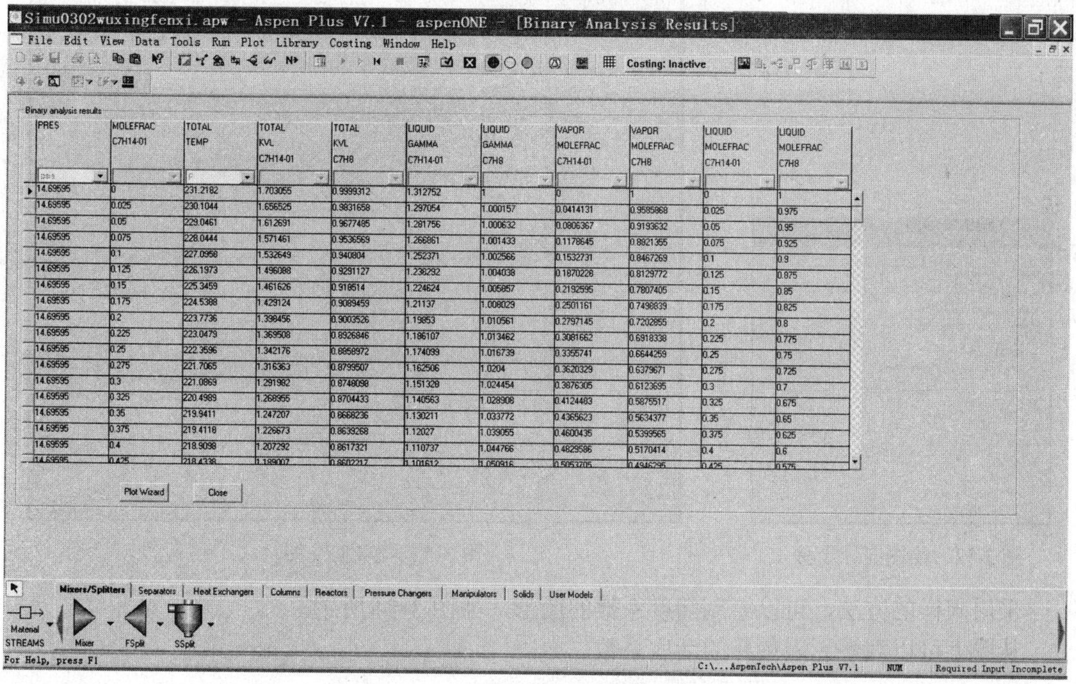

图 3-48 T-xy 数据表

可以观察所计算的活度系数、K 值、温度与组成，可以拖动滚动条观察所有的数据。表格的下边有一个 Plot Wizard，可以用来绘制相关的图形。单击 Plot Wizard，出现 Plot Wizard Step1 对话框，如图 3-49。

单击 Next，出现 Plot Wizard Step 2 对话框，选择所要绘制图形的类型，选择 YX 图标，如图 3-50。

单击 Next，出现 Plot Wizard Step 3 对话框，如图 3-51，绘图变量的单位采取缺省设置。

图 3-49　绘图向导步骤 1　　　　图 3-50　绘图向导步骤 2　　　　图 3-51　绘图向导步骤 3

单击 Next，出现 Plot Wizard Step 4 对话框，如图 3-52，对于图中显示的信息采取缺省设置。

单击 Finish，生成绘图，如图 3-53。

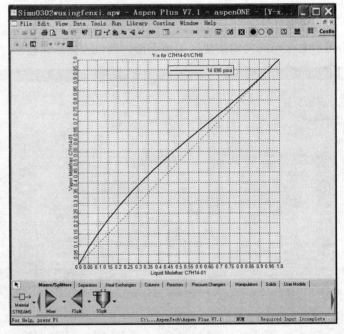

图 3-52　绘图向导步骤 4　　　　　　　　　　图 3-53　绘制 xy 图

采用同样的方法，可以绘制活度系数的图形，如图 3-54 所示。

从图上可以观察无限稀释的活度系数。

3.2.3　估计非数据库组分的物性

在化工过程设计与模拟过程中，有时遇到某些物质并没有包含在 Aspen Plus 数据中，可以使用 Aspen Plus 中的物性常数估计系统（PCES），可以估计诸如临界压力的纯组分物性。状态方程是估计某些物性的一种重要方法，由于状态方程的参数主要由临界性质确定，因此提供所要估计组分的沸点与蒸气压等实验数据对于估计很有帮助。

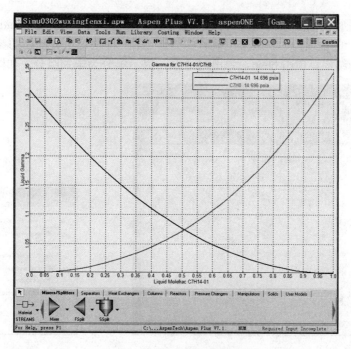

图 3-54 绘制无限稀释活度系数

如丁烯酮（MVK），在 Aspen Plus 的数据库中并没有这个物质，因此需要运行 Aspen Plus 中的物性估计来估计丁烯酮的未知性质参数。可以查到丁烯酮如下信息：CAS 号 78-94-4，分子结构为 $CH_3COCH{=}CH_2$，摩尔质量 70.09 g/mol，沸点 81.4℃，密度为 0.8407 g/cm^3。

① 启动 Aspen Plus 并创建模拟。单击 Aspen Plus User Interface，选择 Template 并单击 OK，在运行类型中选择性质估计（Property Estimation），如图 3-55。

② 输入组分 ID 并规定估计的性质。单击 Components | Specifications | Selection 表格，输入组分的 ID，本例中输入 MVK，由于该组分是未知组分，不必输入组分名称与分子式，如图 3-56 所示。

图 3-55　规定运行类型为性质估计

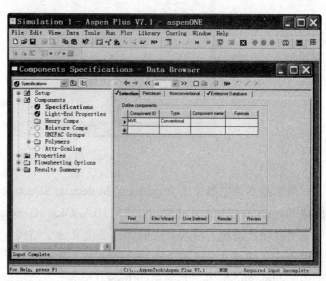

图 3-56　输入组分 ID

单击 Next，进行全局参数的设置。再次单击 Next，出现 Properties | Estimation | Input | Setup 表格，规定要估计的性质，本例中采用缺省的估计选项，即估计所有缺少的参数，如图 3-57。

③ 输入分子结构。单击 Next，弹出对话框，提示组分为未知组分，如图 3-58。

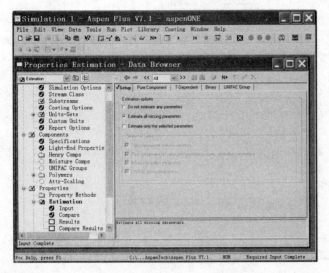

图 3-57　规定估计所有缺少的参数　　　　　　　　图 3-58　提示未知组分的对话框

选择最下面的选项，即输入分子结构，然后单击 OK，进入组分输入向导，如图 3-59。

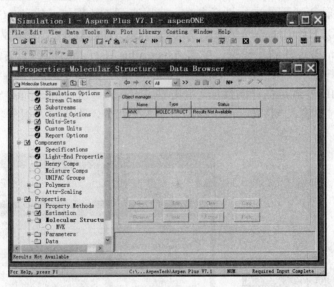

图 3-59　组分输入对象管理器

单击数据浏览器中的 Properties | Molecular Structure，单击 MVK 前面的圆圈选择该物质，出现 Properties | Molecular Structure | THIAZOLE | General 表格，如图 3-60。

可以使用普通方法或者官能团方法定义分子结构，不过都较为烦琐。一种简单的方法是通过 mol 文件导入分子结果信息，在网站上查到该分子的 mol 文件并保存在电脑上。单击右上角的 Structure 标签，然后单击 Import Structure，定位到 mol 文件的存储位置，单击 Open，导入分子结构，如图 3-61 所示。

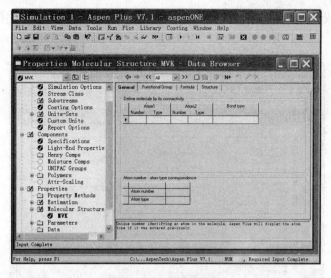

图 3-60　一般信息表格

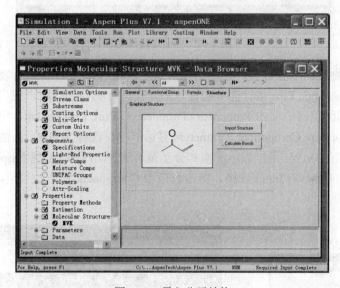

图 3-61　导入分子结构

单击 Calculate Bonds，弹出对话框，如图 3-62 所示。

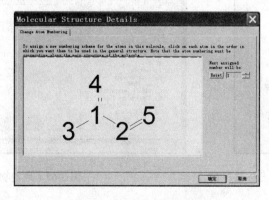

图 3-62　分子结构信息

单击 OK，完成计算。然后单击 General 标签，观察相应的各个原子之间的连接与成键的信息，如图 3-63。

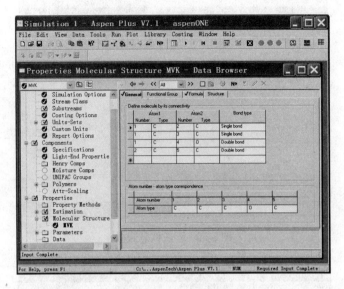

图 3-63　分子连接信息

④ 输入已有物性的实验数据。分子结构信息足以让 Aspen Plus 进行物性估计。输入已有的数据能够提高 Aspen Plus 估计的准确性，因此在进行物性估计时，应当输入尽可能多的已知数据。在数据浏览器中单击 Properties | Parameters | Pure Component，出现对象管理器。单击 New。在 New Pure Component Parameters 对话框中，选择 Scalar，如图 3-64。

输入新的名称 TBMW（用以表示沸点和分子量），并单击 OK。出现 Properties | Parameters | Pure Component | TBMW | Input 表格。单击表格中 Component 的下拉菜单，选中 MVK，如图 3-65 所示。

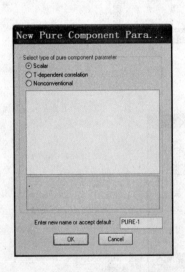

图 3-64　建立一个新的纯组分标量参数　　　　图 3-65　选定物质

单击表格中 Parameters 的下拉菜单，选中 TB，即沸点。单击表格中 Units 的下拉菜单，选中 C 表示沸点是以摄氏度表示的。在第四列（在 Component 的地方）中输入 81.4。单击 Parameters 项的第二行，单击下拉菜单选择 MW，即分子量，在第四列（在 Component 的地方）中输入 70.09。完成后如图 3-66 所示。

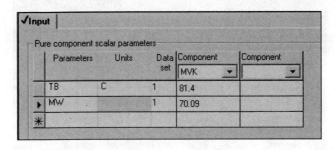

图 3-66　输入沸点与摩尔质量数据

至此，完成纯组分性质数据的输入，可以运行 PCES 了。当然如果用户还有其他与温度有关的实验数据，也可以输入。

⑤ 运行物性常数估计并查看结果。单击 Next，开始物性常数估计，结果如图 3-67。

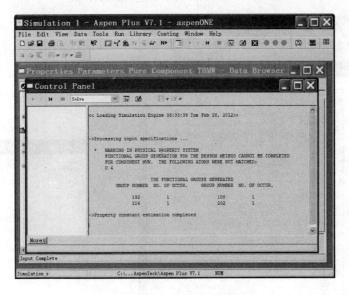

图 3-67　性质估计运行结果

由于没有使用官能团，所以忽略警告信息，关闭控制面板。单击数据浏览器中的 Results Summary | Run Status，显示的信息为计算完成，但是有警告。单击数据浏览器中的 Properties | Estimation | Results，出现 Pure Components 表格，其中有估计的纯组分性质，如图 3-68 所示。

单击 T-Dependent 标签，出现 T-Dependent 表格，其中含有估计的多项式参数，用以模拟与温度有关的物性，如图 3-69。

⑥ 保存文件并在其他模拟中调用。将该文件保存为备份文件 bkp 文件，可以将其应用到含有该物质的流程模拟中。保存文件的方法前文已经讲述，下面讲述如何在流程中导入备份的文件。

打开一个流程模拟程序。单击 File | Import 并且选择刚才保存的备份文件并单击 Open，

出现 Information 对话框，如图 3-70。

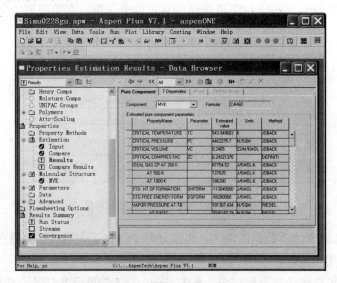

图 3-68　估计的纯组分与温度无关的性质

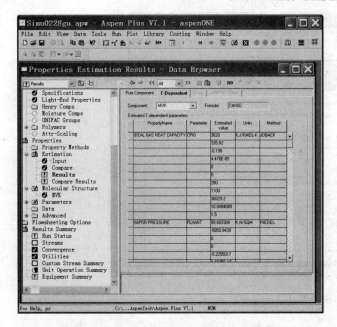

图 3-69　估计的纯组分与温度有关的性质

图 3-70　载入文件对话框

　　单击 OK，按 F8，打开数据浏览器。单击 Setup | Specifications | Global，然后将运行类型改为 Flowsheet，就可以进行模拟。

　　在数据浏览器中，单击 Properties | Estimation | Input，由于已估计了所需要的参数，所以选择 Do not estimate any parameters，如图 3-71 所示。

　　经过以上步骤，在新的流程模拟中就包括了前面所估计的物性。

3.2.4　相平衡实验数据的回归

　　Aspen Plus 的数据回归系统（Data Regression System）可以用于拟合诸如蒸气压的纯组

分物性数据，但是其主要用途是进行多组分气液平衡（VLE）与液液平衡（LLE）实验数据的热力学模型相关参数的回归。作为实例，研究乙醇与乙酸乙酯的气液平衡数据的热力学模型参数的回归，查相关文献，可以得到 40℃ 与 70℃ 的 *pxy* 数据[Martl, Collect. Czech. Chem. Commun. 37,266 (1972)]与常压下的 *txy* 数据[Ortega J. and Pena J.A., J. Chem. Eng. Data 31, 339 (1986)]的数据，列于表 3-1 和表 3-2 中。

图 3-71　估计输入设定

表 3-1　40℃ 与 70℃ 的 *pxy* 数据

t/℃	p/mmHg	x	y	t/℃	p/mmHg	x	y
40	136.6	0.0060	0.0220	70	548.6	0.0065	0.0175
40	150.9	0.0440	0.1440	70	559.4	0.0180	0.0460
40	163.1	0.0840	0.2270	70	633.6	0.1310	0.2370
40	183.0	0.1870	0.3700	70	664.6	0.2100	0.3210
40	191.9	0.2420	0.4280	70	680.4	0.2630	0.3670
40	199.7	0.3200	0.4840	70	703.8	0.3870	0.4540
40	208.3	0.4540	0.5600	70	710.0	0.4520	0.4930
40	210.2	0.4950	0.5740	70	712.2	0.4880	0.5170
40	211.8	0.5520	0.6070	70	711.2	0.6250	0.5970
40	213.2	0.6630	0.6640	70	706.4	0.6910	0.6410
40	212.1	0.7490	0.7160	70	697.8	0.7550	0.6810
40	204.6	0.8850	0.8290	70	679.2	0.8220	0.7470
40	200.6	0.9200	0.8710	70	651.6	0.9030	0.8390
40	195.3	0.9600	0.9280	70	635.4	0.9320	0.8880
				70	615.6	0.9750	0.9480

注：1mmHg=133.322Pa，下同。

表 3-2　常压下的 *txy* 数据

$t/℃$	x	y	$t/℃$	x	y	$t/℃$	x	y
78.45	0	0	74.00	0.1992	0.3036	72.10	0.6854	0.6169
77.40	0.0248	0.0577	73.80	0.2098	0.3143	72.30	0.7192	0.6475
77.20	0.0308	0.0706	73.70	0.2188	0.3234	72.50	0.7451	0.6725
76.80	0.0468	0.1007	73.30	0.2497	0.3517	72.80	0.7767	0.7020
76.60	0.0535	0.1114	72.70	0.3086	0.4002	73.00	0.7973	0.7227
76.40	0.0615	0.1245	72.40	0.3377	0.4221	73.20	0.8194	0.7449
76.20	0.0691	0.1391	72.30	0.3554	0.4331	73.50	0.8398	0.7661
76.10	0.0734	0.1447	72.00	0.4019	0.4611	73.70	0.8503	0.7773
75.90	0.0848	0.1633	71.95	0.4184	0.4691	73.90	0.8634	0.7914
75.60	0.1005	0.1868	71.90	0.4244	0.4730	74.10	0.8790	0.8074
75.40	0.1093	0.1971	71.85	0.4470	0.4870	74.30	0.8916	0.8216
75.10	0.1216	0.2138	71.80	0.4651	0.4934	74.70	0.9154	0.8504
75.00	0.1291	0.2234	71.75	0.4755	0.4995	75.10	0.9367	0.8798
74.80	0.1437	0.2402	71.70	0.5100	0.5109	75.30	0.9445	0.8919
74.70	0.1468	0.2447	71.70	0.5669	0.5312	75.50	0.9526	0.9038
74.50	0.1606	0.2620	71.75	0.5965	0.5452	75.70	0.9634	0.9208
74.30	0.1688	0.2712	71.80	0.6211	0.5652	76.00	0.9748	0.9348
74.20	0.1741	0.2780	71.90	0.6425	0.5831	76.20	0.9843	0.9526
74.10	0.1796	0.2836	72.00	0.6695	0.6040	76.40	0.9903	0.9686
						77.15	1	1

① 建立一个数据回归。单击 Aspen Plus User Interface，选择 Template 并单击 OK，在运行类型中选择数据回归 Data Regression，单击 OK。在 Components | Specifications | Selection 表中定义组分：乙醇与乙酸乙酯，如图 3-72 所示。

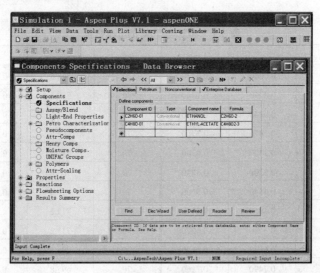

图 3-72　组分输入

在 Properties | Specifications | Global 表中选择物性方法为 NRTL，如图 3-73。

② 输入相平衡实验数据。单击数据浏览器中的 Properties | Data，出现对象管理器，单击 Data 对象管理器上的 New，在弹出的对话框中，输入一个 ID，在 Select Type 下拉菜单中选择 MIXTURE，如图 3-74。

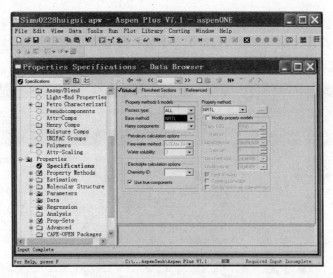

图 3-73　选择热力学模型

单击 OK，进入到所建立的数据集表格。在 Setup 表的 Data Type 上，选择数据的类型，本例为气液平衡，实验数据为 *pxy*，所以选择 PXY 的数据类型。从 Available Components 名单中选择组分，并使用右箭头将它们移动到 Selected Components 名 单 中 。 在 Constant temperature or pressure 下，规定固定的温度或压力，在 temperature 的右侧输入 40，并在下拉菜单中选择 C，即摄氏度。完成以上操作后，如图 3-75 所示。

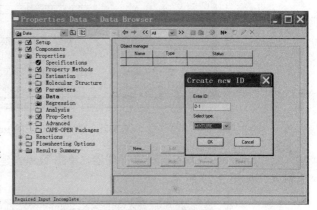

图 3-74　新建性质数据 ID

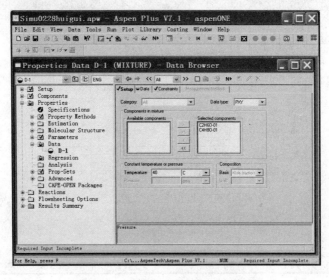

图 3-75　选择组分并规定温度单位

单击 Data 标签，输入实验数据，性质数据的标准偏差采用系统的缺省值，如图 3-76 所示。注意，数据回归设定如下的缺省标准偏差数据：温度为 0.1℃，压力与液相组成为 0.1%，气相组成与性质为 1.0%。

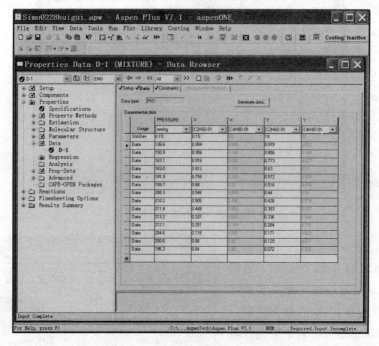

图 3-76　输入 40℃下的 *pxy* 实验数据

在 Properties | Data 的对象管理器，单击 New，建立一个数据集，将 70℃下的 *pxy* 实验数据输入，如图 3-77 所示。

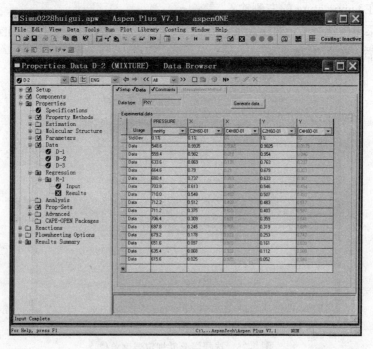

图 3-77　输入 70℃下的 *pxy* 实验数据

类似的，建立一个数据集，将常压下的 *txy* 数据输入，如图 3-78 所示。

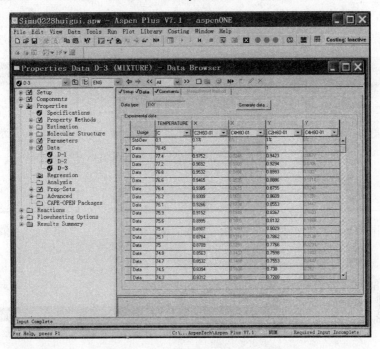

图 3-78　输入常压下的 *txy* 实验数据

③ 实验数据的图形化表达。输入数据后，可以将输入的数据进行绘图，可以形象直观地观察数据是否录入错误等。选中一个数据集，本例中选择 D-3，单击菜单栏中的 Plot，在弹出的下拉菜单中选择 Plot Wizard，如图 3-79。

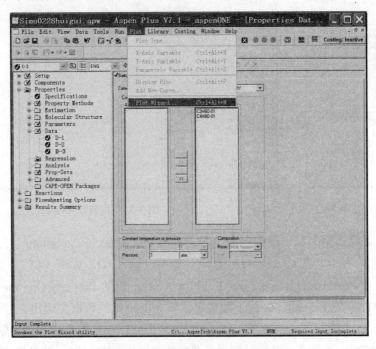

图 3-79　选择绘图向导

弹出如图 3-80 所示对话框。

单击 Next，出现绘图类型的界面，如图 3-81。

由于该数据集是 txy，因此选择图中的第一个图形，然后单击 Next，如图 3-82。

图 3-80　绘图向导步骤 1

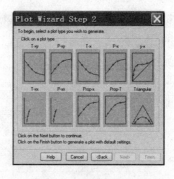
图 3-81　绘图向导步骤 2

图 3-82　绘图向导步骤 3

单击 Next，出现绘图选项的设置，如图 3-83。

单击 Finish，则绘制出实验数据的图形，如图 3-84。

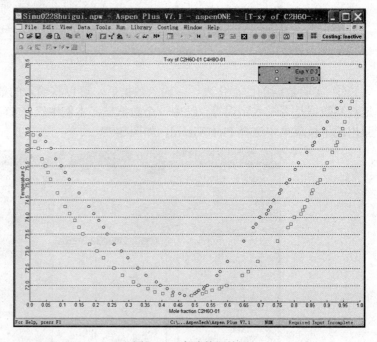
图 3-84　实验数据绘图

图 3-83　绘图向导步骤 4

④ 创建并运行数据回归。在数据浏览器中单击 Properties | Regression，打开其对象管理器，并单击其上的 New，在 Create New ID 对话框中，输入 ID，如图 3-85。

单击 OK。在 Properties | Regression | R-1 | Input Setup 表的 Property Options 表格中，规定性质方法为 NRTL，单击 Data Set 的下拉菜单，将前面输入的数据集调出，并采用默认的设置，如图 3-86。需要指出，图中选择 Perform Test 复选框，意味着会进行热力学一致性检验。Test Method 列表框下显示用来进行一致性检验的方法为面积检验法，此外还可以使用 Reject 复选框，选择是否拒绝没有通过热力学一致性检验的数据集。

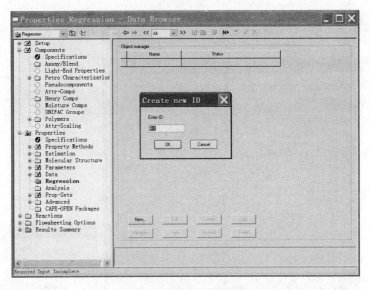

图 3-85　创建回归 ID

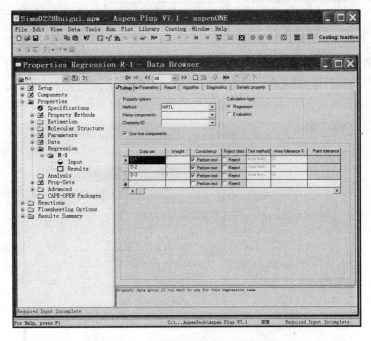

图 3-86　规定性质方法并选择数据集

注意：热力学一致性检验可能由于以下原因而失败：数据含有错误，有可能原始数据错误或数据录入过程出错；气相状态方程模型不适用于所研究物系气相的非理想性；数据点不充分或者数据仅仅涉及很小的浓度范围。要获得有意义的一致性检验结果，输入整个有效组成范围内的数据，如果数据仅仅涉及一个窄的组成范围，则可以忽略检验结果。

单击 Parameters 表格，输入要回归的参数，由于 VLE 数据覆盖一个宽温度范围，选择二元参数进行回归，进行如图 3-87 所示的设置。

单击 Next，弹出输入对话框，单击 OK，弹出对话框提示可以进行回归，继续单击 OK，如图 3-88，选择所要进行的回归。

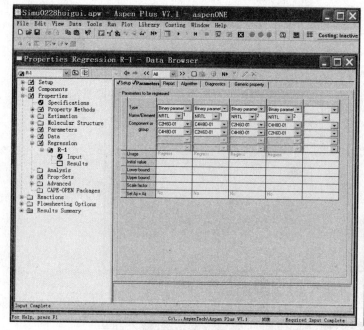

图 3-87　设置回归的二元交互作用参数

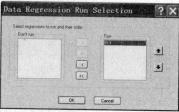

图 3-88　选择所要进行的回归

　　如果定义多个回归，可以选择回归的数量与顺序，由于回归参数值在随后的案例中自动使用，因此回归的运行顺序能够影响回归的结果。本例中仅仅定义一个回归，所以直接单击 OK 即可。回归运行后，弹出对话框，提示是否覆盖原有的参数，如图 3-89。

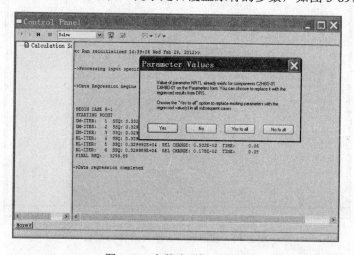

图 3-89　参数选项提示信息

　　⑤ 查看并分析回归结果。单击数据浏览器中的 Properties | Regression | R-1 | Results，出现 Regression Results 回归结果表格，如图 3-90，可以查看回归得到的参数值。

　　可以通过参数、平方和、一致性检验确定拟合的结果好坏，通常来说，一个回归参数的标准偏差为 0.0 表明参数在其边界上，均方根误差对于 VLE 数据来说小于 10，对 LLE 数据来说小于 100，VLE 数据要通过热力学一致性检验。

　　单击顶部右侧的 Sum of Squares 标签，可以检查加权平均方差以及均方根误差，如图 3-91。

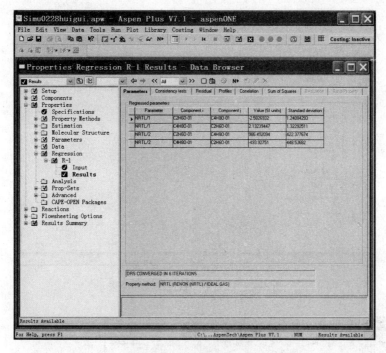

图 3-90 回归得到的参数值

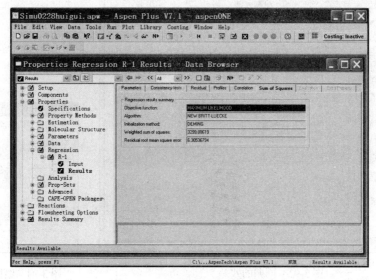

图 3-91 回归结果的均方根误差

单击顶部的 Consistency Tests 标签，检查热力学一致性检验的结果，如图 3-92，说明所有的数据集通过了 Redlich Kister 面积检验。

单击顶部的 Residual 标签，检查压力、温度与组成拟合的残差，如图 3-93。

⑥ 回归结果的图形化表达。浏览 Regression Results 表格的同时，用户可以使用 Plot Wizard 生成回归结果的绘图，Aspen Plus 提供各种预定义的绘图。在确保打开 Properties | Regression | R-1 | Results | Residual 表格的前提下，击 Plot Wizard，出现 Plot Wizard Step 1 窗口。单击 Next，出现 Plot Wizard Step 2 窗口，如图 3-94。

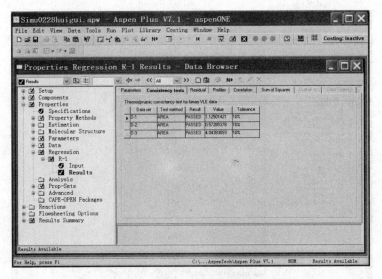

图 3-92 热力学一致性检验的结果

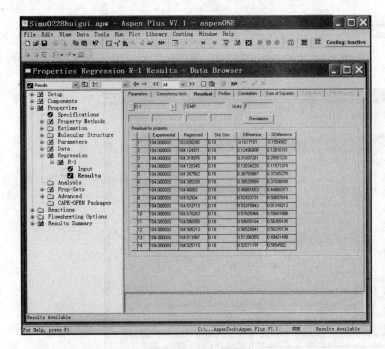

图 3-93 回归的残差

图 3-94 绘图向导步骤 2

选择最下面的 Residual 图形，然后单击 Next，出现 Plot Wizard Step 3 窗口，如图 3-95，选择其中的 PRESSURE。

单击 Next，出现 Plot Wizard Step 4 窗口。单击 Finish，出现残差对性质的图形，如图 3-96 所示，显示误差如何分布。如果测量数据不含有系统误差，偏差应当随机分布在零轴附近。

类似的，可以绘制实验数据与计算结果的对比图，图 3-97 对比了数据集 1 的实验结果与计算结果。其中，实验数据用符号表示，计算值用线表示。利用这些图形，能够评价拟合的质量，确定坏的数据点。

图 3-95 绘图向导步骤 3

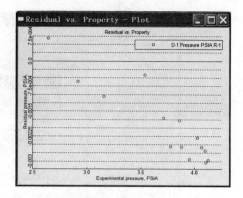

图 3-96 残差绘图

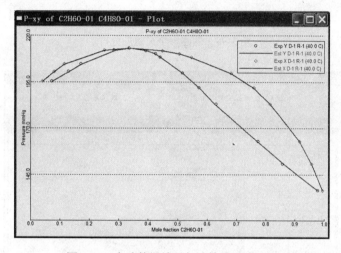

图 3-97 实验数据结果与计算结果对比图

可以在一个图中绘制几种回归的结果从而对比相同数据集拟合过程中几种性质模型的优劣，这通过选择 Plot Wizard 上的 Add to Plot 实现。

3.3 流程与模型分析工具

Aspen Plus 中非常有用的工具是灵敏度分析、设计规定与优化，下面结合实例进行介绍。

3.3.1 灵敏度分析

模拟的一个优点是可以研究操作变量变化时过程性能的灵敏性，通过改变输入，研究相应变量的变化情况，称为灵敏度分析。以前文的甲基环己烷回收塔模拟为例，研究苯酚的不同进料流量下，甲基环己烷回收塔塔顶产品质量纯度以及冷凝器热负荷、再沸器热负荷的变化关系，通过灵敏度分析完成上述内容。

① 创建并设置一个灵敏度分析。首先打开前文所作的甲基环己烷回收塔的模拟文件。在数据浏览器中单击 Model Analysis Tools | Sensitivity，出现 Model Analysis Tools | Sensitivity 对象管理器，点击 New，弹出 Create New ID 对话框，如图 3-98。

点击 OK，采取系统默认值 S-1，出现 Model Analysis Tools | Sensitivity | S-1 | Input | Define 表格，如图 3-99。

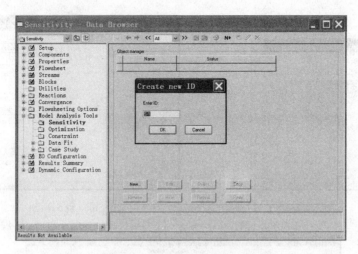

图 3-98　创建一个灵敏度分析

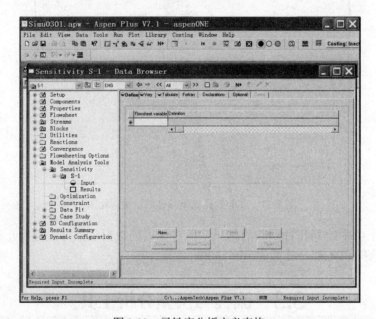

图 3-99　灵敏度分析定义表格

在 Define 表格中，定义所要计算变量的名称，即产品纯度、冷凝器热负荷和再沸器热负荷；在 Vary 表格中，规定操纵变量即苯酚流量的变化范围和每次计算所增加的大小；在 Tabulate 表格中，建立所需要的数据表格式。在 Define 表中点击 New，出现 Create new variable 对话框，输入 XMCH 作为变量的名称，如图 3-100。

点击 OK，弹出 Variable Definition 对话框，在 Category 区域，选择 Streams，在 Reference 区域，点击 Type 的下拉菜单，选择 Mole-Frac，点击 Stream 的下拉菜单，选择塔顶馏出物即 TOP1，点击 Component 的下拉菜单，选择组分为 C7H14-01，如图 3-101，定义甲基环己烷在塔顶中的摩尔分数这个变量为 XMCH。

点击 Close，回到 Model Analysis Tools | Sensitivity S-1 | Input | Define 表，可以看到所定义的变量。采用类似的方法，分别定义 QCOND 和 QREB 作为冷凝器热负荷和再沸器热负荷，如图 3-102、图 3-103 所示。

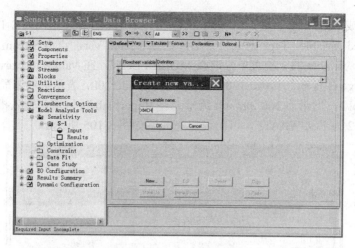

图 3-100　创建一个新的变量

图 3-101　定义塔顶产品摩尔分数的变量

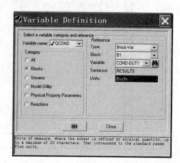

图 3-102　定义塔顶冷凝器热负荷变量

　　注意：Sensitivity 模块使用 ENG 单位，所以热负荷的单位是 Btu/h（1Btu=1055.06J，下同），如果切换菜单栏中的单位制为 SI，热负荷的单位会是 Watts。完成三个计算变量 XMCH、QCOND 和 QREB 的定义后，如图 3-104 所示。

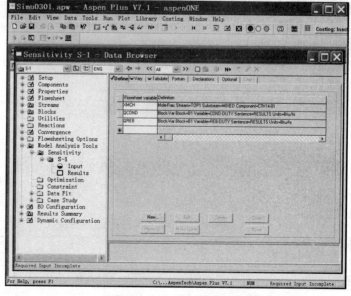

图 3-103　定义塔釜再沸器负荷变量

图 3-104　定义的三个变量

单击 Next 或单击 Vary 标签，出现 Model Analysis Tools | Sensitivity | S-1 | Input | Vary 表，
点击 Manipulated variable | Type 的下拉菜单，选择 Stream-Var，点击 Stream 的下拉菜单，选
择 FEED，点击 Variable 的下拉菜单，选择 MOLE-FLOW，在 Values for varied variable 区域，
选择 Overall range 并且输入 Lower1200、Upper2000、Incr100，表示进料苯酚流量变化范围为
1200~2000 lbmol/h，增量为 100 lbmol/h 流量，在 Report labels 区域，输入报告标志 Line1 为
PHENOL，Line2 为 FLOWRATE，以上设定完成后如图 3-105 所示。

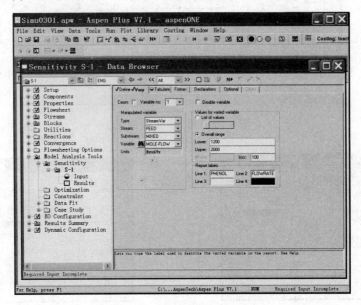

图 3-105 规定变量的相关参数

单击 Next 或单击 Vary 标签，出现 Model Analysis Tools | Sensitivity | S-1 | Input | Tabulate
表，单击 Fill Variables 按钮，Aspen Plus 自动列出所有的已经定义好的变量，如图 3-106 所示。
点击 Table Format，出现 Table Format 对话框，Labels 被分成 4 行，输入后如图 3-107。

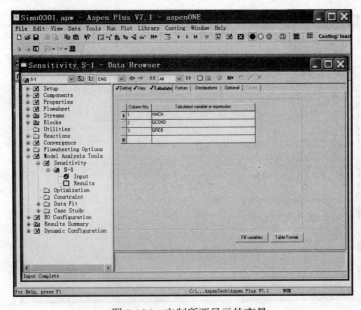

图 3-106 定制所要显示的变量

图 3-107 表格形式

然后，点击 Close。至此，创建并设置一个灵敏度，可以进行灵敏度分析。

② 运行灵敏度分析并查看结果。单击 Next，或者按 F5 或者从 Aspen Plus 菜单栏中选择 Run，然后再次选择 Run，运行灵敏度分析。单击数据浏览器下的 Model Analysis Tools | Sensitivity | S-1 | Results，出现 Model Analysis Tools Sensitivity S-1 Results Summary 表格，如图 3-108。

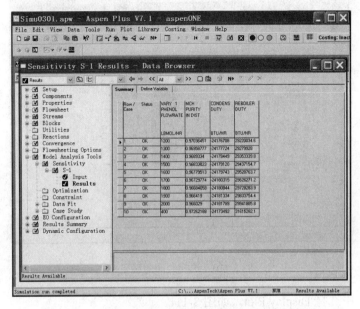

图 3-108　灵敏度分析结果列表

③ 灵敏度分析结果的图形化表达。采用图形，可以更加形象直观地观察灵敏度分析的结果。单击上图中的第二列的顶部，选中 VARY 1 PHENOL FLOWRATE 一列，从 Plot 菜单中选择 X-Axis Variable，如图 3-109。

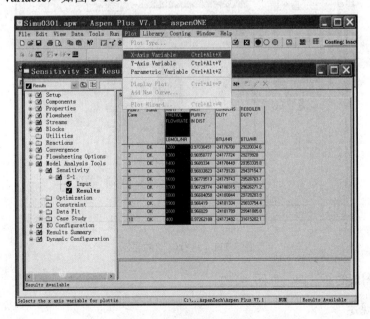

图 3-109　选择绘图的横坐标

单击图 3-109 中的第三列的顶部，选中 MCH PURITY IN DIST 一列，从 Plot 菜单中选择 Y -Axis Variable，如图 3-110。

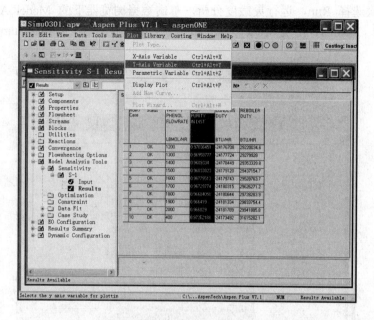

图 3-110   选择绘图的纵坐标

从 Plot 菜单中选择 Display Plot，如图 3-111。

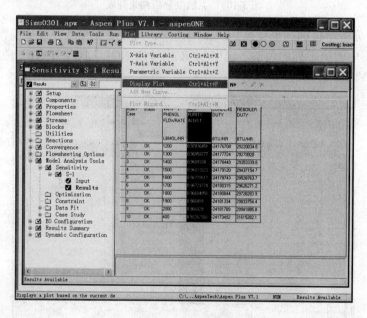

图 3-111   进行绘图的显示

出现包含图形的新窗口，如图 3-112。

3.3.2   设计规定

有时，希望在过程模拟中确定具有特定输出变量的输入变量，Aspen Plus 提供的设计规定可以完成这一任务。仍以前文的甲基环己烷回收塔模拟为例，确定塔顶产品质量纯度为98.0%时进料苯酚流量的大小。

① 创建一个设计规定。首先打开所作的包含灵敏度分析的甲基环己烷回收塔的模拟文件。从Aspen Plus 菜单栏中，选择 File | Save As。在 Save As 对话框中，选择保存的模拟文件的目录。在数据浏览器中单击 Flowsheeting Options | Design Spec，出现 Design Spec 对象管理器，点击 New，出现 Create New ID 对话框，如图 3-113。

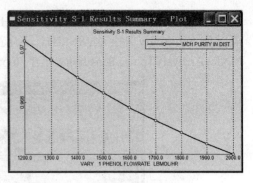

图 3-112　灵敏度分析结果的图形化表达

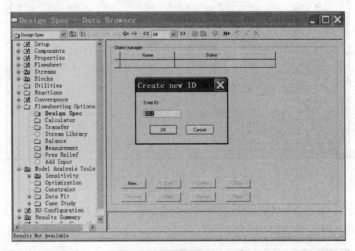

图 3-113　创建设计规定 ID

点击 OK 接受缺省值 ID (DS-1)。出现 Flowsheeting Options | Design Spec | DS-1 | Define 表格，如图 3-114。

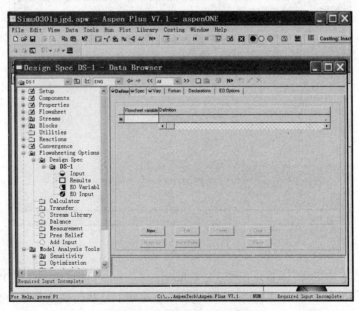

图 3-114　设计规定定义表格

在 Define 表中，可以手动定义 XMCH 为 MCH 纯度。由于已在灵敏度 S-1 中定义 XMCH，可以从 Sensitivity 中复制 XMCH，不用在 DS-1 中重新建立 XMCH。单击数据浏览器中的 Model Analysis Tools | Sensitivity | S-1 | Input | Define 表，选择 XMCH 并点击 Copy，如图 3-115。

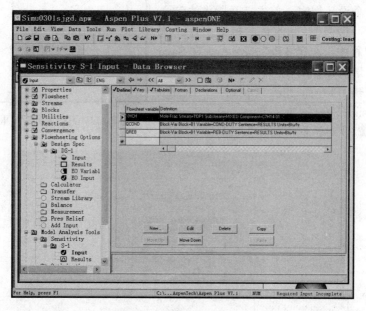

图 3-115　复制已定义的变量

在数据浏览器中单击 Flowsheeting Options | Design Spec | DS-1 | Input | Define 表，选择右下角的 Paste 按钮，将变量 XMCH 复制到 Design-Spec DS-1 中，如图 3-116。

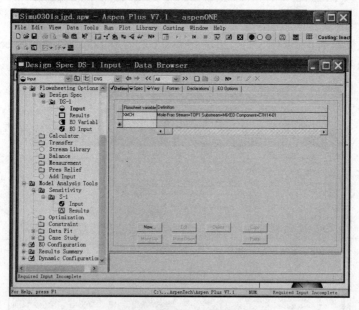

图 3-116　粘贴已定义的变量

单击 Next 或单击 Spec 标签，出现 Flowsheeting Options | Design Spec | DS-1 | Input | Spec 表。在 Spec 右侧空间，输入 XMCH*100，把样品的摩尔分数转换成摩尔百分数。在 Target 右侧空间，输入 98.0。在 Tolerance 右侧空间，输入 0.01，如图 3-117。

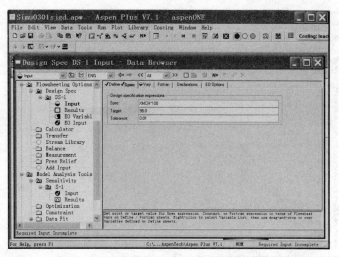

图 3-117　输入规定的相关参数

单击 Next 或单击 Vary 标签，出现 Flowsheeting Options | Design Spec | DS-1 | Input | Vary 表。在 Manipulated variable 下的 Type 的下拉菜单中选择 Stream-Var。在 Stream name 的下拉菜单中选择 PHENOL。在 Variable 的下拉菜单，选择 MOLE-FLOW。在 Manipulated variable limits 区域，Lower 右侧方框内输入 1200，Upper 右侧方框内输入 2000。在 Report Labels 区域，Line 1 下方框内输入 PHENOL，Line 2 下方框内输入 FLOWRATE。完成输入后的页面如图 3-118 所示。

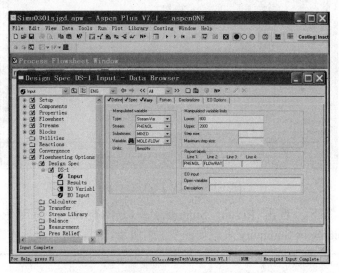

图 3-118　设计规定的变量参数

至此，已经创建好一个设计规定 Flowsheeting Options | Design Spec | DS-1。

② 运行设计规定并检查结果。在运行设计规定分析之前，先隐藏 Sensitivity S-1。选择 Data | Model Analysis Tools | Sensitivity，出现 Sensitivity 对象管理器，选择 S-1 行，点击 Hide 按钮，如图 3-119。

弹出对话框，单击 Yes。弹出对话框中单击 OK，S-1 从对象管理器上消失，在模拟中不再起作用。注意：此时的 Reveal 按钮是可用的，点击 Reveal 按钮可以显示并激活隐藏的对象。从 Aspen Plus 菜单栏中选择 Run | Run 或者直接按 F5 键，运行模拟，运行后如图 3-120 所示，表示模拟收敛。

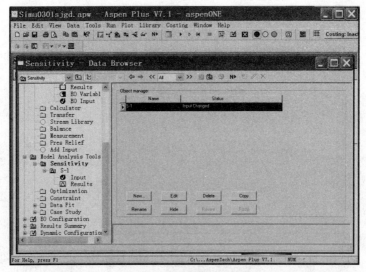

图 3-119　隐藏灵敏度分析

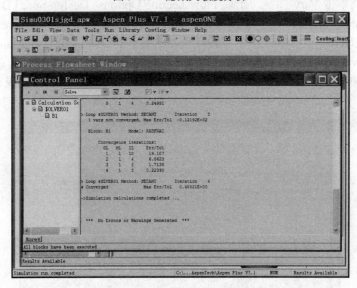

图 3-120　设计规定运行过程

在数据浏览器下，点击 Results Summary | Convergence，出现 Results Summary | Convergence | DesignSpec Summary 表。如图 3-121 所示，可以检查设计规定是否已经满足。

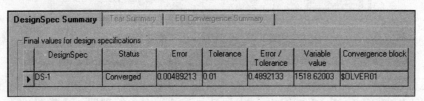

图 3-121　设计规定运行结果

可以看出，计算成功收敛，苯酚流量大约是 1515.0，没有显示单位，单位是与全局设置相同的 lbmol/h。

③ 保存文件并推出。从 Aspen Plus 菜单栏中，点击 File | Exit，出现 Aspen Plus 对话框。点击 Yes 保存模拟。

3.3.3　优化

化工过程设计中通常需要进行过程设备最优操作条件的选择或设备的最优设计，可以通过 Aspen Plus 的优化来实现。最优化问题在形式上描述为一个目标函数与独立变量的约束，通过寻找一组满足约束的独立变量，达到目标函数的最优值。Aspen Plus 采用迭代的方式求解优化问题，包括 SQP（successive quadratic programming）与 Complex（a black-box pattern search）两种特定方法。仍以前文的甲基环己烷回收塔为例，说明优化的用法。

① 创建并设置一个优化。首先打开前文所作的甲基环己烷回收塔的模拟文件，并设置其全局单位为 SI，修改苯酚进料流量为 1600 lbmol/h。在数据浏览器中单击 Model Analysis Tools | Optimization，出现 Model Analysis Tools | Optimization 对象管理器，点击 New，弹出 Create New ID 对话框，如图 3-122。

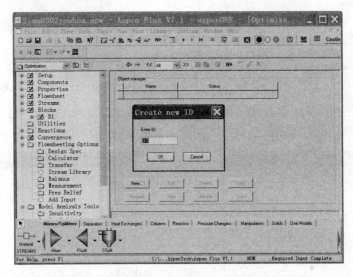

图 3-122　创建一个优化 ID

单击 OK，使用缺省 ID，出现 Model Analysis Tools | Optimization | O-1 | Input | Define 表格，如图 3-123。

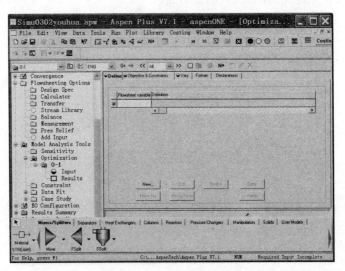

图 3-123　定义优化的表格

建立优化问题过程中使用的流程变量并命名。单击 New，在弹出的对话框中输入 FLOWTO，如图 3-124。

点击 OK，弹出 Variable Definition 对话框，在 Category 区域，选择变量的种类为 Streams，在 Reference 区域，点击 Type 的下拉菜单，选择 Mass-Flow，点击 Stream 的下拉菜单，选择塔顶馏出物即 TOP1，点击 Component 的下拉菜单，选择 Mass-Flow，如图 3-125，定义塔顶馏出物流量为变量 FLOWTO。

图 3-124　创建变量对话框

图 3-125　变量定义对话框

单击 Close 回到定义表格。采用类似的方法，分别定义变量 QDCOND 与 QDREB 作为精馏塔的冷凝器热负荷与再沸器热负荷，如图 3-126、图 3-127 所示。

图 3-126　定义变量 QDCOND

图 3-127　定义变量 QDREB

完成三个流程变量定义后，如图 3-128 所示。

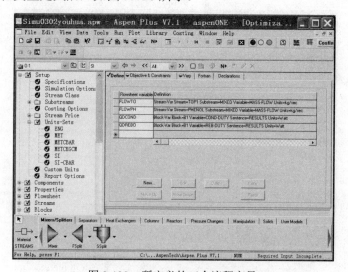

图 3-128　所定义的三个流程变量

当存在与优化相关的约束时，在规定目标函数之前应先定义约束。本例中，约束为塔顶产品的质量纯度大于或等于95%。在数据浏览器中单击 Model Analysis Tools | Constraint，出现 Model Analysis Tools | Constraint，点击 New，弹出 Create New ID 对话框，如图 3-129。

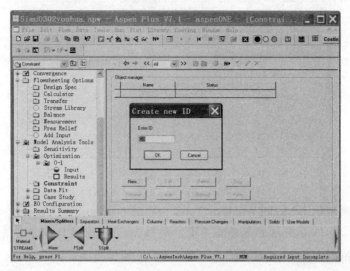

图 3-129　创建约束对话框

单击 OK，采用缺省的 ID，出现 Model Analysis Tools | Constraint | C-1 | Input | Define 表格，如图 3-130。

单击 New，在弹出的对话框中输入 MASTOP。点击 OK，弹出 Variable Definition 对话框，在 Category 区域，选择 Streams，在 Reference 区域，点击 Type 的下拉菜单，选择 Mass-Frac，点击 Stream 的下拉菜单，选择塔顶馏出物即 TOP1，点击 Component 的下拉菜单，选择组分为 C7H14-01，如图 3-131，定义甲基环己烷在塔顶中的质量分数为变量 MASTOP。

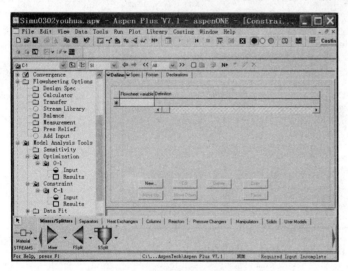

图 3-130　定义约束的表格

图 3-131　定义变量 MASTOP

单击 Close 回到定义表格。单击 Model Analysis Tools | Constraint | C-1 | Input | Spec 表格，进行约束的规定。在右上侧的方框内输入约束变量的名称 MASTOP，点击 Specification 下面方框内的下拉菜单，选择 Greater than or equal to，然后在其右侧的方框内输入 0.98，在 Tolerance 右侧的方框内输入 0.001，如图 3-132。

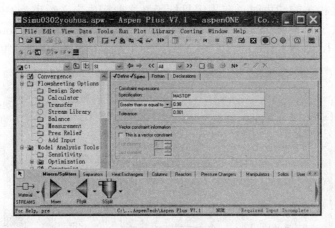

图 3-132　规定约束

在数据浏览器中单击 Model Analysis Tools | Optimization | O-1 | Input，单击 Objective & Constraints 标签，在 Objective Function 下面，选择 Maximize 将目标函数最大化，然后在其右侧输入目标变量或者 Fortran 表达式。本例所研究的模型是确定固定进料、固定理论板数等条件下，找出收益最大的回流比，采用简化的模型：塔顶产品价格为 8 元/kg，冷凝器的费用折算为 $3e^{-8}$ 元/J，再沸器的费用折算为 $3e^{-7}$ 元/J，目标函数为：FLOWTO*8+QDCOND*3e-8–QDREB*3e-7，注意冷凝器的传热量在 Aspen 中是用负数表示，因此在计算费用时应当乘以–1。与优化有关的约束 C–1，使用箭头按钮将其从 Available Constraints 列表中移动到 Selected Constraints 列表中。如图 3-133 所示。

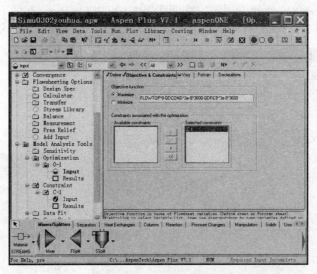

图 3-133　选择已定义的约束

在数据浏览器中单击 Model Analysis Tools | Optimization | O-1 | Input，单击 Vary 标签，在 Variable Number 右侧的下拉菜单中，选择<New>。在 Type 右侧的下拉菜单中，选择变量类型为 Block-Var，在 Block 右侧的下拉菜单中，选择 B1，在 Variable 右侧的下拉菜单中，选择 MOLE-RR。在 Manipulated variable limits 方框内的 Lower 栏，输入常数 1 作为回流比的下限，

在 Upper 栏，输入常数 15 作为回流比的上限。

② 运行优化并查看结果。单击 Next，或者按 F5，运行优化。单击数据浏览器下的 Convergence | Convergence | $OLVER02 | Results | Summary，出现如图 3-134 所示的结果。

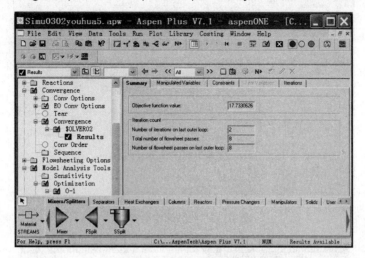

图 3-134 优化运行结果

上面显示迭代的信息与目标函数值。单击 Manipulated Variables 标签，可以看到目标函数最优时的回流比为 1.48。

3.4 计算序列与收敛策略

传统流程模拟的求解大多采用序贯模块法，Aspen Plus 默认的也是这种方法。利用 Aspen Plus 进行化工过程模拟时遇到的最大问题就是模拟不收敛，因此了解一下序贯模块法求解模拟问题的过程是很有必要的。

对具有循环回路、设计规定或优化问题的流程，必须通过迭代的方法进行求解，Aspen Plus 能够自动选择撕裂物、定义一个收敛模块、确定相应的计算序列，然后进行求解。撕裂流是从循环回路选定的一股物流，通过给其赋予初始估值而使得流程可以按序贯模块的方式进行求解，该估值在求解迭代过程中不断更新，直到两次相邻估计值的误差满足要求时为止。收敛模块确定撕裂流或设计规定及优化的操纵变量的初始估计值如何在迭代过程中进行更新。

（1）收敛模块的撕裂收敛参数

在数据浏览器中单击 Convergence | Conv Options | Defaults | Tear Convergence 表格，如图 3-135，可以规定收敛的容差及相关参数。

（2）收敛方法及其适用范围

在数据浏览器中单击 Convergence | Conv Options | Defaults | Default Methods 标签，如图 3-136，可以规定系统生成的收敛模块中所用的计算方法。

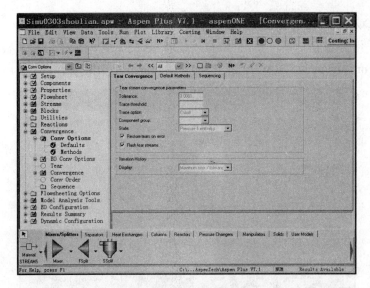

图 3-135　收敛选定缺省值

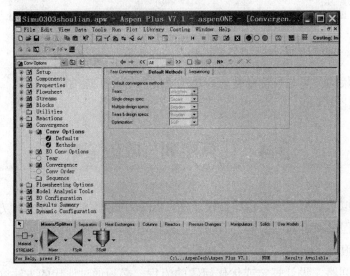

图 3-136　收敛方法缺省值

图 3-136 显示不同应用时所采取的缺省方法。Aspen Plus 提供了 Wegstein、Direct、Secant、Broyden、Newton、Complex、SQP 等七种收敛方法。在数据浏览器中单击 Convergence | Conv Options | Methods，如图 3-137，可以规定每种计算方法的相关参数。

Wegstein 法只用于撕裂流股，是 Aspen Plus 中撕裂流股收敛的缺省方法，也是最快、最可信的方法，可以同时用于多股系列流股的收敛。

Direct 直接迭代收敛很慢但结果可信，对于其他方法不能收敛的案例，直接迭代可能是有效的。

Secant 是切线线性估计法，可以利用它进行单一设计规定的收敛，是设计规定收敛的缺省方法，推荐用于用户生成的收敛模块。

Broyden 法是 Broyden 拟牛顿法的一个修改，采用线性估计，比牛顿法收敛更快，但有时跟牛顿法一样不够可靠，可用于收敛撕裂流股、收敛两个或更多设计规定或者撕裂流股与设计规定的同时收敛。

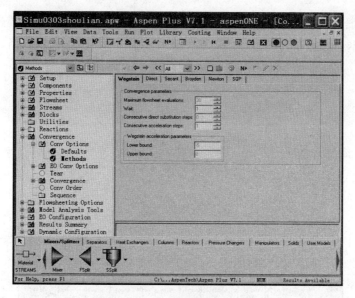

图 3-137　收敛方法的相关参数

Newton 是联立非线性方程 Newton 法的改进，当收敛速率不满意时，会计算导数。当循环回路或设计规定高度关联而且 Broyden 法无法收敛时，可以使用 Newton 法。当撕裂流的组分数目较少或利用其他方法无法收敛时，使用 Newton 法。

Complex 是一种直接搜索法，不需要数值导数，可用于被控变量和不等式约束具有边界的优化问题，对没有循环回路或等式约束（设计规定）的简单问题也可能有用。

SQP 法（序贯二次规划）用于同时收敛具有约束（等式或不等式）的优化问题与撕裂流股的工艺流程优化，用于系统产生的优化收敛模块，也推荐用于用户生成的收敛模块。

（3）撕裂流与工艺流程的计算序列

在数据浏览器中单击 Convergence | Conv Options | Defaults | Sequencing 标签，如图 3-138，设定参数可以控制撕裂流股选择和自动确定的计算序列。

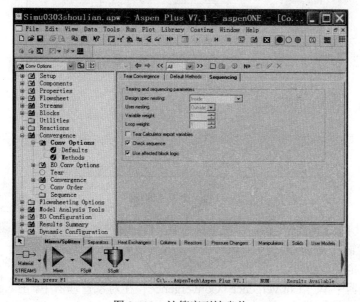

图 3-138　计算序列缺省值

在数据浏览器中单击 Convergence | Sequence，如图 3-139，出现对象管理器。点击 New 按钮，弹出 Create New ID 对话框，采取缺省 ID 命名并点击 OK，出现表格，如图 3-139。

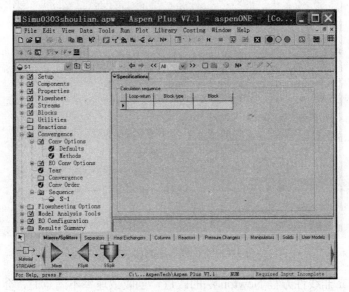

图 3-139　创建序列

在 Specifications 表格里定义工艺流程的所有或部分计算序列。

（4）规定撕裂流并提供初值

在数据浏览器中单击 Convergence | Tear | Specifications 标签，如图 3-140，规定撕裂流。

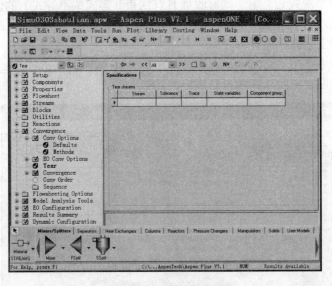

图 3-140　撕裂流的规定

在 Stream 下面的方框内单击，出现下拉菜单，可以选择某一物流作为撕裂流。在 Streams Specification 表上输入撕裂流的初始组成与流率，或者使用 Tear 表选择撕裂流，并提供其初值。

（5）规定自定义收敛模块

在数据浏览器中单击 Convergence | Convergence |，在对象管理器中，击 New，如图 3-141，规定用户自定义收敛模块的收敛方法、容差与收敛变量。

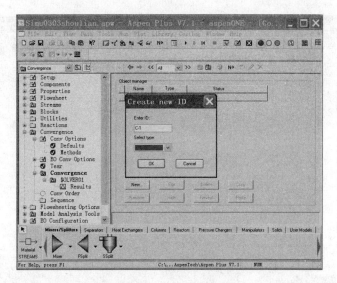

图 3-141　规定收敛模块

在 Create New ID 对话框中输入 ID 并选择创建收敛模块的类型，然后单击 OK，如图 3-142。

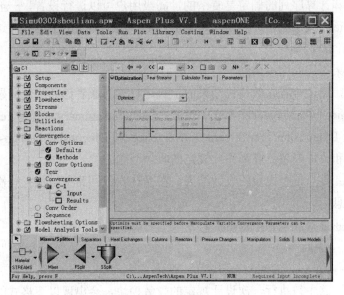

图 3-142　创建收敛模块

点击 Tear Streams、Design Specifications、Calculator Tears 或 Optimization 标签选择希望收敛模块求解的问题。对于不同的目的，Aspen 推荐不同的收敛方法。

（6）收敛顺序与流程计算序列

当用户定义的收敛模块不止一个时，可以规定收敛模块的收敛顺序。在数据浏览器中单击 Convergence | Conv Order | Specification 标签，如图 3-143。

从 Available Blocks 列表中选择一个模块，通过箭头将首先进行收敛的模块移动到 Convergence Order 列表中的顶部。选择其他的模块并将其移动到 Convergence Order 列表中。使用箭头↑与↓重新安排其在列表中的顺序。第一个收敛块会首先收敛并嵌套在最深层。

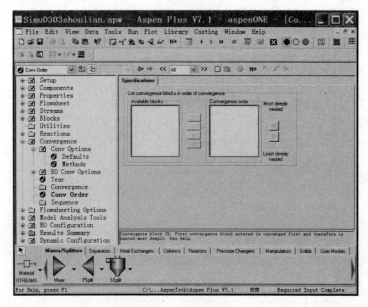

图 3-143　规定收敛顺序

流程的撕裂和计算序列的确定是复杂的，高级用户可以进行设置，一般来说推荐使用其缺省序列。从 View 菜单栏中，点击 Control Panel，在 Control Panel 左边的窗口中显示由 Aspen Plus 确定计算序列。

（7）收敛结果与控制面板信息

模拟完成后，通过查看收敛模块结果而检查运行形态或者诊断收敛问题。单击数据浏览器下的 Convergence | Convergence | $OLVER02 | Results | Summary。利用 Tear History 和 Spec History 列表以及 Diagnosing Tear Stream Convergence 和 Diagnosing Design-Spec Convergence 表格，帮助诊断和改正撕裂流股和设计规定的收敛问题。

Control Panel 显示每个模块的收敛结果。在循环收敛回路中每执行一次收敛模块，会出现以下格式的信息：

> Loop CV Method: WEGSTEIN Iteration 9

Converging tear streams: 3

4 vars not converged, Max Err/Tol 0.18603E+02

在循环收敛回路中每执行一次设计规定的收敛模块，会出现以下格式的信息：

>> Loop CV Method: SECANT Iteration 2

Converging specs: H2RATE

1 vars not converged, Max Err/Tol 0.36525E+03

当 Max Err/Tol 的数值小于 1 时，说明已经收敛。

（8）流程收敛实例

所研究的流程如图 3-144 所示，包括一个闪蒸器 FLASH、一个精馏塔 COL、一个预热器 HEATER 三个单元操作模块。

进料物流 FEED1 由水、甲醇、乙醇组成，工艺参数如图 3-145。进料物流 FEED2 为乙二醇，温度为 70°F，压力为 35psi，流量为 50 lbmol/h，采用的物性方法为 NRTL-RK。

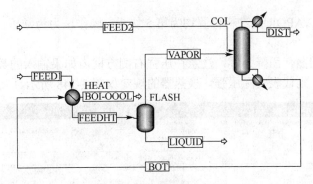

图 3-144　具有循环回路的工艺流程

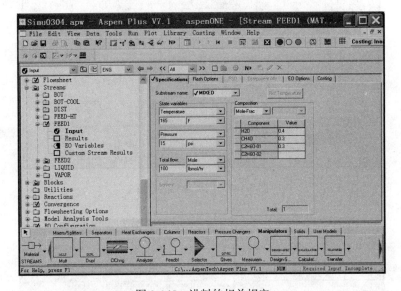

图 3-145　进料的相关规定

所采用的精馏塔的设置如图 3-146 所示。

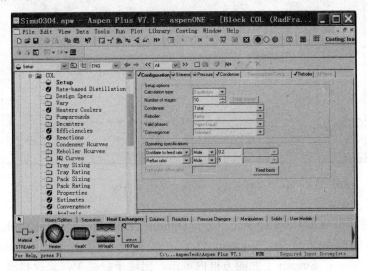

图 3-146　塔的相关规定

物流 FEED2 与 VAPOR 的进料位置均为第 5 块板，操作压力为常压。闪蒸罐的设置如图 3-147 所示。

表示进行绝热闪蒸，压降为零。注意在压强右侧方框内如果输入的数值小于零，则代表压降，如果大于零，则代表实际压强。换热器的规定如图 3-148 所示。

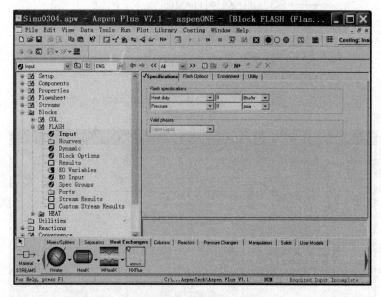

图 3-147　闪蒸罐相关设置

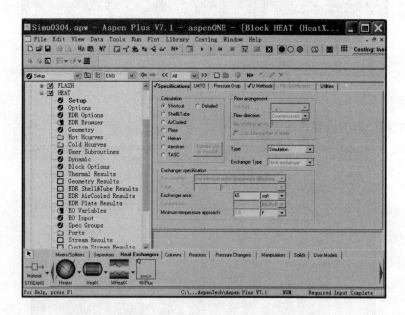

图 3-148　换热器的相关设置

在数据浏览器中单击 Convergence | Conv Options | Defaults | Default Methods 标签，可以看到系统缺省的收敛方法为 Wegstein 法。在数据浏览器中单击 Convergence | Tear| Specifications 标签，在 Stream 下面的方框内单击，出现下拉菜单，选择物流 FEED-HT 为撕裂流，如图 3-149。

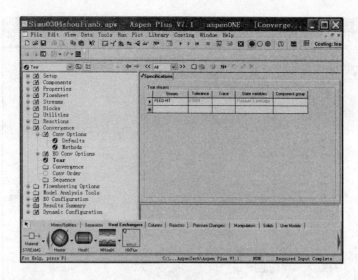

图 3-149　规定撕裂流

运行上述模拟，结果如图 3-150 所示。

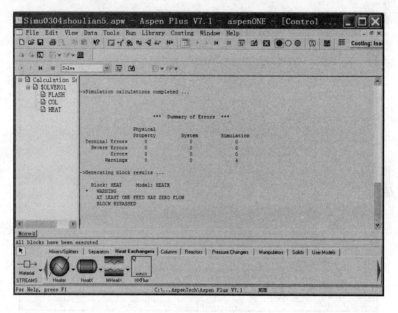

图 3-150　模拟运行结果

其中的警告信息显示，某些物流的流量为零，显然这个模拟结果是错误的。对于具有循环物流的模拟，规定撕裂流的初值往往有助于收敛，可以根据对过程的认识或者通过简单的物料衡算、热量衡算等进行合理的初值设置。在该例中，物流 FEED-HT 应当具有与 FEED 相同的组成，温度会不同，因此采用物流 FEED 的参数作为撕裂流 FEED-HT 的初始估计值。在数据浏览器中，单击 Streams | FEED-HT | Input | Specifications 表格，进行如图 3-151 所示的设置。

重新初始化，然后运行程序，结果如图 3-152。

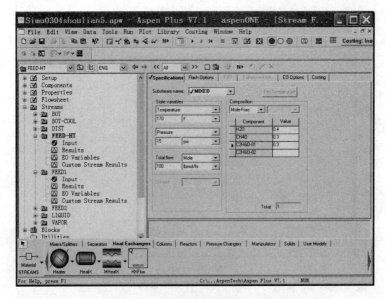

图 3-151　进行撕裂流的初始值估计

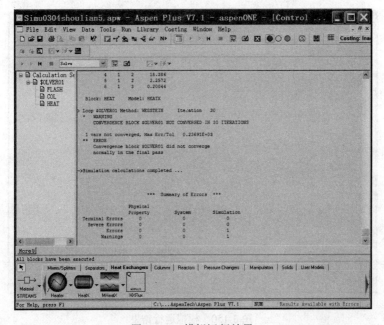

图 3-152　模拟运行结果

信息提示结果有错误，模拟不收敛。在数据浏览器中单击 Convergence | Conv Options | Defaults | Default Methods 标签，将收敛方法改为 Broyden 法，如图 3-153。

重新初始化，然后运行程序，结果如图 3-154。

信息提示，模拟收敛，没有错误。该实例说明，流程模拟能否收敛与收敛方法、撕裂流初值等因素有关，复杂流程的收敛需要一定的技巧与策略。

（9）流程收敛的策略

通常，采用系统的缺省参数能够实现工艺流程的收敛。如果流程不收敛，解决问题的一般原则为：先简单后严格，例如先收敛含有简单 HeatX 的流程，然后将其改进为严格的 HeatX；

先局部后整体，将单元操作模块单独模拟，收敛后，逐步增加流程的模块，最后完成整个流程；提供尽可能合理的初值，利用物料衡算等相关的专业知识，为撕裂流提供尽可能合理的初始值，能够有效地提高收敛的过程；确保物性方法及所作模拟的合理性，例如，不借助其他物质，采用一个精馏塔制取无水乙醇的模拟是无法收敛的；利用灵敏度分析等手段，研究不同条件下流程对波动是如何响应的。

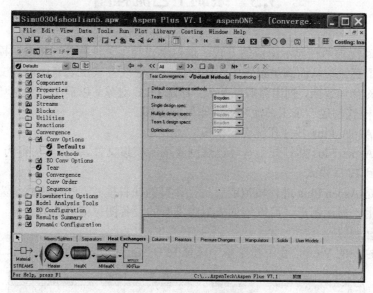

图 3-153　自定义收敛算法

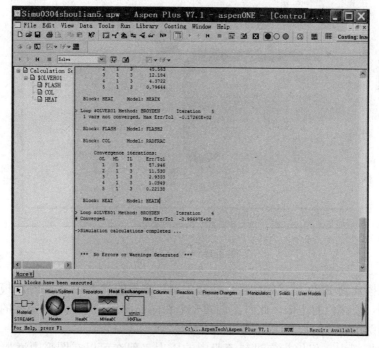

图 3-154　模拟运行结果

EO（面向方程）方法是 Aspen Plus 求解流程的另一种方法，它收集工艺流程中所有模块的模型方程并利用专门的解算器同时求解这些模型方程，在涉及循环流股和设计规定的流程中具有避免迭代的优点，可用于复杂循环过程模拟、高度热集成过程模拟、有效的经济优化等，能够解决序贯模块无法解决的一些问题。EO 的方法需要对初值有很好的估计，因此可以先利用序贯模块法初始化工艺流程。

3.5 绘制工艺流程图

Aspen Plus 提供两种显示图像的方式：模拟模式与工艺流程图（PFD）模式。两种模式下，可以修改工艺流程从而满足报告中绘图的需要，修改方式主要有：添加文本和图形、列出流股和模块的全局数据、列出流股结果表、添加 OLE 对象。以前文的甲基环己烷回收塔为例，利用 PFD 模式创建一个工艺流程图的车间布置图。

（1）启动 Aspen Plus 并打开现有的模拟

首先启动 Aspen Plus 并打开甲基环己烷回收塔的模拟文件，并将其另存为一个新的文件。

（2）切换到 PFD 模式

模拟模式是 Aspen Plus 进行模拟或者执行计算的缺省模式，PFD 模式是为了创建一个图形化表达或者用于显示图形，可以增加模拟中没有的设备图标或者流股、显示流股数据与结果表格、添加标题等。

单击菜单栏中的 View，在下拉菜单中选择 PFD Mode，或者直接按 F12，如图 3-155。

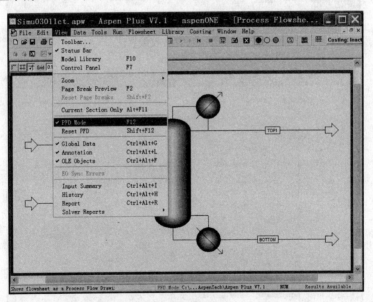

图 3-155　模式切换

完成模拟模式到 PFD 模式的切换，注意主窗口底部的状态栏显示 PFD 模式，工艺流程图的工作区有一个深色的边框。此时，创建一个相同的图形，并独立于原始的流程。

（3）添加图形

在前文的模拟中，仅仅指定进料流股中的压力，现在可以在图形中添加一个泵。点击 Model Library 中的 Pressure Changers 标签，并单击 Pump 右侧的下拉图标，选择 ICON1，如图 3-156。

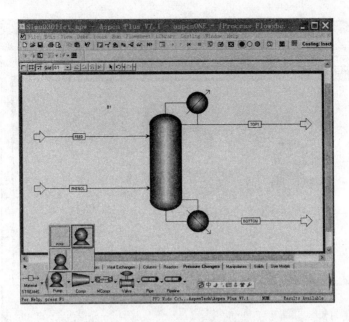

图 3-156 选择泵的图标

单击 ICON1 图标并将其拖到工艺流程图窗口，释放鼠标左键，创建一个新的模块 B2，如图 3-157。

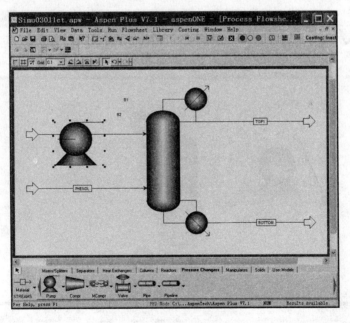

图 3-157 在流程图上添加泵

重新连接 FEED 物流，选择流股 FEED 并且右击，在弹出的菜单中选择 Reconnect Destination，如图 3-158。

FEED 物流与塔断开，可以重新连接到泵的入口处，移动光标到泵的入口并且单击左键，FEED 物流连接到泵上，如图 3-159。

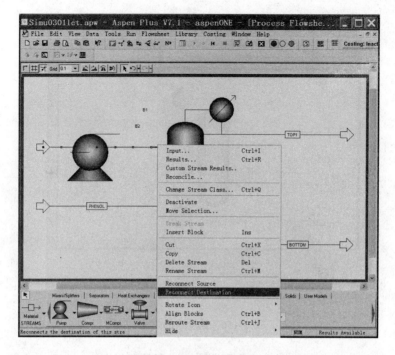

图 3-158　重新连接物流的命令

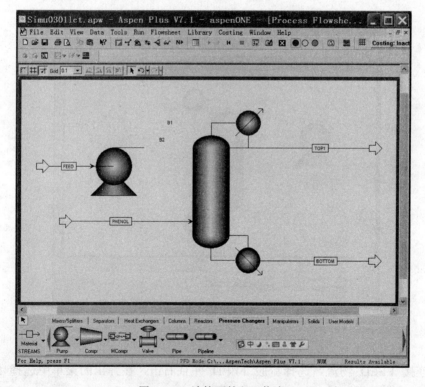

图 3-159　连接泵的入口物流

然后创建一个新的物流,连接泵的出口和塔的入口,完成后如图 3-160 所示。

完成绘图后,可以锁定布局避免模块或流股的移动。从 Flowsheet 的下拉菜单,选择 Lock,

如图 3-161。

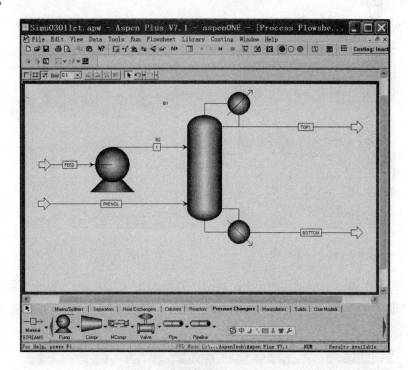

图 3-160　连接好的工艺流程

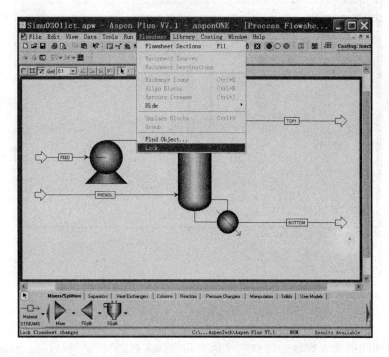

图 3-161　锁定绘图

（4）显示物流数据并添加物流表

在 View 下拉菜单中，选择 Global Data，单击 Tools | Options，弹出如图 3-162 所示对话

框，进行选项的设置。

单击 Results View 标签，选择 Temperature 和 Pressure 复选框，如图 3-163。

图 3-162　绘图选项　　　　　　　　图 3-163　选择温度与压力

点击 OK。每个物流上都显示有 MCH 模拟运行过程中 Aspen Plus 计算的温度和压力，同时给出一个图例框，列出全局数据的符号和单位，它的大小和位置可以随意调整，如图 3-164。

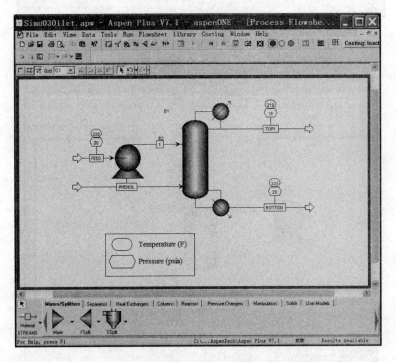

图 3-164　显示温度与压力的工艺流程

PFD 风格的图通常含有物流信息表（热量和物料衡算表），通过 Aspen Plus 可以很容易实现。在 View 下拉菜单中，选择 Annotation，在 Data 下拉菜单中，选择 Results Summary | Streams，出现显示所有流股数据的 Results Summary | Streams | Material 表格，如图 3-165。

点击右上角的 Stream Table 将物流信息表置于流程图上。点击 Process Flowsheet 标签回到流程图。在工艺流程图窗口中出现含有模拟结果的物流信息表，如图 3-166。

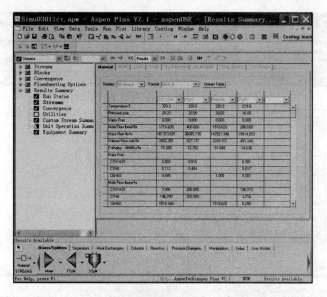

图 3-165　物流计算结果一览表

可以对表格进行缩放从而利于打印，也可以缩放流程图中的一部分。在要放大的区域拖动鼠标，选择相应的区域，然后单击鼠标右键显示快捷菜单，选择其中的 Zoom In。

（5）添加文本

选择 View | Toolbar，在弹出的 Toolbars 对话框中，选择 Draw 复选框，如图 3-167。

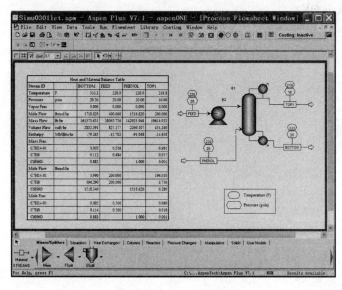

图 3-166　在流程图上添加物流信息一览表

图 3-167　选择工具栏中的绘图

单击 OK，出现 Draw 工具栏。单击最左端的 A 按钮，鼠标变成十字符，然后将鼠标移动到适宜位置并单击鼠标左键，出现一个带有闪烁光标的矩形框。输入 Methylcyclohexane Recovery Column，然后单击矩形框的外部。选择标题并利用 Draw 工具栏改变字体的大小，

并可移动其位置。选择 View | Zoom Full，如图 3-168。

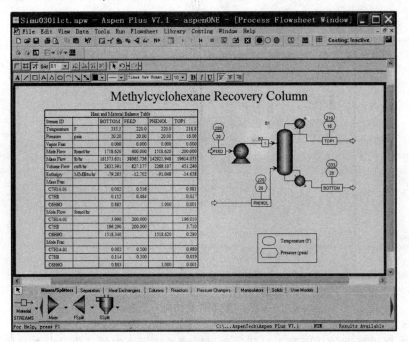

图 3-168　添加标题的工艺流程图

（6）打印工艺流程图

在打印流程图之前，可以进行预览，选择 File | Print Preview。然后单击 Print，在出现的对话框中选择恰当打印机，并点击 OK。

第4章

化工过程单元设计

化工流程设计结束后，就可以获得流程中主要设备的操作参数，如温度、压力、组成等，为下一步的设备设计提供了指南。化工设备是组成化工装置的基本单元，也是工程设计的基础。对化工设备进行详细的设计并选型，是将设计思想转化为实际工业装置的重要一步。

4.1 离心泵的设计

4.1.1 确定输送系统的流量与压头

液体的输送量一般为生产任务所规定。如果流量在一定范围内波动，选泵时应按最大流量考虑。根据输送系统管路的安排，用柏努利方程式计算在最大流量下管路所需的压头。通过 Aspen Plus 中的 Pump 和 Pipe 可以十分方便地计算这些参数。

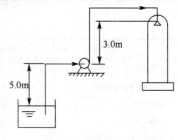

图 4-1 【例 4-1】附图

【例 4-1】 某离心泵以 40m³/h 的流量将储水池中 65℃的热水用钢管输送到凉水塔顶，并经喷头喷出而落入凉水池中以达到冷却的目的，如图 4-1 所示。已知水在进入喷头之前需要维持 49kPa 的表压强，喷头入口较离心泵高 3.0 m，离心泵较储水池液面高 5.0 m。泵的吸入管长度（包括所有局部阻力的当量长度，下同）为 60m，排出管长度为 40m，二者的内径均为 100mm。试计算该离心泵所需提供的压头。

解 ① 复制 SI 单位制，新建一个全局单位制 US-1，修改压力单位为 kPag[1kPag=1kPa（表压），下同]。

② 从 Model Library 的 Pressure Changers 中选择管段（Pipe）和泵（Pump），建立如图 4-2 所示的流程。

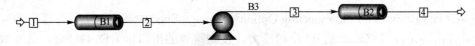

图 4-2 在 Aspen Plus 中搭建离心泵流程图

③ 指定泵入口物流 1 的温度为 65℃，压力为 0kPag，体积流量为 40m³/h，并只含有水，如图 4-3 所示。

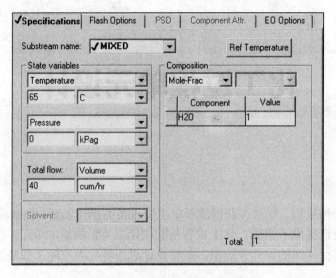

图 4-3 泵入口物流参数

④ 分别指定管路 B1 和 B2 的长度（Pipe length）、内径（Inner diameter）、位置抬高（Pipe rise）和粗糙度（Roughness），如表 4-1 所示。其中的粗糙度取自表 4-2 中的经验数据。

表 4-1 管段数据

管段号	管长 Pipe length/m	内径 Inner diameter /mm	出口抬高 Pipe rise/m	粗糙度 Roughness/mm
B1	60	100	5	0.25
B2	40	100	3	0.25

表 4-2 某些工业管道的绝对粗糙度

金 属 管	绝对粗糙度/mm	非金属管	绝对粗糙度/mm
无缝黄铜管、铜管及铝管	0.01~0.05	干净玻璃管	0.0015~0.01
新的无缝铜管或镀锌铁管	0.1~0.2	橡皮软管	0.01~0.03
新的铸铁管	0.25~1.0	木管道	0.25~1.25
新的无缝钢管	0.02~0.1	陶土排水管	0.45~6.0
具有轻度腐蚀的无缝钢管	0.2~0.3	表面抹得较好的混凝土管	0.3~0.8
具有显著腐蚀的无缝钢管	>0.5	表面平整的水泥管	0.3~0.8
旧的铸铁管	>0.85	新石棉水泥管	0.05~0.1
使用多年的煤气总管	0.5	中等状况的石棉水泥管	0.03~0.8

⑤ 指定泵 B3 的类型（Model）为 Pump，排出压力（Discharge pressure）为 60kPag，如图 4-4 所示。实际上，泵排出压力应该在出口物流 4 的压力指定后即可确定。但由于 Aspen Plus 为序贯模块法求解，所以此处必须先输入一个初值，然后再添加一个设计规定来准确计算该值。

⑥ 在 Data Browser 的 Flowsheeting Options→Design Spec 中新建一个设计规定 DS-1。该规定的具体内容是：调整离心泵 B3 出口压力，使物流 4 的出口压力位 49kPag。其参数如表 4-3 所示。

表 4-3　离心泵设计规定数据

Define			
Flowsheet Variable:POUT			
Definition:Stream-Var Stream=4 Substream=MIXED Variable=PRES Units=kPag			
Spec			
Spec: POUT	Target: 49		Tolerance: 0.1
Vary			
Type: Block-Var　Block: B3	Variable: PRES	Lower: 49	Upper: 100

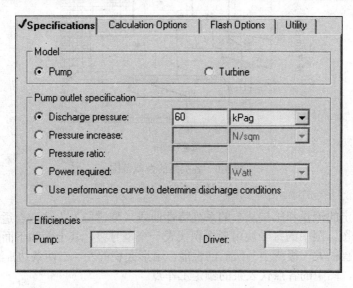

图 4-4　泵参数

⑦ 至此，所有数据均已输入完毕，点击 ▶ 启动计算。计算结束后，Aspen Plus 主窗口的右下角出现蓝色的"Results Available"字样，显示计算成功。点击 Data Browser 的 Blocks →B3→Results 来查看泵计算结果，如图 4-5 所示。可见，该离心泵的压头为 15.82m，流量为 40m³/h。

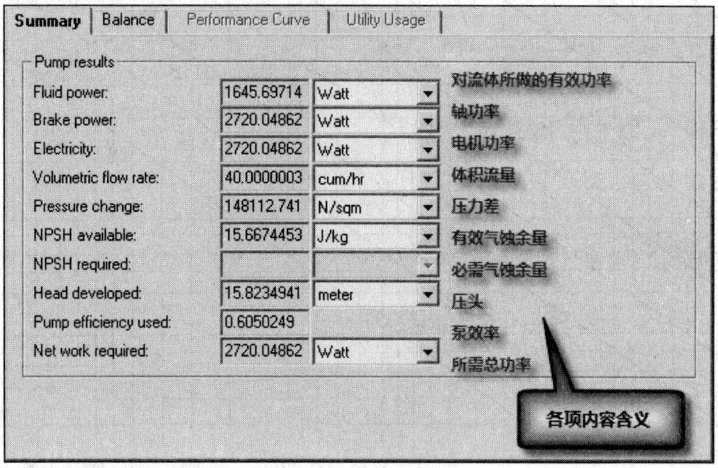

图 4-5　泵计算结果

4.1.2 选择泵的类型与型号

化工用泵的类型很多，每一类型的泵只能适用于一定的性能范围和操作条件。图 4-6 大致框出了各类泵的流量、扬程使用区域，我们可首先根据这两个性能数据粗略地确定选用泵的类型。根据例 4-1 的计算结果可以看出，选择离心泵较为合适。

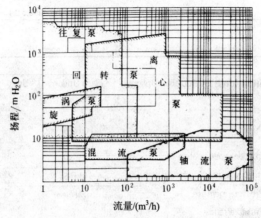

图 4-6　各类泵的性能范围

$1m\ H_2O=9.81\times10^3 pa$，下同

然后按已确定的流量和压头从泵的系列特性曲线（型谱图）上选取合适的泵。图 4-7 为 IS 型水泵的型谱图。图中的每一块扇形面积代表一个型号泵，其上面和下面的扇形分别是这个型号泵的叶轮直径大一级或小一级后的性能。扇形面积的左、右两条边，给出了 H-Q 曲线在高效区的范围。图中的各点代表泵的额定工作点。

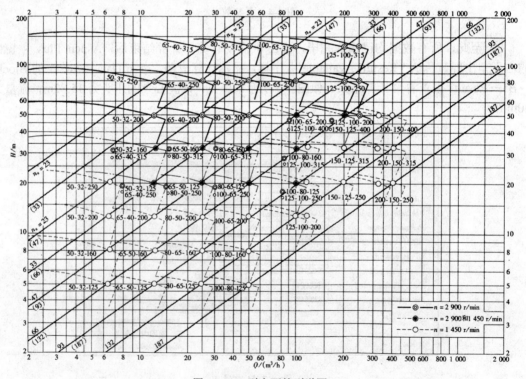

图 4-7　IS 型水泵的型谱图

显然，选出的泵所能提供的流量和压头不一定与管路所要求的流量和压头完全相符，且考虑到操作条件的变化和备有一定的裕量，所选泵的流量和压头可稍大一点，但在该条件下对应泵的效率应比较高，即点（流量，压头）坐标位置应靠在泵的高效率范围所对应的压头-流量曲线下方。根据例 4-1 的计算结果，从图 4-7 中选择 IS80-65-125。

4.1.3 核算泵的实际工作状态

选择好泵以后，还需要将其放置在管路中，重新计算泵的工作状态。该步也可以十分方便地 Aspen Plus 中进行。

【例 4-2】 将 IS80-65-125 的离心泵放置在例 4-1 中给出的管路中，试计算该离心泵的实际功率，并确定该泵的安装高度是否合适。

解 ① 在例 4-1 所建的 Aspen Plus 工程基础上，在 Data Browser 的 Flowsheeting Options →Design Spec 中去除或隐藏设计规定 DS-1。

② 在泵 B3 的 Setup→Specifications 界面上，将 Pump outlet specification 内容由 Discharge pressure 更改为 Use performance curve to determine discharge conditions，这表示将由泵的特性曲线来计算泵的出口状态。

③ 点击 Data Browser 的 Blocks→B3→Performance Curves，在 Curve Setup 标签下指定特性曲线的形式，如图 4-8 所示。其中的 Tabular data 表示输入特性参数表格，而 Select performance and flow variables 中指定特性曲线的横、纵坐标变量，Single curve at operating speed 表示将输入操作转速下的单一曲线。

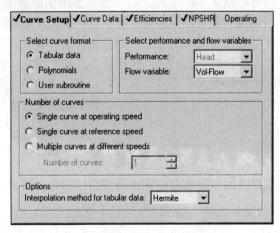

图 4-8　指定泵特性曲线形式

④ 查找有关的泵产品列表，获得 IS80-65-125 离心泵的特性曲线参数，并分别在 Curve Data、Efficiencies 和 NPSHR 三个标签下输入压头-流量、效率-流量、流量-必需气蚀余量数据，并要注意修改各变量的单位[压头 Head 单位为 meter，流量 Flow 单位为 cum/hr（m^3/h，下同），气蚀余量 NPSH required 单位为 meter]，所需输入的数据如表 4-4 所示。其中，前三行数据来自附录，第四行数据为自行估算值，因为 Aspen Plus 要求至少输入四组数据。

表 4-4　IS80-65-125 的特性曲线数据

Point	Flow	Head	Efficiency	NPSHR
1	30	22.5	0.64	3
2	50	20	0.75	3
3	60	18	0.74	3.5
4	40	21	0.7	3

⑤ 点击 N→ 启动计算。计算结束后，Aspen Plus 主窗口的右下角出现黄色的 "Results Available with Warnings" 警告字样。查看迭代信息，发现如下的警告信息：

```
*  WARNING WHILE GENERATING RESULTS FOR UNIT OPERATIONS BLOCK: "B3"
   (MODEL:"PUMP")
   NET POSITIVE SUCTION HEAD IS LESS THAN REQUIRED VALUE
```

该信息的含义是：有效气蚀余量小于必需气蚀余量。这点也可从泵 B3 的运行结果中得到证实。产生该信息的原因是泵的安装高度过大，所以必须降低该高度。将管段 B1 和 B2 的高度互换，即泵的安装高度由 5m 降至 3m，重新计算。上述警告信息不再出现，说明 3m 的安装高度是合适的。

最后，点击 Data Browser 的 Blocks→B3→Results 来查看泵计算结果，其主要结果已列于表 4-5 中。

表 4-5 泵 IS80-65-125 的实际运行参数

电机功率/kW	体积流量 /(m³/h)	压力差/kPa	有效气蚀余量/m	必需气蚀余量/m	压头/m	泵效率
3.12	40	196.57	3.60	3.00	21.00	0.70

4.2 管路直径的设计

流体输送管路的直径可根据式（4-1）来进行计算。式中的流量 V_s 一般由生产任务决定，所以选取合适的流速 u 后即可得到管路直径 d。管路直径的优化是管路设计的重要内容，需要根据设备费用和操作费用两方面来均衡考虑。如果流速选得太大，管径虽然可以减小，但流体流过管道的阻力增大，消耗的动力就大，操作费用亦随之增加。反之，流速选得太小，操作费用可以相应减少，但管径增大，管路的投资费和基建费均随之增加。所以，实践中存在一最佳的管路直径，使总费用最低。而要得到该优化值，关键在于如何给定目标函数（总费用）。

$$d = \sqrt{\frac{4V_s}{\pi u}} \tag{4-1}$$

管路投资费用包括采购费用、安装费用和维修费用三部分，计算式如下：

$$C_p = Kd^n L(1+F)\alpha \tag{4-2}$$

式中，K 为材料价格；n 表示了管径对管材用量的影响；L 为管长；F 为管道安装（包括阀门、管件和管道）费用占管道采购费用的比例；α 为管道的年折旧率。

管路操作费用主要指输送泵的操作费用，可根据泵的轴功率来计算，计算式如下：

$$C_f = \frac{\theta J_p}{\eta} w_e G \tag{4-3}$$

式中，θ 为泵年运行时间；J_p 为用电单价；η 为泵效率；w_e 为泵所提供的有效功；G 为输送流体的质量流量。

这样，管路的年度总费用为

$$C_t = C_p + C_f \tag{4-4}$$

给定了目标函数后，即可据此选择最优的管径。通常，管径选择具有一定的范围，所以选择管径可归结为一有界、单变量的优化问题，在 Matlab 中通过调用函数 fminbnd 来求解，其调用格式为：

$$x = \text{fminbnd}(\text{fun}, x1, x2, \text{options}, P1, P2, \cdots)$$

式中，fun 为目标函数，$x1$ 和 $x2$ 为优化变量的上下界，options 为算法参数，$P1$，$P2$ 等为需要向 fun 传递的参数。

上述计算过程中，要计算摩擦因子，可采用如下两公式进行计算。

① 在层流时

$$\lambda = \frac{64}{Re} \qquad (4-5)$$

② 在湍流及过渡区时，工程计算一般推荐 Colebrook 公式进行计算：

$$\frac{1}{\sqrt{\lambda}} = 1.74 - 2\lg\left(\frac{2\varepsilon}{d} + \frac{18.7}{Re\sqrt{\lambda}}\right) \qquad (4-6)$$

由于工业生产中流体大多处于湍流状态，所以非线性方程式（4-6）给管路计算带来了一定的困难，故而往往需要试差求解。

另一个非常有用的方程为 Chen 公式[式（4-7）和式（4-8）]，可用于全部雷诺数范围内的摩擦系数，但不用试差。

$$\frac{1}{\sqrt{\lambda}} = -2\lg\left(\frac{\varepsilon/d}{3.7065} - \frac{5.0452\lg A}{Re}\right) \qquad (4-7)$$

$$A = \frac{(\varepsilon/d)^{1.1098}}{2.8257} + \frac{5.8506}{Re^{0.8981}} \qquad (4-8)$$

【例 4-3】 10℃的水以 500L/min 的流量流过一根长为 300m 的水平钢管。试确定合适的管径。

优化设计中用到的各参数取值如下：

参数	数值	参数	数值
K	1.0×10^7	θ	8000 h/a
n	0.6	J_p	1.0 元/(kW·h)
F	0.5	η	0.6
α	0.15		

解 10℃水经查表，密度取为 999.7kg/m³，黏度取为 130.77×10^{-5}Pa·s。管径的选择范围取为[0.01 1]，单位为 m。管道绝对粗糙度按照表 4-2 中的新无缝钢管来查取，取为 0.05mm。

式（4-3）中的离心泵的有效功 w_e，通过在管路进出口间列柏努利方程获得：

$$w_e = \lambda \frac{L}{d} \times \frac{u^2}{2} = \lambda \frac{8LQ^2}{\pi^2 d^5}$$

其中的摩擦系数 λ 用 Chen 公式计算。

依据上述数据和公式，编制 Matlab 程序如下。

① 输入数据

```
K=1e7;        % 钢材价格
n=0.6;        % 管径对管材用量的影响指数
F=0.5;        % 安装费用比例
alpha=0.15;   % 年折旧率
cita=8000;    % 泵年运行小时
Jp=1;         % 电价，元/kW·h
```

```
yita=0.6;          % 泵效率
L=300;             %管道长度，m
e=0.05e–3;         % 管壁绝对粗糙度，m
Q=500/1000/60;     % 水流量，m3/s
den=999.7;         % 水密度，kg/m3
vis=130.77e–5;     % 水黏度，Pa·s
```

② 定义优化过程

```
fprintf('开始计算...\n'),
d=fminbnd(@obj,0.01,1,optimset('Display','iter'),K,n,L,F,alpha,e,Q,den,cita,Jp,yita);
fprintf('计算结束,最有的管路直径为%fm\n',d),
```

函数 fminbnd 的 options 参数用 optimset('Display','iter')输入，表示输出优化的中间过程。该函数的其他参数（从 K 至 yita）为向目标函数 obj 传送的常数，需要与 obj 的定义函数相一致，即具有相同顺序和个数。此外，该段程序必须放置在目标函数定义之前。而且，由于需要定义目标函数，所以主程序也必须定义为函数，但它可以没有输入与输出。

③ 定义目标函数

```
function Ct=obj(d,K,n,L,F,alpha,e,Q,den,cita,Jp,yita)
% 设备投资费用
Cp=K*d^n*L*(1+F)*alpha;
% 设备操作费用
u=Q/(pi/4*d^2);
Re=d*u*den/vis;
A=(e/d)^1.1098/2.8257+5.8506/Re^0.8981;
Lamda=1/(–2*log10(e/d/3.7065–5.0452*log10(A)/Re))^2;G=Q*den;
we=Lamda*8*L*Q^2/(pi^2*d^5);
G=Q*den;
Cf=cita*Jp/yita*we*G/1000*3600;
% 总费用
Ct=Cp+Cf;
```

该函数第一个输入参数 d 为自变量，其余为目标函数中用到的常数。其中的 log10 为常用对数函数，如果需要自然对数，则只输入 log 即可。变量 pi 表示圆周率，是 Matlab 内置的常数。

④ 运行程序　计算结果如下：

```
开始计算...
```

Func-count	x	f(x)	Procedure
1	0.388146	3.82581e+008	initial
2	0.621854	5.07596e+008	golden
3	0.243707	2.89536e+008	golden
4	0.154439	2.21749e+008	golden
5	0.0992682	1.83502e+008	golden
6	0.0651708	2.51466e+008	golden
7	0.115336	1.91717e+008	parabolic
8	0.0862442	1.84688e+008	golden

9	0.0949551	1.8268e+008	parabolic
10	0.0941641	1.82633e+008	parabolic
11	0.0934003	1.82623e+008	parabolic
12	0.0935619	1.82622e+008	parabolic
13	0.0935953	1.82622e+008	parabolic
14	0.0935286	1.82622e+008	parabolic

Optimization terminated:

 the current x satisfies the termination criteria using OPTIONS.TolX of 1.000000e − 004

计算结束，最优的管路直径为 0.093562m。

以上信息的第 1 列表示目标函数被调用次数，第 2 列表示变量值，第 3 列表示目标函数值，第 4 列表示使用的算法："golden"表示黄金分割法，"parabolic"表示二次插值法。

工程中，也经常选用经验的管内流速代入式（4-1），这样就避免了优化计算，从而可以快速地估算管路直径。通常，液体的流速取 0.5~3.0m/s，气体的流速取 10~30m/s。

算出管径后，还需以此来选用标准管径。对于【例 4-3】，从附录中选择热轧无缝钢管，尺寸为 ϕ102 mm×3.5mm。

4.3 换热器的设计

换热器是化学工业及其他过程工业的通用设备，其设备投资占设备总投资的 30%~40%。换热器类型多种多样，但以管壳式换热器应用最广。此类换热器通过管壁进行传热，结构简单，换热负荷大。下面以管壳式换热器为例，说明利用 Aspen Plus 软件进行换热器设计的基本过程。

4.3.1 单股物流换热负荷的确定

在过程设计的初期，通常需要将主要精力放在工艺计算方面，而不是设备的详细结构上。如果已知某一工艺流体的进出状态，就可以确定所需的换热负荷；或者已知流体进口状况和换热负荷，就可以确定流体出口状态。Aspen Plus 换热器模块库中的 Heater 模块，可以很好地完成上述计算功能，模拟对象包括加热器、冷却器、冷凝器。

【例 4-4】 将 5t/h 常温常压下苯的（44%，质量分数）甲苯混合液加热到泡点，求热负荷、泡点温度。

解 ① 打开 Aspen Plus，新建一个工程。在 Data Browser 中的 Setup→Specifications 中选择国际单位制 SI；在 Components→Specifications 中添加组分 BENZENE 和 TOLUENE；在 Properties→Specifications 中选择热力学方法为 IDEAL。

② 从 Model Library 的 Heat Exchanger 中选择 Heater 添加到流程图中，并添加输入和输出物流 1 和 2，如图 4-9 所示。

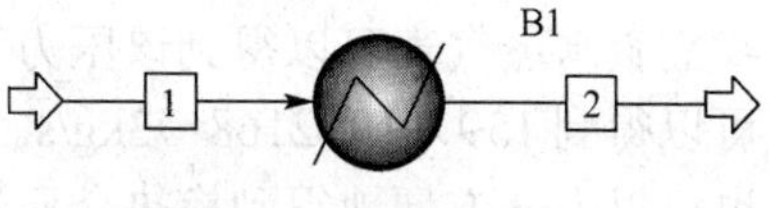

图 4-9 加热器流程图

③ 根据题目已知条件，输入物流 1 的参数，如图 4-10 所示。

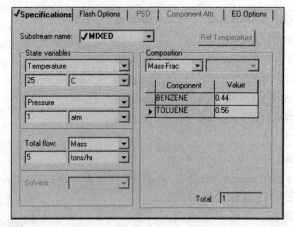

图 4-10 加热器入口物流参数

④ 在加热器模块参数对话框中，选择压力为 1atm，汽化分率(Vapor fraction)为 0（泡点），如图 4-11 所示。

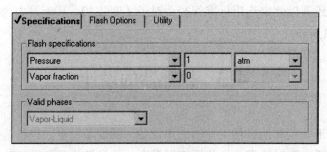

图 4-11 加热器参数

⑤ 运行工程得到如图 4-12 所示的加热器计算结果。可见，换热负荷为 159kW，混合液的泡点温度为 92.7 ℃。

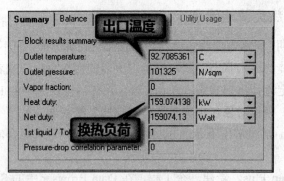

图 4-12 加热器计算结果

讨论：如果该换热器用 300kPa 的饱和水蒸气来加热，则每小时需要多少千克的水蒸气？我们查水蒸气表可以得到该压力下水蒸气的汽化热为 2168kJ/kg，用上述加热器的热负荷去除可以得到 $159 \times 10^3/2168 = 73$kg/s。可见，不一定什么都需要用 Aspen，我们根据加热器热负荷也可以十分方便地得到换热介质流量。

4.3.2 两股物流换热负荷的确定

一旦确定了工艺物流状态变化所需的换热负荷，接下来就需要选择合适的载热体来完成这一换热任务。在过程工业中，物料在换热器内被加热或冷却时，通常需要用另一种流体供给或取走热量，此种流体称为载热体。其中，起加热作用的载热体称为加热剂，起冷却（冷凝）作用的载热体称为冷却剂。在选择载热体时，单位热量的价格因载热体而异，因此为了提高传热过程的经济效益，必须选择适当温位的载热体。工业上常用的载热体及其所使用的温度范围见表4-6。

表4-6 常见的载热体

项　目	载　热　体	适用温度范围/℃
加热剂	热水	40~100
	饱和蒸汽	100~180
	矿物油	180~250
	联苯混合物（蒸气）	255~380
	熔盐(53%KNO₃, 40%NaNO₂, 7%NaNO₃)	142~530
	烟道气	>500
冷却剂	水（自来水、河水、井水）	0~80
	空气	>30
	冷冻盐水（CaCl₂溶液）	-15~0
	液氨	-30~15

两股物流之间换热，在 Aspen Plus 中采用换热器模块库中的 HeatX 模块。该模块可在未知换热器结构的情况下计算换热面积，或者在已知换热器结构的情况下核算换热器面积。该类型换热器主要有两种计算模式：简捷（Shortcut）和详细（Detailed）。简捷计算不考虑换热器的几何结构对传热和压降的影响，只能与设计或模拟选项配合。使用设计（Design）选项时，需设定热（冷）物流的出口状态或换热负荷，模块计算达到指定换热要求所需的换热面积。使用模拟（Simulation）选项时，需设定换热面积，模块计算两股物流的出口状态。详细计算可根据给定的换热器几何结构和流动情况计算实际的换热面积、传热系数、对数平均温度校正因子和压降，只能与核算（Rating）或模拟（Simulation）选项配合。使用核算选项时，模块根据设定的换热要求计算需要的换热面积。使用模拟选项时，模块根据实际的换热面积计算两股物流的出口状态。

【例4-5】 用 2t/h 的 100℃热水，加热 5t/h 常温常压下的苯（44%，质量分数）、甲苯混合液，热水出口温度为 50℃。已知总传热系数 $K=500W/(m^2 \cdot K)$，求该换热器的面积。

解 ① 在例 4-4 所建工程基础上，添加一个新的组分水；删除原来的 Heater 换热器 B1，添加一个 HeatX 换热器 B1；并添加加热物流 3 和 4，如图 4-13 所示。在搭建流程的时候，要注意 HeatX 的冷热物流连接点具有严格的要求，不要连接错了。

② 按照题目中的已知条件输入热水入口物流 3 的参数，如图 4-14 所示。

③ 双击 B1 图标，弹出 HeatX 换热器参数输入对话框，如图 4-15 所示。本例选择简捷计算和设计选项，并在 Exchanger specification（换热器规定）中指定热物流出口温度为 50℃，如图 4-15 所示。然后，在 U Methods 标签中指

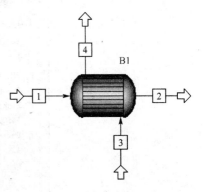

图 4-13　两股物流换热流程

定总传热系数为定值（Constant U value），并输入其数值为 500W/(m² · K)，如图 4-16 所示。

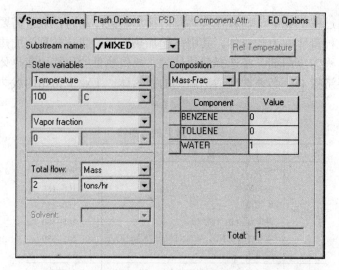

图 4-14　热水入口参数

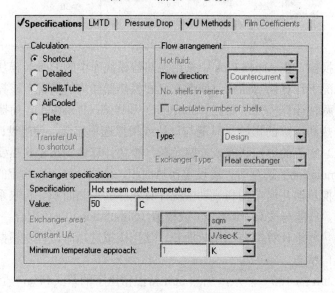

图 4-15　HeatX 换热器参数

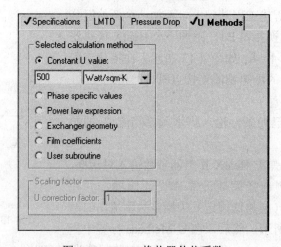

图 4-16　HeatX 换热器传热系数

④ 运行工程后，点击 B1 模块中的 Thermal Results 查看计算结果，如图 4-17 所示。可见，换热负荷为 106.8kW，混合液的出口温度为 71.9 ℃。点击图 4-18 中的 Exchanger Details 可以看到所需换热面积（Required exchanger area）为 8.0m^2。

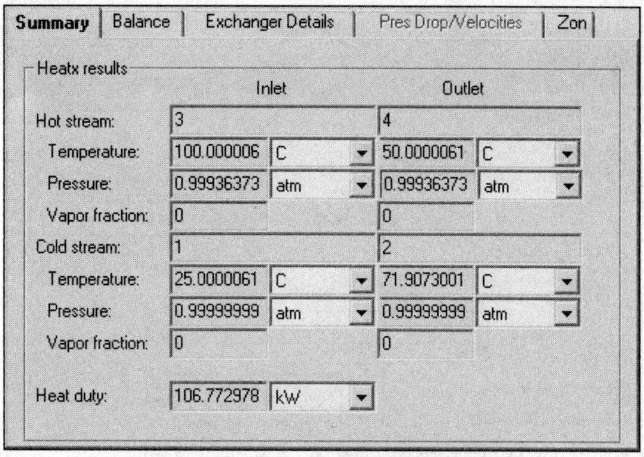

图 4-17   HeatX 换热器计算结果

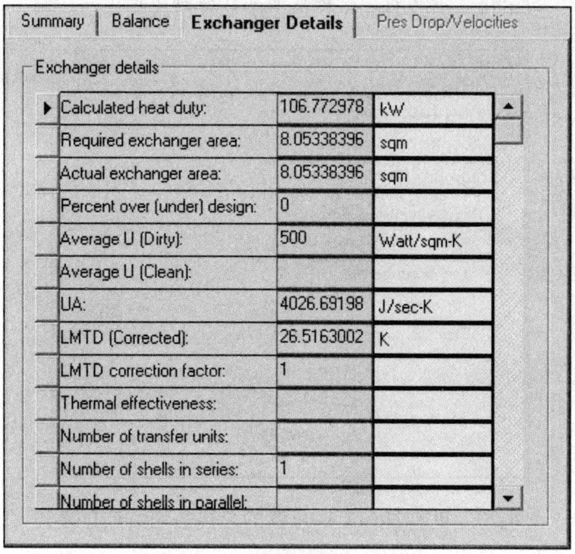

图 4-18   HeatX 换热器计算结果

【例 4-6】   用 2t/h 的 100℃热水，加热 5t/h 常温常压下的苯（44%，质量分数）、甲苯混合液。已知壳径 500mm，壳程数为 1；管长 6m，100 根管子（ϕ25 mm×2 mm），管子呈正三角形排列，相邻两管的中心距为 30mm，2 管程；折流板间距 250mm，折流板缺口高度为 100mm；壳程连接管内径为 200mm，管程连接管直径为 32mm。求冷热物流的出口温度，并核算热物流出口温度为 50℃时所需的换热器面积。

解   ① 在例 4-5 所建工程基础上，在 Data Browser 中的 Blocks→B1→Setup 的 Specifications 标签下，更改 HeatX 换热器 B1 的计算方式（Calculation）为 Detailed，并指定热物流（Hot fluid）在壳程流动（Shell），计算选项（Type）为模拟（Simulation），如图 4-19 所示。

② 在 U Methods 标签下，更改 HeatX 换热器 B1 的总传热系数计算方式（Selected calculation method）为通过换热器结构进行计算（Exchanger geometry），如图 4-20 所示。

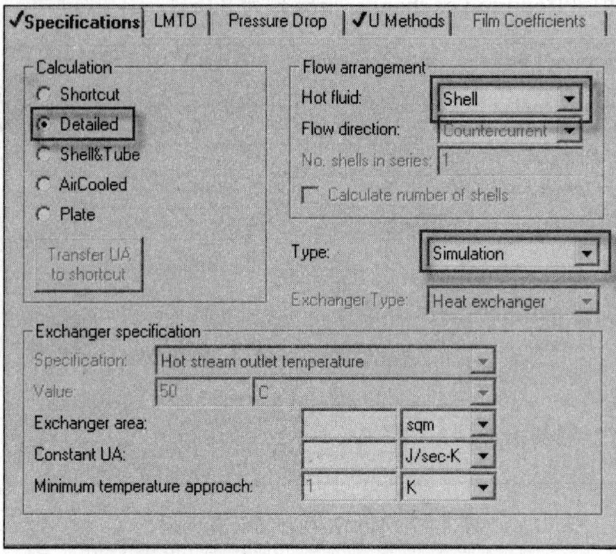

图 4-19　更改 HeatX 换热器的计算模式为详细计算

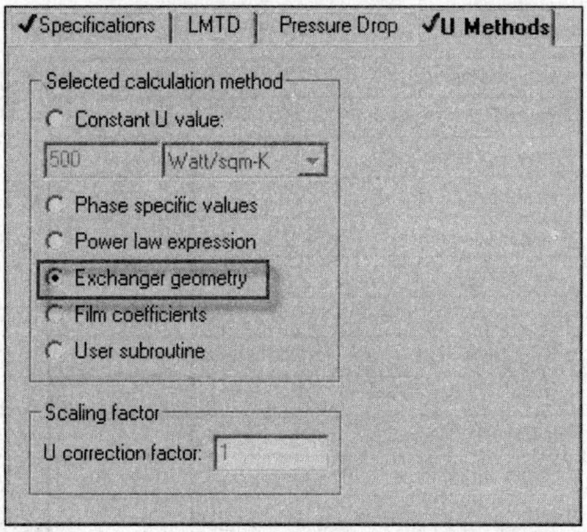

图 4-20　更改 HeatX 换热器的总传热系数计算模式

③ 在 Data Browser 中的 Blocks→B1→Geometry 下设置换热器的结构尺寸。在壳程（Shell）标签下，在壳内径（Inside shell diameter）中输入 500mm，注意更改单位，如图 4-21 所示。在管程（Tubes）标签下，输入管数（Total number）为 100，管长（Length）为 6m，相邻管的中心距为 30mm，管外径（Outer diameter）为 25mm，管壁厚（Tube thickness）为 2mm，如图 4-22 所示。在折流板（Baffles）标签下，输入折流板数（No. of baffles, all passes）为 23，该参数是依据"管长/折流板间距–1"计算出来的；然后输入折流板切割分率（Baffle cut），即"折流板缺口高度/壳径"为 0.2，如图 4-23 所示。在管嘴（Nozzles）标签下，输入壳程管嘴直径（shell side nozzle diameter）为 200mm，输入管程管嘴直径（tube side nozzle diameters）为 32mm，如图 4-24 所示。

提示：在管程中指定管子直径时，只需在外径、内径和壁厚中指定两项即可，第三项将由 Aspen Plus 自动算出。

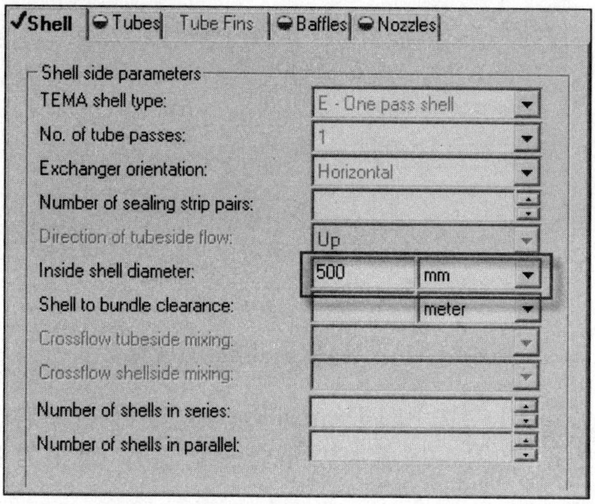

图 4-21　输入 HeatX 换热器的壳程内径

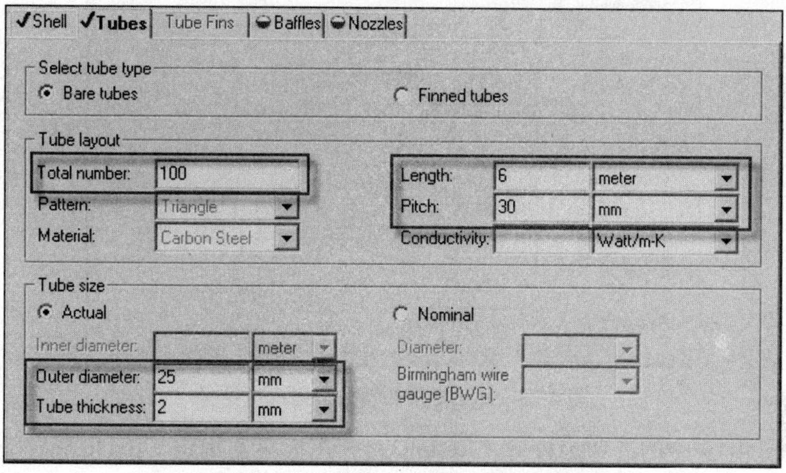

图 4-22　输入 HeatX 换热器的管程参数

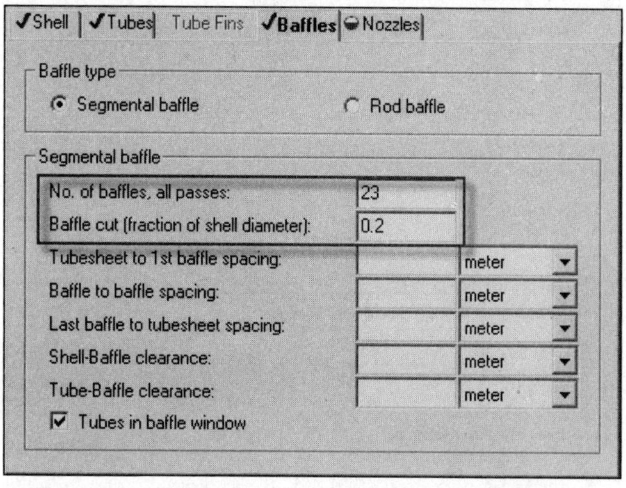

图 4-23　输入 HeatX 换热器的折流板参数

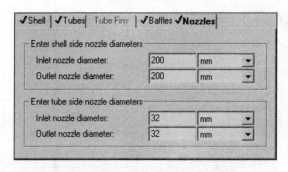

图 4-24　输入 HeatX 换热器的连接管尺寸

④ 运行工程后，点击 B1 模块中的 Thermal Results 查看计算结果。其中，Summary 标签下显示冷热物流的热变化，如图 4-25 所示。可见，热物流出口温度为 71.3℃，冷物流出口温度为 53.3℃。

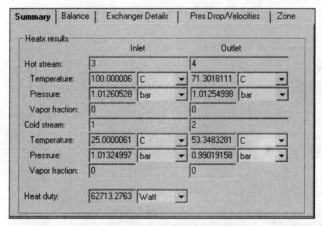

图 4-25　HeatX 换热器的详细模拟结果

⑤ 修改图 4-19 中的选项为核算（Rating），并在换热器规定（Exchanger specification）中指定热物流出口温度（Hot stream outlet temperature）为 50℃，如图 4-26 所示。

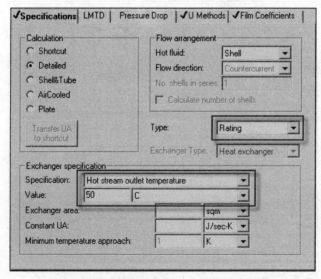

图 4-26　修改 HeatX 换热器的计算类型为核算

⑥ 再次运行工程后，点击 B1 模块中的 Thermal Results 查看计算结果。其中，Exchanger Details 标签下显示换热器的计算结果，如图 4-27 所示。可见，换热所需面积（Required exchanger area）为 142m^2，大于实际面积（Actual exchanger area）47.1m^2，所以该换热器不能使热水出口温度降至 50℃。

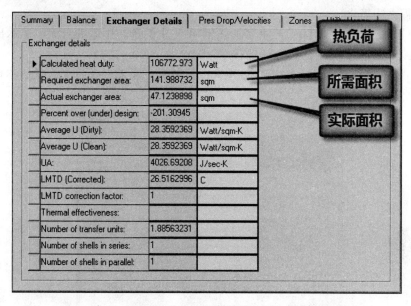

图 4-27　查看 HeatX 换热器的核算模式下得到的换热面积

4.3.3　换热器结构设计

管壳式换热器的设计过程是一个需要反复迭代的过程。因为传热系数和压降取决于许多几何因素，包括壳体和管子的直径、管子的长度、管子的排列方式、挡板型式和板间距、管程数和壳程数等，所有这些最初都是未知的，所以整个的设计过程将是一个试差过程。该过程如下。

假定进入换热器的两股物流进口条件（温度，压力，组成，流量，相态）为已知，并且对其中一股物流给定了出口温度或某些相当的规定。要对哪股物流走管程、哪股物流走壳程做出决定。用能量衡算计算热负荷及两股物流的其他出口条件。

假定换热器为单管程单壳程，逆流流动。然后进行核算，以确信没有违背热力学第二定律，并且换热器两端的温差推动力都是合理的。

首先估算传热总系数，然后计算平均传热推动力，接着用总传热速率方程估算出换热器的面积。如果该面积大于 743m^2，则采用等面积的多台换热器并联操作。

由估算得出的传热面积，可以对换热器的几何尺寸进行初步计算。在 1~3m/s 的范围内选择管程流速，常见的值为 1.2m/s。管程的总流动截面积可由连续性方程计算。再选择管子的尺寸，由此可以计算出每台换热器每一程的管子数，则每台换热器的管程数也可计算。必要时，需对管程流速和管子长度进行调整，以使计算得到的管程数为整数。

如果必须有 1 个以上的管程，就需要校正对数平均温差推动力。在这种情况下可能需要一个以上的壳程，然后选择管板排列方式，并对壳程挡板进行设计，选择板间距。至此便完成了换热器的初步设计。

接着，利用初步设计得到的换热器几何尺寸，计算得到各传热分系数及估算的污垢因子、压降，计算出传热总系数，对初步设计进行修正。然后对确定换热器尺寸的整个步骤反复迭代计算，直到两次迭代设计的变化达到所规定的容许值之内。

上述步骤如果靠手算来做将是非常冗长乏味的。因此用已获得的计算机程序进行设计将更方便。例如，用 Aspen Exchanger Design & Rating 程序，可以计算管壳式换热器的几何结构，计算过程大为简化。

【例 4-7】 用 2t/h 的 100℃热水来加热例 4-4 中的苯、甲苯混合流，热水出口温度为 50 ℃。试设计该换热器的结构。

解 ① 运行 Aspen Exchanger Design &Rating 软件，新建一个管壳式换热器设计案例，如图 4-28 所示。

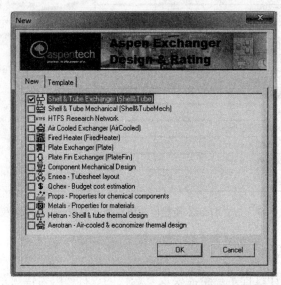

图 4-28　新建一个管壳式换热器设计案例

② 点击界面左侧框中的 Shell & Tube→Input→Problem Definition→Process Data，在弹出的对话框中输入热物流（Hot Stream）的名称为 hot water、进口温度为 100℃、出口温度为 50℃、操作压力为 1bar（1bar=10^5pa，下同），输入冷物流（Cold Stream）的名称为 ben-tolu、质量流量为 2000kg/h、进口温度为 25℃、出口温度为 92.7℃、操作压力为 1bar，如图 4-29 所示。

提示： ① 若软件左侧树形选项中的某项缺少数据，在其图标上显示一红色叉号▣，输入数据后该叉号自动消失。

② 对话框中的某项数据未输入时，底色为蓝色；输入数据后，底色变为白色。红色字体数据代表系统默认值或自动计算出来的值。

③ 点击界面左侧框中的 Shell & Tube→Input→Property Data→Hot Stream Compositions，输入热物流的组成。在弹出的对话框中点击 Search Databank 按钮，弹出数据库对话框，如图 4-30 所示。在 "1. Type a few…" 下的文本框中输入待查物质名称，在 "2. Click items…" 下的列表中选择该物质，双击该物质或点击 Add 按钮，则该物质被加入到 "Selected components" 列表中。点击 OK 按钮返回物流组成对话框，刚才被指定的物质已经出现在 Components 列了，在 Composition 列中输入各组分的质量浓度，如图 4-31 所示。

④ 同样方法，点击界面左侧框中的 Shell & Tube→Input→Property Data→Cold Stream Compositions，输入冷物流的组成，如图 4-32 所示。

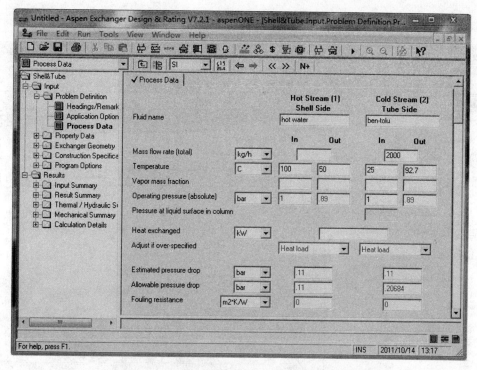

图 4-29 在 Aspen Exchanger Design & Rating 中输入物流数据

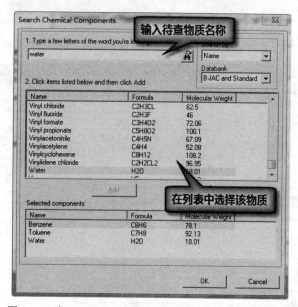

图 4-30 在 Aspen Exchanger Design & Rating 中查找组分

⑤ 点击快捷工具栏中的 ▶ 按钮或菜单 Run→Run Shell&Tube，启动计算，计算结果从程序左侧框中的 Shell&Tube→Results 来查看。

⑥ 点击界面左侧框中的 Shell & Tube→Results→Result Summary→TEMA Sheet 可以查看所得换热器的设计说明书，如图 4-33 所示。点击界面左侧框中的 Shell & Tube→Results→Mechanical Summary→Setting Plan & Tubesheet Layout，在 Setting Plan 标签下可以查看所得换热器的平面布置图，如图 4-34 所示；在 Tubesheet Layout 标签下可以查看所得

得换热器的管子排列图，如图 4-35 所示。

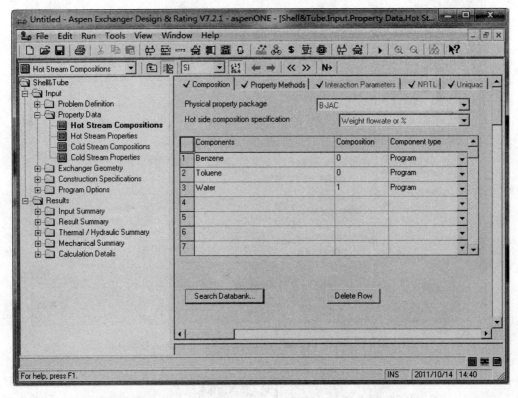

图 4-31　在 Aspen Exchanger Design & Rating 中输入热物流组成

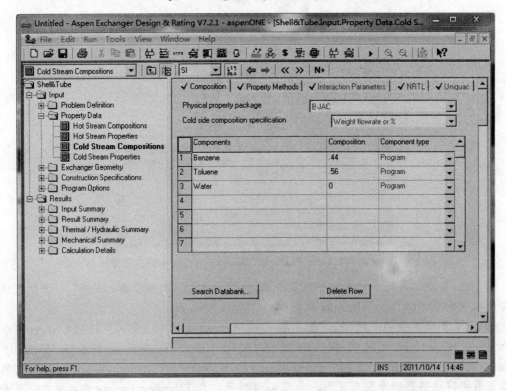

图 4-32　在 Aspen Exchanger Design & Rating 中输入冷物流组成

Heat Exchanger Specification Sheet

1										
2										
3										
4										
5										

6	Size	330.2 -- 4876.8		mm	Type BEM	Hor	Connected in	1 parallel		1 series
7	Surf/unit(eff.)		38.2	m?	Shells/unit 1			Surf/shell (eff.)		38.2 m?

8				PERFORMANCE OF ONE UNIT			
9	Fluid allocation			Shell Side		Tube Side	
10	Fluid name			hot water		ben-tolu	
11	Fluid quantity, Total	kg/s		.0851		.5556	
12	Vapor (In/Out)	kg/s	.0851	0	0	.3609
13	Liquid	kg/s	0	.0851	.5556	.1947
14	Noncondensable	kg/s	0	0	0	0
15						
16	Temperature (In/Out)	℃	100	49.5	25	94.91
17	Dew / Bubble point	℃	99.81	99.81	98.72	91.68
18	Density Vapor/Liquid	kg/m?	.58 /	/ 990.82	/ 869.13	2.64 / 799.56
19	Viscosity	mPa s	.0123 /	/ .5555	/ .5848	.0091 / .2751
20	Molecular wt, Vap		18.01			84.27
21	Molecular wt, NC					
22	Specific heat	kJ/(kg K)	2.074 /	/ 4.186	/ 1.751	1.357 / 1.929
23	Thermal conductivity	W/(m K)	.0246 /	/ .6314	/ .141	.0179 / .1186
24	Latent heat	kJ/kg				384.5
25	Pressure (abs)	bar	1	.99453	1	.95736
26	Velocity	m/s		8.18		11.93
27	Pressure drop, allow./calc.	bar	.11	.00547	.20684	.04264
28	Fouling resist. (min)	m?K/W		0	0	0 Ao based
29	Heat exchanged	209.8	kW		MTD corrected		7.69 ℃
30	Transfer rate, Service	714.3		Dirty 744.2		Clean 744.2	W/(m?K)

31				CONSTRUCTION OF ONE SHELL			Sketch
32				Shell Side	Tube Side		
33	Design/vac/test pressure:g	bar	3.44738/	/	3.44738/ /		
34	Design temperature	℃		137.78	132.22		
35	Number passes per shell			1	2		
36	Corrosion allowance	mm		3.18	3.18		
37	Connections	In mm	1 76.2/ -		1 25.4/ -		
38	Size/rating	Out	1 12.7/ -		1 76.2/ -		
39	Nominal	Intermediate	/ -		/ -		
40	Tube No. 133	OD 19.05	Tks:Avg 2.11	mm	Length 4876.8	mm Pitch 23.81	mm
41	Tube type Plain	#/m	Material Carbon Steel		Tube pattern 30		
42	Shell Carbon Steel	ID 336.55	OD 355.6	mm	Shell cover -		
43	Channel or bonnet Carbon Steel				Channel cover -		
44	Tubesheet-stationary Carbon Steel		-		Tubesheet-floating -		
45	Floating head cover -				Impingement protection None		
46	Baffle-crossing Carbon Steel	Type Single segmental		Cut(%d) 38.68	H Spacing: c/c 590.55		mm
47	Baffle-long -		Seal type		Inlet 923.92		mm
48	Supports-tube	U-bend			Type		
49	Bypass seal		Tube-tubesheet joint	Exp.			
50	Expansion joint	-	Type None				
51	RhoV2-Inlet nozzle	549	Bundle entrance 2		Bundle exit 0		kg/(m s?)

图 4-33 在 Aspen Exchanger Design & Rating 中查看换热器的设计规格说明书

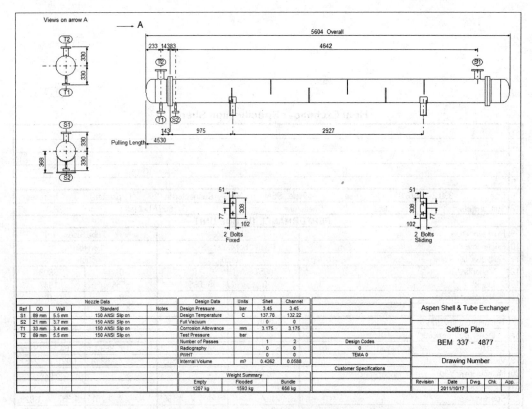

图 4-34　在 Aspen Exchanger Design & Rating 中查看换热器的平面图

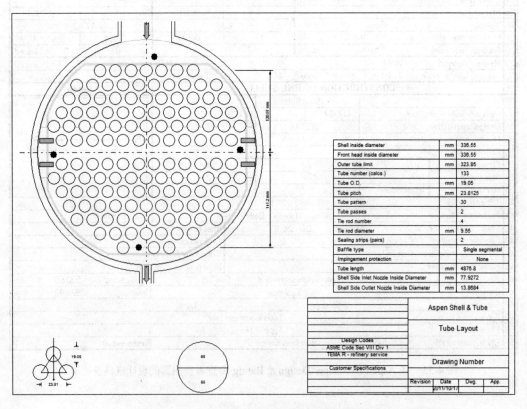

图 4-35　在 Aspen Exchanger Design & Rating 中查看换热器的管子排列图

4.4 精馏塔的设计

精馏是多级分离过程，即同时进行多次部分冷凝和部分汽化的过程，可使混合液得到几乎完全的分离。为了满足工业上连续化高纯度分离要求，精馏塔在工业上的应用非常广泛，尤其是板式塔。而确定板式精馏塔理论板层数就成了精馏塔设计的关键。本节将针对二元精馏问题介绍利用 Aspen DSTIL 进行图解法介绍，针对多元精馏问题介绍利用 Aspen Plus 进行简捷设计、简捷核算、严格核算和塔板设计的过程。

4.4.1 二元图解法

图解法需要用到气液平衡方程式（4-9）、精馏段操作线方程式（4-10）、提馏段操作线方程式（4-11）和进料线方程式（4-12）。图解法求理论板数时，用平衡曲线和操作直线分别代替平衡方程和操作线方程，从而可用简便直观的做图法代替繁杂的逐板计算。

$$y = \frac{\alpha x}{1+(\alpha-1)x} \tag{4-9}$$

$$y_{n+1} = \frac{R}{R+1}x_n + \frac{1}{R+1}x_D \tag{4-10}$$

$$y_{m+1} = \frac{L+qF}{L+qF-W}x_m - \frac{W}{L+qF-W}x_W \tag{4-11}$$

$$y = \frac{q}{q-1}x - \frac{1}{q-1}x_F \tag{4-12}$$

图解法的优点是简单直观，缺点是只能适用于二元体系，对超过两个组分的多元体系则只能用简捷法来设计。

Aspen DISTIL 软件提供了一个 Graphical Column Design 模块，可以十分方便地完成二元图解法，使用户省去了查找物性数据和绘图的过程。

【例 4-8】 用一常压操作的连续精馏塔，分离含苯为 0.44（摩尔分数，以下同）的苯-甲苯混合液，要求塔顶产品中含苯不低于 0.975，塔底产品中含苯不高于 0.0235。操作回流比为 3.5，试用图解法求进料液相分率为 1.362 时的理论板层数和加料板位置。

解 ① 运行 Aspen DISTIL 软件，点击快捷栏中的 ▲ 或菜单 Managers→Fluid Package Manager，打开流体包管理器，并点击 □ 新建一个流体包 Fluid1。在新建的流体包中，在 Property Package 标签下选择气液相类型。本例中的苯-甲苯为理想物性，所以气相选择理想气体（Ideal Gas），液相选择理想溶液（Ideal Solution），如图 4-36 所示。

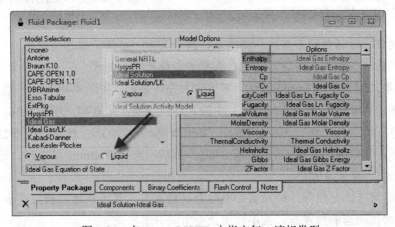

图 4-36　在 Aspen DISTIL 中指定气、液相类型

② 在新建的流体包中，选择 Components 标签，在 Match 后的文本框中输入组分，点击 Select 按钮或双击鼠标左键选中该物质，最终选择的各物质均列于 Selected Components 列表中，如图 4-37 所示。

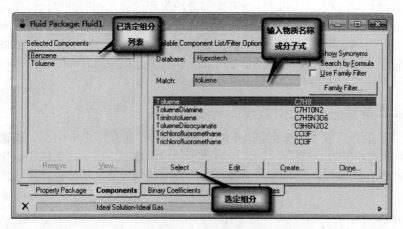

图 4-37　在 Aspen DISTIL 中指定组分

③ 点击菜单 Features→Graphical Column Design，打开图解法对话框，如图 4-38 所示。选择①、②步已建立好的流体包 Fluid1，则组分信息自动显示在其下面的列表中。

④ 在图解法对话框的 Setup 标签下选择 Options 选项，输入操作压强 101.3kPa（即常压），如图 4-39 所示。

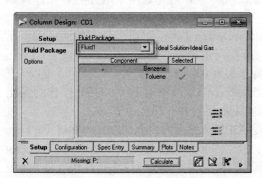

图 4-38　在 Aspen DISTIL 的图解法
工具中选择流体包

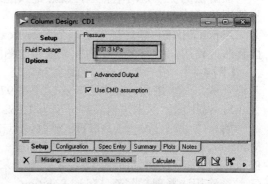

图 4-39　在 Aspen DISTIL 的图解法
工具中输入操作压力

提示：通常，对话框的下部有一状态条，用来显示一些提示信息帮助用户输入数据。该信息有三种颜色：红色代表错误，黄色代表警告，绿色代表正常。

⑤ 在图解法对话框的 Spec Entry 标签下输入设计规定，如图 4-40 所示。选择 Feed 单选项，在物流规定（Stream Specifications）中输入进料组成：苯 0.44、甲苯 0.56，输入进料热状况（Feed Quality）为 1.362，输入回流比（Reflux Ratio）为 3.5。然后，选择 Distillate 单选项，输入塔顶产品组成：苯 0.975、甲苯 0.025。最后，选择 Bottoms 单选项，输入塔底产品组成：苯 0.0235、甲苯 0.9765。

提示：① 对于二元组分，输入第一个组分的组成后，第二个组分的组成会自动算出来。
② 输入回流比后和组成后，最小回流比会自动计算出来。

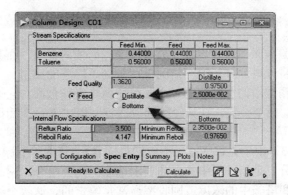

图 4-40　在 Aspen DISTIL 的图解法工具中输入设计规定

⑥ 点击图解法对话框下侧的 Calculate 按钮，开始计算。计算结束后，原本黄色的状态条变为绿色。点击🗎显示计算结果，如图 4-41 所示。如果要改变图中各曲线和文字的格式，可以通过选择图上右键菜单中的 Graph Control 子项来实现。该图被显示在 Plots 标签下的列表内。而 Summary 标签下则简明地给出了计算结果，如图 4-42 所示。可见，全塔需要 11 块理论板（包括再沸器），第 6 块理论板为进料板。

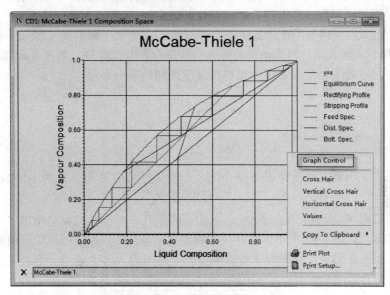

图 4-41　在 Aspen DISTIL 的图解法工具中显示图解结果

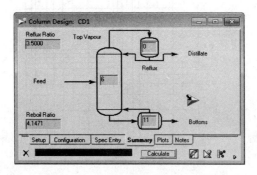

图 4-42　在 Aspen DISTIL 的图解法工具中显示计算结果

4.4.2　多元简捷法

简捷法多采用经验关联图进行设计，具有快速、简便的优点，在基础数据不全、初步选定分离方案、提供严格分离计算初值等情况下，得到了广泛的应用。

简捷法利用到了精馏塔的全回流和最小回流比两个操作极限，它们对应于最小理论板数 N_{min} 和最小回流比 R_{min} 两个参数。在凭经验选取适宜回流比 R 后，简捷法通过吉利兰图确定理论板层数 N。

芬斯克公式（4-13）用于计算 N_{min}（不包括再沸器），其中的下标 l 和 h 分别表示轻重关键组分。所谓关键组分，是指进料中按分离要求选取的两个组分，它们对于分离过程起着控制作用，并且在塔顶和塔釜中的浓度或回收率通常是给定的。这两个组分中挥发度较大者称为轻关键组分，挥发度较小者称为重关键组分。式（4-13）中的相对挥发度 α_{lh} 可取为塔顶、进料和塔釜三处相对挥发度的几何平均值，也可仅取为塔顶和塔釜相对挥发度的几何平均值。

$$N_{min}+1=\frac{\lg\left[\left(\dfrac{x_l}{x_h}\right)_D\left(\dfrac{x_h}{x_l}\right)_W\right]}{\lg\alpha_{lh}} \tag{4-13}$$

此外，如果将上式中的下标 W 替换为 F，α_{lh} 取塔顶和进料的平均值，式（4-13）也可用于计算精馏段的理论板数，从而确定进料板位置。

恩德伍德公式（4-14）用于计算 R_{min}。计算中，首先试差解出式（4-14a）的根 θ，然后代入式（4-14b）求解 R_{min}。如果轻重关键组分间还存在其他组分，则式（4-14a）有多个根，通常按照经验只取处于轻重关键组分相对挥发度之间的那一个根。

$$\sum_{i=1}^{c}\frac{\alpha_i z_i}{\alpha_i-\theta}=1-q \tag{4-14a}$$

$$R_{min}=\sum_{i=1}^{c}\frac{\alpha_i x_{Di}}{\alpha_i-\theta}-1 \tag{4-14b}$$

精馏塔是在某一适宜回流比 R 下操作的，一般凭经验取 R 为 R_{min} 的 1.1~2.0 倍，即

$$R=(1.1\sim2)R_{min} \tag{4-15}$$

吉利兰通过对 R_{min}、R、N_{min} 和 N 之间关系的研究，由实验结果总结出了一个经验关联图，即吉利兰图，如图 4-43 所示。这样，在确定了 R_{min}、R 和 N_{min} 后，即可根据该图确定理论板数 N。需要注意的是，此图为双对数坐标图，其中的 N 和 N_{min} 均不包括再沸器。

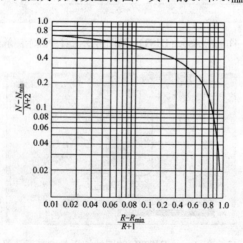

图 4-43　吉利兰图

吉利兰图还可拟合成经验关系式用于计算机计算，常见的一种形式为

$$Y = 0.545827 - 0.591422X + 0.002743/X \qquad (4\text{-}16)$$

其中的 X 和 Y 分别为图 4-43 中的横坐标和纵坐标。该式的适用条件为 $0.01 < X < 0.9$。

简捷法求理论板层数的具体步骤如下：

① 根据分离要求确定关键组分；

② 根据进料组成和分离要求进行物料衡算，估算各组分在塔顶和塔底产品中的组成；

③ 用芬斯克方程（4-13）计算最小理论板数 N_{min}；

④ 利用恩德伍德公式（4-14）确定最小回流比 R_{min}，再由式（4-15）确定操作回流比 R；

⑤ 利用吉利兰图的经验关联式（4-16）求算理论板数 N；

⑥ 确定进料板位置。

Aspen Plus 中的 DSTWU 模块用 Winn-Underwood-Gilliland 捷算法进行精馏塔的设计，根据给定的加料条件和分离要求计算最小回流比、最小理论板数、给定回流比下的理论板数和加料板位置。

【例 4-9】 设计一个脱乙烷塔，从含有 6 个轻烃的混合物中回收乙烷，进料组成、各组分的相对挥发度和对产物的分离要求见本例附表，泡点进料。试用简捷法计算所需的理论板层数，并分析回流比对理论板数的影响。

【例 4-9】 附表

进料组分	CH_4	C_2H_6	C_3H_6	C_3H_8	$i\text{-}C_4H_{10}$	$n\text{-}C_4H_{10}$
摩尔分数/%	5.0	35.0	15.0	20.0	10.0	15.0

设计分离要求	
馏出液中 C_3H_6 的回收率	≤2%
釜液中 C_2H_6 的回收率	≤3%

解 ① 在 Aspen Plus 中新建一个工程。在 Data Browser 中的 Setup 中选择 SI 单位制。在 Components 中输入附表中所列出的 6 种组分，如图 4-44 所示。在 Properties 中指定热力学方法为 PENG-ROB，即 PR 方程。

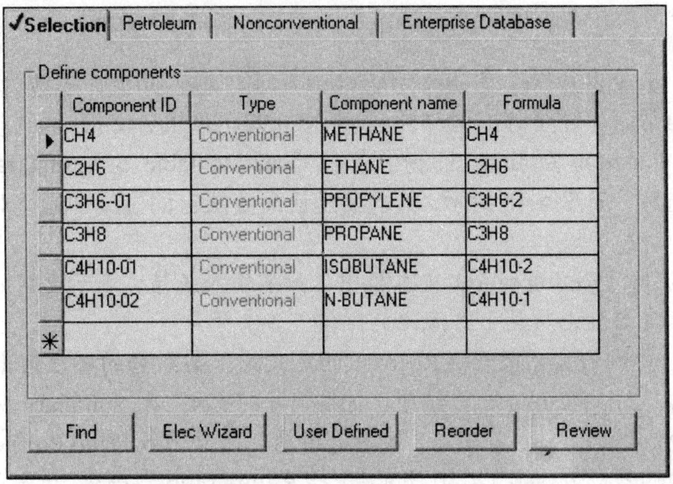

图 4-44 在 Aspen Plus 中输入简捷法所需的组分

② 选择 Model Library 中的 Columns→DSTWU 图标，建立一个如图 4-45 所示的流程。

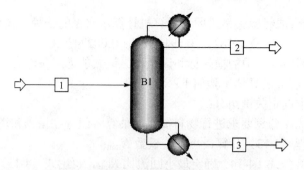

图 4-45　在 Aspen Plus 中建立简捷法案例流程

③ 双击图 4-36 中的物流 1，按照本例附表输入该进料数据，如图 4-46 所示。其中，指定汽化率（Vapor fraction）为 0，表示该物料处于泡点状态（即饱和液体）。而流量（Total flow）可以随意输入一个数据，因为简捷法不涉及此变量。

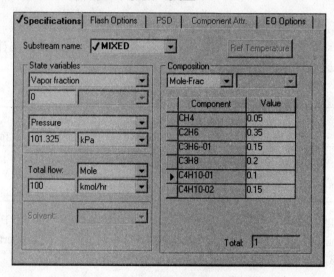

图 4-46　在 Aspen Plus 中输入简捷法的进料数据

④ 双击图 4-45 中的塔 B1，在 Specifications 标签中输入回流比系数为 1.5，冷凝器和再沸器的操作压力为常压，轻组分 C_2H_6 的回收率为 0.97，重组分 C_3H_6 的回收率为 0.02，如图 4-47 所示。在 Calculation Options 标签中选中 Generate table of reflux ratio vs number of theoretical stages 选项，如图 4-48 所示，其含义是让简捷法自动生成回流比对理论板数影响的数据表。

提示：① 回流比（Reflux ratio）文本框中，如果输入正值，表示真实的回流比；如果输入负值，则表示真实回流比与最小回流比的比值。

② Aspen Plus 中的组分回收率（Recov）的定义是：某组分的塔顶馏出量/进料量。

⑤ 运行工程，点击 Results 查看结果，如图 4-49 所示。在 Summary 标签下可以看到：该塔所需要的理论板数为 11.8，在第 6.8 块板处进料。在 Reflux Ratio Profile 标签下，可以看到回流对理论板数的数据表，如图 4-50 所示。选择 Reflux ratio 数据列，点击菜单 Plot→X-Axis Variable；然后选择 Theoretical stages 数据列，点击菜单 Plot→Y-Axis Variable；最后点击菜单 Plot→Display Plot，则可以画出以回流比为横坐标、理论板数为纵坐标的关系图，如图 4-51 所示。可见，回流比越大，理论板数越少，这反映了操作费用与投资费用二者间相反的变化

趋势。所以，要确定最优的回流比，必须综合考虑这两项费用。

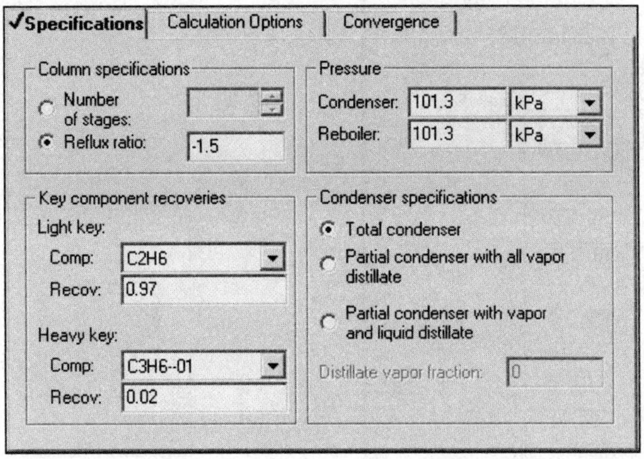

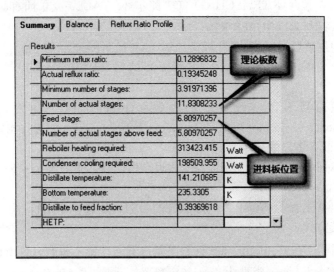

图 4-47　在 Aspen Plus 中输入简捷法的参数

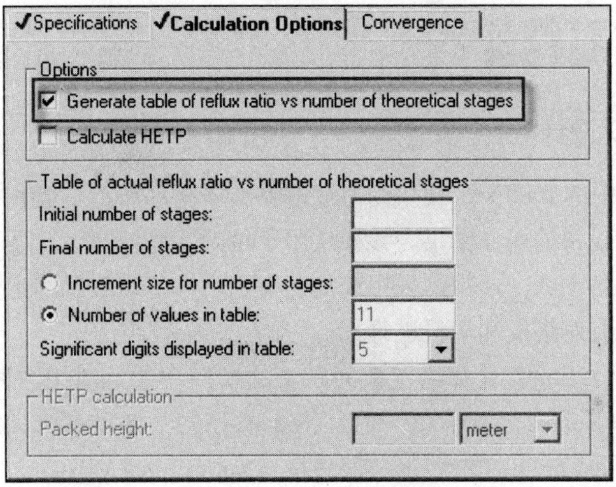

图 4-48　在 Aspen Plus 中指定简捷法的回流比对理论板计算选项

图 4-49　在 Aspen Plus 中查看简捷法设计结果

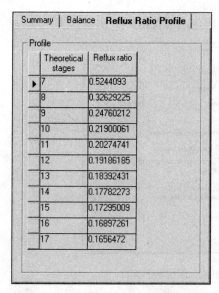

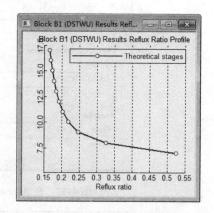

图 4-50 在 Aspen Plus 中查看简捷法的
回流比对塔板数影响结果

图 4-51 在 Aspen Plus 中查看简捷法的
回流比对塔板数关系图

4.4.3 塔板和填料设计

Aspen Plus 软件中的 RadFrac 模块同时联解物料平衡、能量平衡和相平衡关系，用逐板计算方法求解给定塔设备的操作结果。该模块用于精确计算精馏塔、吸收塔（板式塔或填料塔）的分离能力和设备参数。通常，采用简捷法得到塔设备参数后，还要用 RadFrac 模块进行严格的核算计算，并对塔板和填料进行设计。

塔板设计（Tray sizing）计算给定板间距下的塔径和板上结构数据，共有五种塔板供选用：① 泡罩塔板（Bubble Cap）；② 筛板（Sieve）；③ 浮阀塔板（Glistch Ballast）；④ 弹性浮阀塔板（Koch Flexitray）；⑤ 条形浮阀塔板（Nutter Float Valve）。

填料设计（Pack sizing）计算选用某种填料时的塔径，共有 40 种填料供选用，下面为 5 种典型的散堆填料：① 拉西环（RASCHIG）；② 鲍尔环（PALL）；③ 阶梯环（CMR）；④ 矩鞍环（INTX）；⑤ 超级环（SUPER RING）。

和 5 种典型的规整填料：① 带孔板波填料（MELLAPAK）；② 带孔网波填料（CY）；③ 带缝板波填料（RALU-PAK）；④ 陶瓷板波填料（KERAPAK）；⑤ 格栅规整填料（FLEXIGRID）。

RadFrac 模型可以设定实际塔板的板效率(Efficiencies)。用户可选用蒸发效率（Vaporization Efficiencies）或默弗里效率(Murphree Efficiencies)，并选择指定单块板的效率、单个组分的效率、或者塔段的效率。

【例 4-10】针对例 4-9 的简捷设计结果，假设全塔的默弗里效率为 0.5，进行严格塔计算，并设计塔板和填料。

解 ① 在例 4-9 工程的基础上，删除原先的 DSTWU 类型塔 B1，添加一个 RadFrac 类型塔 B1，物流连接方式不变。

② 双击 B1 图标，在 Configuration 标签下依次输入理论塔板数（Number of stages）为12，塔顶冷凝器（Condenser）类型为 Total（全凝器），回流比（Reflux ratio）为 0.193，塔顶

产品与进料的流量比（Distillate to feed ratio）为 0.394，如图 4-52 所示。在 Streams 标签下，指定进料板位置为 7，如图 4-53 所示。在 Pressure 标签下，指定塔的操作压力为常压，如图 4-54 所示。

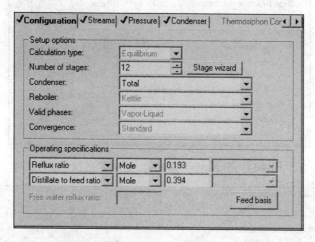

图 4-52 在 Aspen Plus 中输入严格塔参数

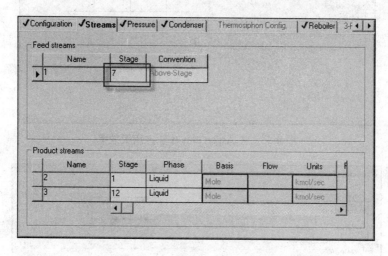

图 4-53 在 Aspen Plus 中输入严格塔的进料位置

提示：① RadFrac 的操作规定（Operating specifications）中只需规定两项，具体内容可由用户自行选择。这实际上是对应于塔的两个自由度。

② RadFrac 默认第一块塔板为塔顶冷凝器，最后一块塔板为塔釜再沸器。

③ 如果只指定 RadFrac 的塔顶压力（Stage 1/Condenser pressure），则塔板压降为 0。

③ 在 B1 模块的 Efficiencies 的 Options 标签下，指定效率类型（Efficiency type）为 Muphree efficiencies，并通过塔段（Specify efficiencies for column sections）来输入该效率。然后，在 Vapor-Liquid 标签下，新建一个塔段 1，指定其开始和结束塔板分别为 2 和 11，并输入效率 0.5，如图 4-55 所示。

④ 在 B1 模块的 Tray Sizing 下新建一个塔板设计模块，输入塔板范围为 2（Starting stage）至 11（Ending stage），塔板类型选为 Sieve（筛板），如图 4-56 所示。

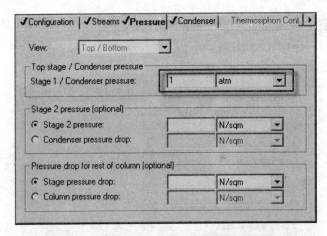

图 4-54　在 Aspen Plus 中输入严格塔的操作压力

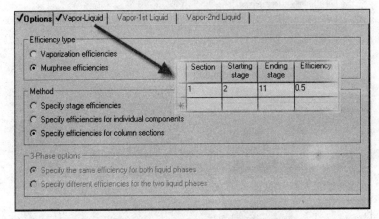

图 4-55　在 Aspen Plus 中输入塔板效率

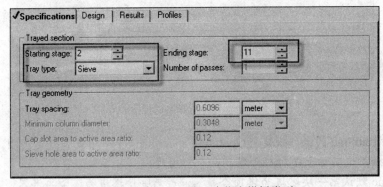

图 4-56　在 Aspen Plus 中指定塔板类型

　　⑤ 在 B1 模块的 Pack Sizing 下新建一个填料设计模块，输入塔板范围为 2（Starting stage）至 11（Ending stage），填料类型为 PALL（鲍尔环），等板高度（HETP）为 0.5m，如图 4-57 所示。

　　⑥ 运行工程，点击 Tray Size→1 中的 Results 查看结果，如图 4-58 所示。可见，采用筛板时的塔径为 0.539m。该结果中还给出了降液管面积比例（Downcomer area / Column area）、降液管内流速（Side downcomer velocity）和堰长（Side weir length），这些对塔板设计都是十分重要的。点击 Pack Size→1 中的 Results 查看结果，可知采用鲍尔环填料时的塔径为 0.711m，

如图 4-59 所示。点击 B1 模块下的 Profiles，从 Hydraulics 标签下可以查看各块塔板上的水力学数据，如图 4-60 所示。

　　提示：只有在 RadFrac 模块的 Report 标签中，选择了 Property Options 内的 Include hydraulic parameters 选项，用户才可以看到水力学计算结果。

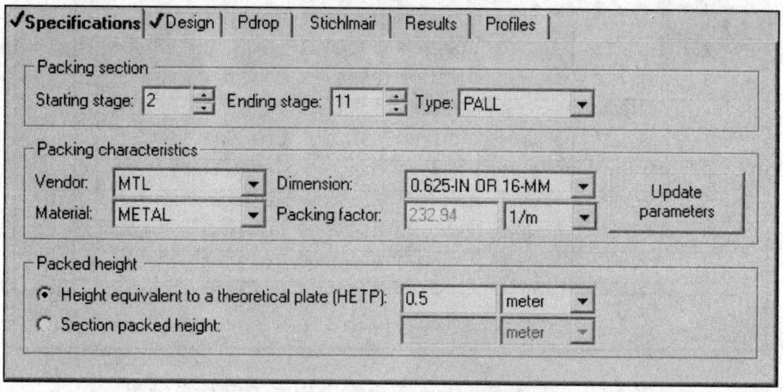

图 4-57　在 Aspen Plus 中指定填料类型

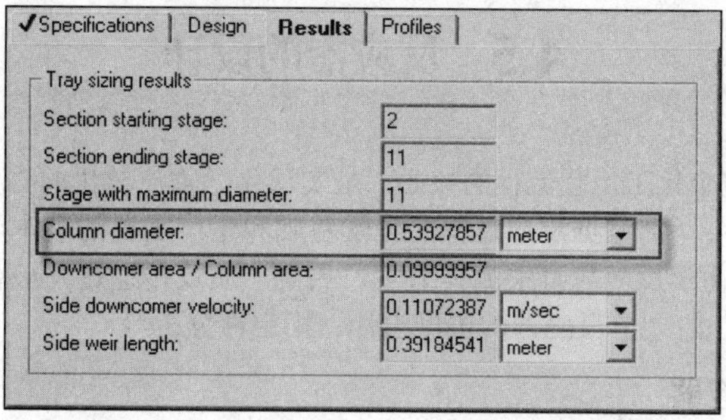

图 4-58　在 Aspen Plus 中查看塔板设计结果

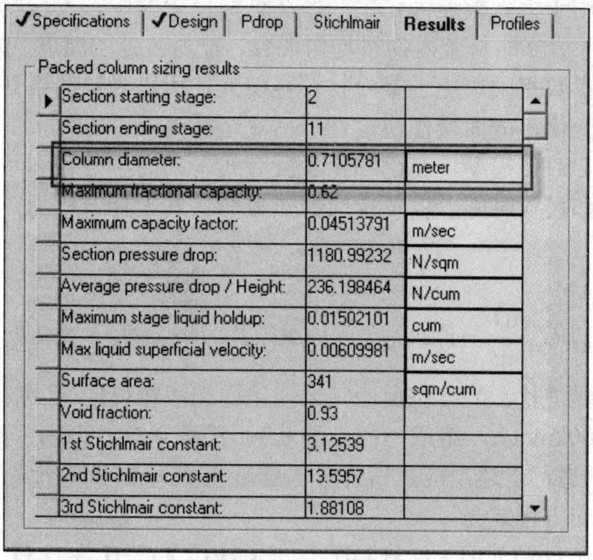

图 4-59　在 Aspen Plus 中查看填料设计结果

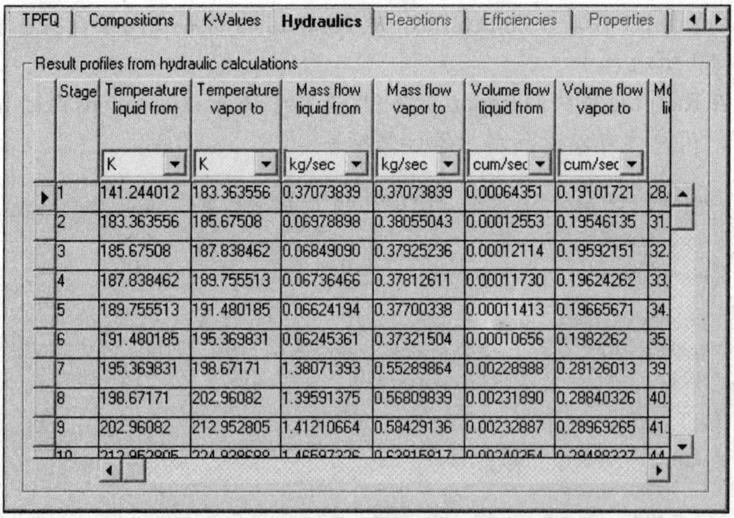
TPFQ
Compositions
K-Values
Hydraulics
Reactions
Efficiencies
Properties
Result profiles from hydraulic calculations

Stage	Temperature liquid from	Temperature vapor to	Mass flow liquid from	Mass flow vapor to	Volume flow liquid from	Volume flow vapor to	Mo li
	K	K	kg/sec	kg/sec	cum/sec	cum/sec	
1	141.244012	183.363556	0.37073839	0.37073839	0.00064351	0.19101721	28.
2	183.363556	185.67508	0.06978898	0.38055043	0.00012553	0.19546135	31.
3	185.67508	187.838462	0.06849090	0.37925236	0.00012114	0.19592151	32.
4	187.838462	189.755513	0.06736466	0.37812611	0.00011730	0.19624262	33.
5	189.755513	191.480185	0.06624194	0.37700338	0.00011413	0.19665671	34.
6	191.480185	195.369831	0.06245361	0.37321504	0.00010656	0.1982262	35.
7	195.369831	198.67171	1.38071393	0.55289864	0.00228988	0.28126013	39.
8	198.67171	202.96082	1.39591375	0.56809839	0.00231890	0.28840326	40.
9	202.96082	212.952805	1.41210664	0.58429136	0.00232887	0.28969265	41.
10	212.952805	224.928688	1.46597226	0.63815817	0.00240354	0.29488337	44.

图 4-60 在 Aspen Plus 中查看塔板水力学计算结果

4.5 反应器的设计

化学反应器是整个化工工艺流程的核心，是实现化学物质转化的必要工序。反应器的设计一般包括下列内容：① 根据反应过程的化学基础和生产工艺的基本要求，进行反应器的选型设计；② 根据化学反应与有关流体力学、热量、质量传递过程综合宏观反应动力学，计算反应器的结构尺寸；③ 反应器的机械设计、稳定性分析等。

4.5.1 全混流反应器

全混流反应器（Continuous Stirred Tank Reactor, 简称 CSTR）是一类在化工生产中广泛采用的反应器，一般用于大规模连续化生产。在这种反应器中，反应物料连续加入，釜内物料连续排出。原料加入后立即与釜内物料均匀混合，釜内各处的温度、浓度等参数保持均一，并与出口物料的对应参数相同。由于釜内物料容积大，所以当进料条件发生波动时，釜内反应条件不会发生明显变化，故而操作稳定性好，安全性高。

Aspen Plus 中的 CSTR 模型，在已知化学反应式、动力学方程和平衡关系的基础上，计算所需的反应器体积和反应时间，以及反应器热负荷。其设计方程为：

$$V_{\mathrm{R}}\frac{\mathrm{d}C_{\mathrm{A}}}{\mathrm{d}t}=V_0C_{\mathrm{A0}}-V_0C_{\mathrm{A}}-r_{\mathrm{Af}}V_{\mathrm{R}} \tag{4-17}$$

$$V_{\mathrm{R}}\rho C_{pf}\frac{\mathrm{d}T}{\mathrm{d}t}=V_0\rho C_{p0}T_0-V_0\rho C_{pf}T-V_{\mathrm{R}}r_{\mathrm{A}}\Delta H_{\mathrm{R}}+KA\left(T_{\mathrm{a}}-T\right) \tag{4-18}$$

【例 4-11】 现需要进行乙酸酯化反应（无催化均相液相反应），进料温度为 110℃，压力为 230kPa，流量为 100kmol/h，组成为：乙酸 0.3、乙醇 0.3、水 0.4（摩尔分数）。若采用全混流反应器（CSTR）进行上述反应，试计算乙酸转化率为 15%时所需的反应器体积。

已知乙酸酯化反应方程式为：

$$CH_3COOH+C_2H_5OH \rightleftharpoons CH_3COOC_2H_5+H_2O$$

反应动力学方程为：

$$r = k_1 C_{HAc} C_{EtOH} - k_2 C_{EtAc} C_{H_2O}$$

$$k_1 = 485\exp(-\frac{59774}{RT})$$

$$k_2 = 123\exp(-\frac{59774}{RT})$$

式中　k_1，k_2——正反应和逆反应的反应速率常数，$m^3/(kmol \cdot s)$；

　　　　r——反应速率，$kmol/(m^3 \cdot s)$；

　　C_{HAc}——乙酸浓度，$kmol/m^3$；

　　C_{EtOH}——乙醇浓度，$kmol/m^3$；

　　C_{EtAc}——乙酸乙酯浓度，$kmol/m^3$；

　　C_{H_2O}——水浓度，$kmol/m^3$；

　　　　R——气体常数，$kJ/(kmol \cdot K)$。

解　① 在 Aspen Plus 中新建一个工程，在 Data Browser→Setup→Specifications 中，设定 Units of measurement（单位制）为 SI。在 Data Browser→Components→Specifications 中，输入酯化反应中的四个组分：乙酸、乙醇、乙酸乙酯和水，如图 4-61 所示。在 Data Browser→Properties→Specifications 中，指定 Property methods & models（热力学计算方法）为 NRTL。

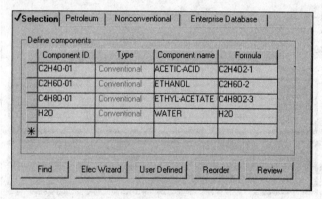

图 4-61　在 Aspen Plus 中指定乙酸酯化反应中的组分

② 选择 Model Library 中的 Reactore→RCSTR 模块，搭建具有一个进料和一个出料的 CSTR 流程图，如图 4-62 所示。

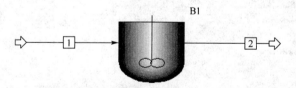

图 4-62　在 Aspen Plus 中搭建 CSTR 反应器流程

③ 双击物流 1，输入其 Temperature（温度）为 110℃，Pressure（压力）为 230kPa，Total flow（流量）为 100kmol/h，Mole-Frac（摩尔分数）为：乙酸 0.3、乙醇 0.3、乙酸乙酯 0、水 0.4，如图 4-63 所示。

④ 在 Data Browser→Reactions→Reactions 中，点击 New 按钮，新建一个 POWERLAW 类型的反应组 R-1。分别输入乙酸酯化的正反应和逆反应，如图 4-64 所示。然后，点击 Kinetic

标签，输入上述两个反应的动力学参数，如图 4-65 所示。

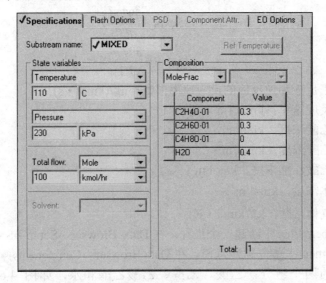

图 4-63　在 Aspen Plus 中输入 CSTR 的进料参数

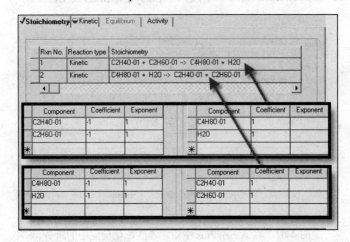

图 4-64　在 Aspen Plus 中输入 CSTR 的反应方程式

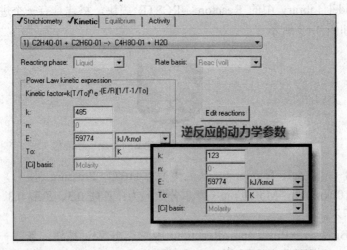

图 4-65　在 Aspen Plus 中输入 CSTR 的反应动力学参数

提示：① 反应物的计量系数为负数，产物的计量系数为正数。

② 若不输入某组分的指数，则表示该组分与反应速率无关。

③ 反应动力学参数数值大小与模拟所采用的单位制有关。

⑤ 双击反应器 B1 图标，在 Specifications 标签下设置其 Pressure（压力）为 0kPa，绝热反应（Heat duty=0），Valid phases（有效相态）为 Liquid-Only，Volume（体积）为 10m³，如图 4-66 所示。然后，在 Reactions 标签下，点击>>按钮将第 4 步输入的反应组 R-1 加入到本反应器中，如图 4-67 所示。

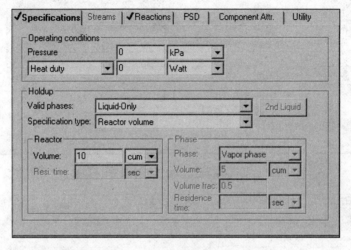

图 4-66　在 Aspen Plus 中输入 CSTR 的参数 I

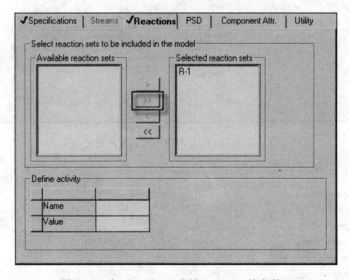

图 4-67　在 Aspen Plus 中输入 CSTR 的参数 II

提示：① 此处输入的反应器体积 10m³ 为一初值，后面将添加设计规定，在该值的基础上迭代求解 10%转化率时的所需反应器体积。

② Pressure 数值大于 0 时，表示该值为 CSTR 的出口压力；如果小于等于 0，则该值为经过 CSTR 的压力降。

③ 按钮>表示选择某一反应组，按钮>>表示选择全部反应组。

⑥ 点击 Data Browser→Flowsheeting Options→Design Spec，新建一个设计规定 DS-1。在

其 Define 标签中定义三个变量，分别表示乙酸在进料、出料中的摩尔流量，如图 4-68 所示。然后，在 Fortran 标签下，输入 "XA=(AIN–AOUT)/AIN*100" 的语句，定义乙酸的转化率 XA。之后，在 Spec 标签下，指定 XA 的 Target（目标值）为 15，Tolerance（误差）为 0.1，如图 4-69 所示。最后，在 Vary 标签下，指定调整变量为反应器 B1 模块的 VOL（体积），调整范围为 5~15m^3，如图 4-70 所示。

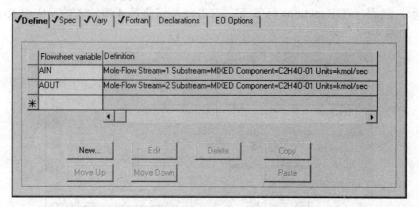

图 4-68　在 Aspen Plus 中输入 CSTR 的设计规定 I

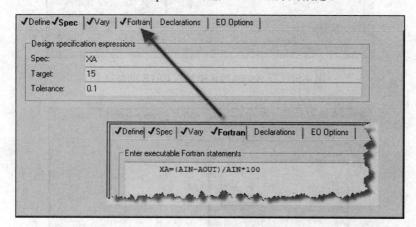

图 4-69　在 Aspen Plus 中输入 CSTR 的设计规定 II

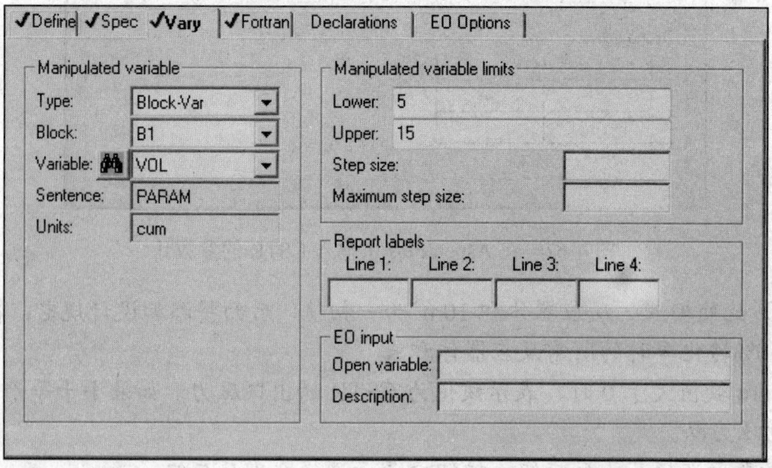

图 4-70　在 Aspen Plus 中输入 CSTR 的设计规定III

⑦ 运行工程，成功收敛。点击 Data Browser→Flowsheeting Options→Design Spec→DS-1→Result，可以看到反应器的体积为 9.39m³，如图 4-71 所示。

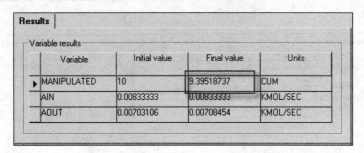

图 4-71　在 Aspen Plus 中查看 CSTR 设计结果

4.5.2　平推流反应器

工业中长径比大于 30 的管式反应器可视为平推流反应器（Plug Flow Reactor，简称为 PFR）。物料在反应器中像活塞一样向前流动，无轴向扩散，如图 4-72 所示。

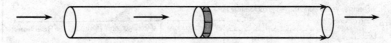

图 4-72　平推流反应器示意

在定态条件下，反应器内的各种参数，如温度、浓度、反应速率等，只沿物料流动方向变化，同一截面上的参数相同。因此，可取反应器内某一微元体积 dV 进行物料衡算和热量衡算，从而得到给定转化率下的反应器体积或给定反应器体积情况下的出口转化率。

【例 4-12】 针对例 4-11 所给的乙酸酯化反应器，若采用平推流（PFR）进行该反应，试计算乙酸转化率为 15%时所需的反应器体积。

解　① 在例 4-11 工程的基础上，删除 CSTR 反应器 B1，从 Model Library→Reactors 中选取 RPlug 反应器添加到流程图中，如图 4-73 所示。

图 4-73　在 Aspen Plus 中建立平推流反应器流程

提示：Aspen Plus 的流程图中，在某一设备图标上点击右键，选择 Exchange Icon 菜单命令，可以更改该设备的图标。

② 双击 B1 模块，在 Specifications 中指定 PFR 反应器的 Reactor type（计算类型）为 Adiabatic reactor（绝热反应器），如图 4-74 所示。点击 Configure 标签，选中 Multitube reactor（列管反应器），输入 Number of tubes（管子根数）为 20，Length（管长）为 10m，Diameter（管径）为 0.2m，Valid phases（有效相态）为 Liquid-Only。然后，在 Reactions 标签下，选择 R-1 反应组，如图 4-75 所示。

提示：Aspen Plus 中的 RPlug 反应器有七种计算类型：Reactor with specified temperature（恒温反应），Adiabatic reactor（绝热反应），Reactor with constant coolant temperature（冷却剂温度恒定），Reactor with co-current coolant（冷却剂与反应物流并流换热），Reactor with counter-current coolant（冷却剂与反应物流逆流换热），Reactor with specified coolant temperature profile（指定冷却剂温度分布），Reactor with specified external heat flux profile（指定热通量分布）。

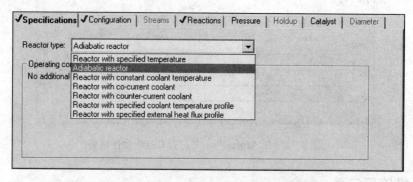

图 4-74　在 Aspen Plus 中指定 PFR 反应器的计算类型

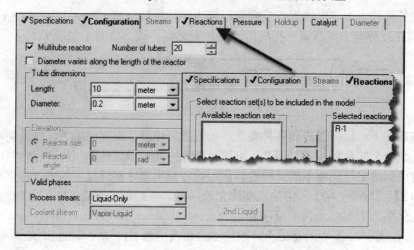

图 4-75　在 Aspen Plus 中指定 PFR 反应器的参数

③ 在设计规定 DS-1 的 Vary 标签下，选择待调节变量为反应器 B1 的列管直径（DIAM），调节范围为 0~0.5m，如图 4-76 所示。

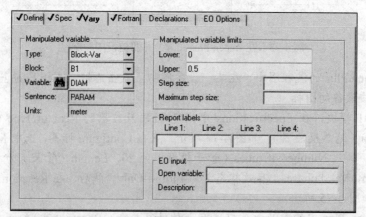

图 4-76　在 Aspen Plus 中指定 PFR 反应器的设计规定

④ 运行工程，在设计规定 DS-1 的 Result 标签下，可以看到反应列管直径为 0.24m，如

图 4-77 所示。换算成反应器的体积为 $0.24^2 \times \pi /4 \times 10 \times 20=9.05m^2$。与例 4-11 的设计结果相比可知，在达到同样转化率的情况下，PRF 反应器所需的体积要稍小一些。

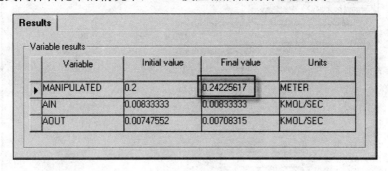

图 4-77　在 Aspen Plus 中查看 PFR 反应器的设计结果

4.5.3　间歇流式反应器

釜式反应器大都用于完全互溶的液相或呈两相的液-液相及液-固相反应物系在间歇状态下操作，与化学实验室内装有电动搅拌器的玻璃三口烧瓶极为类似，便于将实验室中开发出的化学反应移植到工业釜式反应器中生产。反应器的顶部有一可拆卸的顶盖，以便清洗和维修。

间歇操作时，反应物料按一定配比一次性加入反应器中。经过一定的时间，反应达到规定的转化率后，停止反应并将物料排出反应器，完成一个操作周期。

间歇反应器的优点是操作灵活，适用于不同操作条件与不同产品品种，适用于小批量、多品种、反应时间较长的产品生产。其缺点是装料、卸料等辅助操作要耗费一定的时间。

在 Aspen Plus 中，专门用于模拟间歇釜式反应器的模块是 RBatch。该模块自动根据加料和辅助时间提供缓冲罐，实现与连续过程的连接。它可以在已知化学反应式、动力学方程和平衡关系的情况下，计算所需的反应器体积和反应时间，以及反应器热负荷。

【例 4-13】针对例 4-11 所给的乙酸酯化反应器，若采用间歇釜式反应器进行该反应，试计算乙酸转化率为 15%时所需的反应器体积。假设该反应器的操作周期为 2.5 h。

解　① 在例 4-11 工程的基础上，删除 CSTR 反应器 B1，从 Model Library→Reactors 中选取 RBatch 反应器添加到流程图中。然后，将设计规定 DS-1 隐藏起来。

② 双击新添加的间歇釜式反应器 B1 的图标，在弹出的 Specifications 标签下，选择 Reactor operating specification（操作模式）为 Constant heat duty，如图 4-78 所示。由于默认的热负荷为 0，所以该种模式实质为绝热反应。

③ 选择 Reactions 标签，点击>>按钮将反应器组 R-1 加入到该反应器中，如图 4-79 所示。

④ 选择 Stop Criteria 标签，在 Criterion no 中添加一个新反应器终止准则，并在 Location 中选择 Reactor，Variable type 中选择 Conversion（转化率），Component 中选择乙酸，Approach from 中选择 Below，如图 4-80 所示。该判据的含义是：反应器中的乙酸转化率达到 0.15 时终止反应器，该转化率是由小到大变化的。

⑤ 选择 Operation Times 标签，在 Total cycle time 中输入 2.5 h，在 Maximum calculation time 中输入 3h，Time interval between profile points 中输入 10min，如图 4-81 所示。这些参数的含义是：反应器的操作周期为 2.5h（包括加料、反应、卸料、清洗等步骤），模块的最大计算时间为 3h（如果终止判据未满足），每隔 10min 显示一次计算结果。

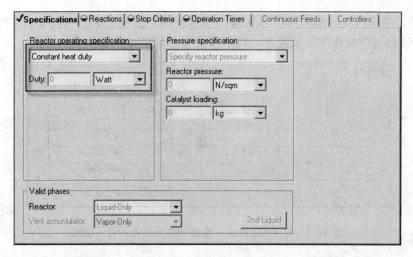

图 4-78　在 Aspen Plus 中选择间歇反应器的操作模式

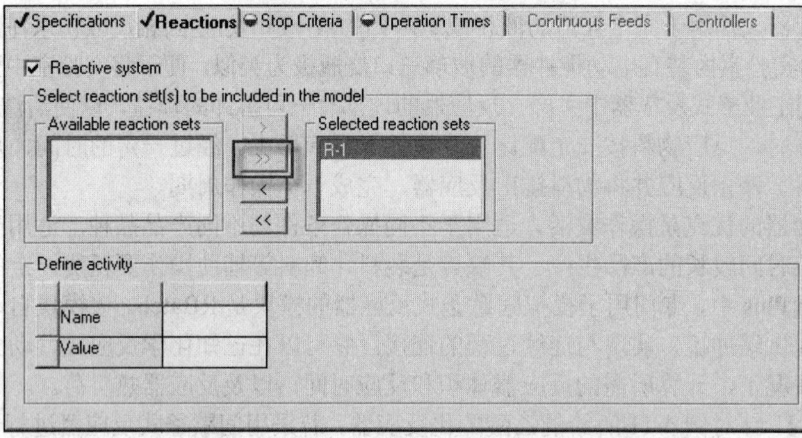

图 4-79　在 Aspen Plus 中选择间歇反应器的反应组

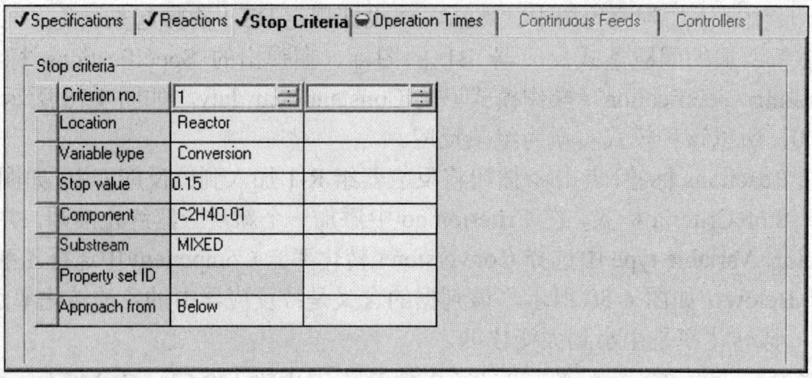

图 4-80　在 Aspen Plus 中指定间歇反应器的终止判据

⑥ 运行工程，在反应器 B1 的 Result 标签下，可以看到反应时间为 1.9h，如图 4-82 所示。这样，在总操作周期为 2.5h 的情况下，反应之外的辅助时间为 2.5–1.9=0.6h。而所需的反应器体积为：操作周期×进料体积流量=2.5×4.8=12m³。其中的进料体积流量可从物流 1

的计算结果中查看。如果忽略那些辅助时间，则所需的反应器体积为：反应时间×进料体积流量=1.9×4.8=9.1m³。与例 4-11 和例 4-12 相比可知，间歇反应器的大小取决于操作周期，并不能直接与 CSTR、PFR 反应器体积相比。

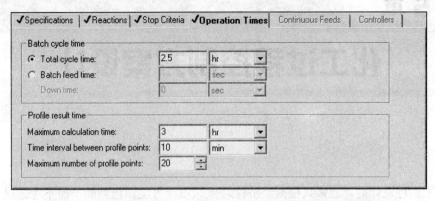

图 4-81　在 Aspen Plus 中指定间歇反应器的操作周期和显示参数

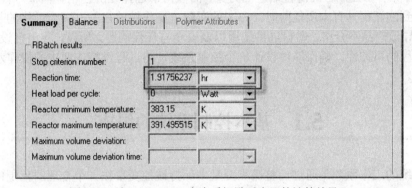

图 4-82　在 Aspen Plus 中查看间歇反应器的计算结果 I

⑦ 在反应器 B1 的 Profiles 标签下，可以查看间歇反应这一非稳态过程的变化，如图 4-83 所示。点击菜单 Plot→Plot Wizard，可以根据需要绘出各参数的变化。图 4-84 为如此得到的乙酸浓度的变化。

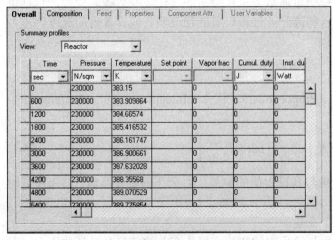

图 4-83　在 Aspen Plus 中查看间歇反应器的计算结果 II

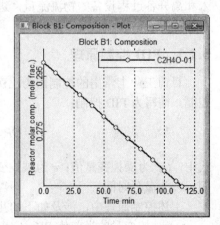

图 4-84　在 Aspen Plus 中画出间歇反应的变化过程

第5章

化工过程控制方案设计

在化工流程设计时，通常只根据经济性对候选设计方案做出判断，而不考虑过程的可控性。这可能排除容易控制但经济性略差的方案，而倾向于选择经济性稍好但极难控制的方案。如果这样得到的流程具有本质危险时，方案的实际可操作性就很差，因为最终的装置往往会难以控制，导致产品不合格、燃料过量使用以及安全与环保问题。所以，在工艺设计过程中，需要考虑过程的可控性，确保能够设计一个控制系统，将过程维持在要求的操作水平和设计约束范围内。

5.1 基本控制系统的组成

控制系统的工作原理是通过调整操纵变量来保持被控变量在一个合理的范围内波动。操纵变量数等于能进行调节的被控变量数。操纵变量通常是影响过程输出的独立变量，可由操作人员或控制机构自由调节。与其类似的还有扰动变量（也称为外部定义变量），这些变量服从于外部环境，是不可控制的，但控制系统要尽可能减弱这些变量波动对产品质量的影响。被控变量是那些提供有关过程状态的信息的变量，通常与离开过程的物流或过程设备内部的测量值有关。在设计控制系统时，被控变量通常为可被测量的（在线或离线）变量，包括进入和离开各过程设备的物流流量，进入和离开各过程设备的物流和／或设备内的温度、压力和组成等。

5.1.1 PID 控制原理

目前工业上常用的控制器为比例（Proportional）、积分（Integral）、微分（Differential）控制，简写为 PID 控制：

$$OP = K_c \left(e + \frac{1}{T_i} \int e \, dt + T_d \frac{de}{dt} \right) \tag{5-1}$$

式中，OP 为操控变量值；e 为被控变量与其设定值的偏差；K_c 为比例放大系数；T_i 为积分时间；T_d 为微分时间。

上述控制原理中，涉及如下的几个变量。

① 被控变量的当前值 PV。它表示与流程中的物流或操作有关的任何变量（如压力、温度、液位、组成、流量等）。

② 控制器输出 OP。该变量的变化范围为 $0 \sim 1$，由控制器操控，作用于气动或电动调节

阀上。该变量通常用于控制物流流量或能流的传热速率。

③ 控制器的设定值 *SP*。该值表示 *PV* 所期望的值，通常根据工艺设计条件来确定。如果该值为定值，则控制器独立工作；如果该值为变化的，由其他控制来给定，则称控制器是被串级的。式（5-1）中的 *e=PV−SP*。为消除绝对数值带来的误差，需将 *e* 按如下方法无量纲化：

$$e = \frac{PV - SP}{Hrang - Lrang} \tag{5-2}$$

其中的 *Lrang* 和 *Hrang* 分别代表该测量值的最小和最大值，即量程。

④ 控制的正反作用。它规定了控制器的作用方向，即 *PV* 和 *OP* 二者之间的相对变化趋势。对正向动作的控制器，当 *PV* 增加超过 *SP* 时，*OP* 增加，反之亦然。

在常用控制规律中，比例作用是最基本的控制规律，其特点是：控制器的输出与偏差成比例，阀门位置与偏差之间有一一对应关系。当负荷变化时，比例控制器克服干扰能力强，过渡过程时间短，经常用于中间储罐的液位、精馏塔塔釜液位以及不太重要的蒸气压力调节等场合。但是，纯比例控制器在过渡过程终了时存在余差，稳态控制结果不佳。

积分作用使控制器的输出与偏差的积分成比例，故过渡过程结束时无余差，这是积分作用的显著优点。但是，加上积分作用，会使稳定性降低。虽然在加上积分作用的同时，可以通过加大比例度，使稳定性基本保持不变，但超调量和振荡周期都相应增大，过渡过程时间也加长。积分与比例相结合的比例积分控制器是使用最多、应用最广的控制器，适用于调节滞后较小、负荷变化不大、工艺参数不允许有余差的系统，如流量、压力和要求严格的液位控制系统等。

微分作用使控制器的输出与偏差变化速度成比例。它对克服被控变量调节滞后的问题有显著效果。比例、积分、微分三者结合的比例积分微分控制器适用于变量滞后大、负荷变化大、控制质量要求较高的系统，目前多用于温度控制系统。对于滞后很小或噪声严重的系统，应避免引入微分作用，否则会由于参数的快速变化引起控制作用的大幅度变化，严重时会导致控制系统不稳定。

分析 PID 控制效果的一个有力工具是 Matlab 中的 Simulink。Simulink 具有强大的控制系统分析功能，使用起来也非常方便，不管是线性系统、数字控制、非线性系统，及数字信号处理的分析和验证皆是非常方便的。其输入方式是采用图形输入的方式，因此用户只要知道研究对象的信号流程图，就可以十分简单地进行分析。Simulink 采用开放式的结构，因此可非常方便地用来开发子程序供其他 Matlab 程序使用，也可以转为 C 或 Fortran 语言程序。因此，Simulink 在化工控制领域越来越受重视。

【例 5-1】 某敞口水槽（见图 5-1），水从顶部进入，从底部流出。针对该敞口水槽液位控制器 LIC，利用 Simulink 工具分析 PID 参数对控制效果的影响。

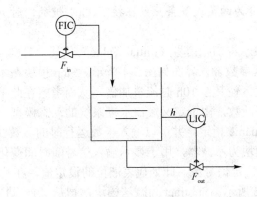

图 5-1 敞口水槽控制方案

解 ① 启动 Matlab，点击工具栏中的 🐱 或在命令窗（Command Window）中敲入"simulink"命令，启动 Simulink 工具箱，如图 5-2 所示。该工具箱提供了各种控制模块，并分类组织起来供用户选择。常用的模块组有 Sources（信号源）、Sinks（输出）、Signal Routing（信号传输）、User-Defined Functions（自定义函数）等。

图 5-2 Simulink 工具箱界面

②点击 Simulink 界面工具栏中的 □ 或菜单 File→New→Model，新建一个工程。分别从 Libraries→Simulink→Sources 中选择 Step 和 Constant 模块，Libraries→Simulink→Signal Routing 中选择 Mux 模块，Libraries→Simulink→Sinks 中选择 Scope 模块，Libraries→Simulink→Math Operations 中选择 Subtract 模块，Libraries→Simulink Extras→Additional Linear 中选择 PID Controller 模块，将它们拖放至新建的工程对话框中，构建如图 5-3 所示的信号流图。

提示： ① 连接模块时，直接将鼠标光标移至源模块，光标将变为+形，按下鼠标左键就可以拉出一条信号线，引至目标模块上松开鼠标左键即可。

② 若需要将一条线分为两条或多条，可在按下 Ctrl 键的同时点击信号线，或直接用鼠标右键点击信号线。

Step 为阶跃函数，表示将初始信号（Initial Value）从某一时刻（Step time）突然变为最终信号（Final Time），其参数输入界面如图 5-4 所示。Step 模块在本例中的作用是提供一个入口水流的流量波动干扰，使其在 10h 时流量加倍，从而考察在此干扰下 PID 的控制作用。S-Function 为用户自定义函数，用于定义敞口水罐系统的动态模型，其对应的后台函数代码由其界面中的 S-function name 指定，并可以输入函数运行时的参数（S-function parameters），如图 5-5 所示。Scope 模块为示波器，用于显示输入信号随时间变化的曲线，此处显示的是水罐的液位。Constant 为恒定信号源，此处代表液位的设定值，在其界面中的 Constant value 中输入常量 0.5，如图 5-6 所示。Subtract 为减法模块，把从 '+' 进入的信号减去从 '−' 进入的信号，将差值输出。Subtract 在本例中的作用是提供设定值与测量值的偏差，即式（5-1）中的 e。PID Controller 模块即为式（5-1）所表示的 PID 控制器，具有比例、积分时间和微分时间三个参数，其参数输入界面如图 5-7 所示。但该模块实际采用式（5-3）所示的控制规律，将比例、积分和微分的作用分开了，使用时要注意。

$$P = K_c e + T_i \int e \, dt + T_d \frac{de}{dt} \tag{5-3}$$

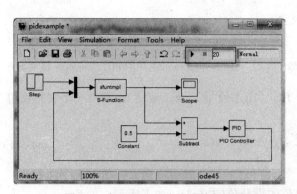

图 5-3　在 Simulink 中搭建信号流图

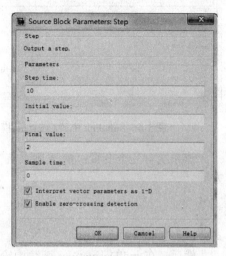

图 5-4　Simulink 中的 Step 模块参数

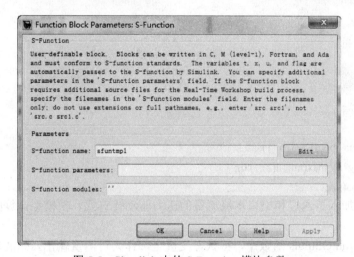

图 5-5　Simulink 中的 S-Function 模块参数

③ 在 Matlab 的命令窗中输入 edit sfuntmpl 命令，编辑上述 S-Function 模块所代表的代码。其中，sfuntmpl 为 Matlab 提供的一个用户自定义程序模块，用户可以在其上进行适当修改后即可运行。该程序主要包含如下函数：mdlInitializeSizes——初始化，mdlDerivatives——微分方程，mdlOutputs——输出。而且，各函数均统一使用 t 表示当前时间，x 表示状态变量（被微分变量），u 表示输入变量，sys 表示输出。本例中，在 mdlInitializeSizes 函数中指定状态变量数为 1（液位），输出数为 1（液位），输入数为 2（入口水流扰动，PID 输出），如下所示：

```
sizes.NumContStates  = 1;
sizes.NumOutputs     = 1;
sizes.NumInputs      = 2;
```

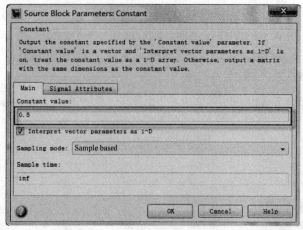
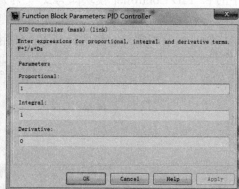

图 5-6　Simulink 中的 Constant 模块参数　　　图 5-7　Simulink 中的 PID Controller 模块参数

该系统有三个变量：F_{in}（进水流量）、F_{out}（出水流量）、h（液位），涉及一个物料衡算方程

$$A\frac{\mathrm{d}h}{\mathrm{d}t} = F_{in} - F_{out} \qquad\qquad (5\text{-}4)$$

式中，A 为水槽的底面积。

然后，在 mdlDerivatives 函数中输入液位的微分值[式 5-4]，如下所示：

```
g=9.81;
Co=0.5;
Ci=1;
den=1000;
A=1;
pin=1.011e5;
pout=1.01e5;
Fin=Ci*sqrt((pin– pout)/den)*u(1);
Fout=Co*sqrt(g*x)*max(min(u(2),1),0);
sys = (Fin – Fout)/A;
```

上述代码中加入了入口和出口水流流量的压力驱动计算式，使模型计算的动态响应更加准确。

接下来，在 mdlOutputs 函数中，将状态变量全部作为可测量输出，即液位既是状态量又是输出量，其代码如下：

```
sys = x;
```

最后，把该程序保存在图 5-3 流程所在的目录下，并把程序名字输入到图 5-5 中的 S-function name 内。

④ 点击菜单 Simulation→Configuration Parameters，弹出如图 5-8 所示的 Simulink 模拟参数输入界面。在 Stop time 中输入 20，表示模拟周期为 20 h。用户还可以根据需要，在 Solver 中选择不同常微分方程算法。关闭该对话框，点击图 5-3 中工具栏上的▶，启动模拟计算。点击 Scope 模块，弹出如图 5-9 所示的结果曲线。点击工具栏中的🔍，可以使曲线自动位于坐标系的中间。

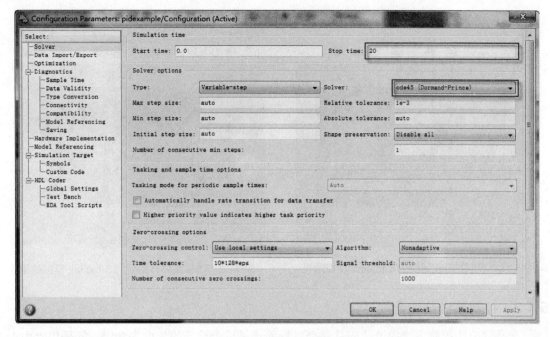

图 5-8　Simulink 模拟参数

由图 5-9 可见，该水罐在大约 6h 时达到 0.5m 的设定液位，10h 时刻出现的阶跃干扰使得液位重新波动，但在 15 h 时刻又回到了 0.5m 的设定液位。所以，PID 控制器较好地控制了液位的波动。将图 5-7 中所示的比例（Proportional）系数减至 0.1，所得的结果如图 5-10 所示，可见被控量波动加大，没有达到设定液位值，说明比例作用过小会导致调节速度慢。将图 5-7 中所示的积分（Integral）系数减至 0.1，所得的结果如图 5-11 所示，可见被控量变化较慢，没有达到设定液位值，说明积分作用小控制误差大。将图 5-7 中所示的微分（Derivative）系数增至 1，所得的结果如图 5-12 所示，可见被控量波动较大，没有达到设定液位值，说明微分作用大时系统反而不稳定。

由上述分析可知，PID 参数的合理选择对控制质量的影响是很大的。实践中，通常先调比例系数，再调积分时间，而微分时间通常给为 0。也就是说，需要根据具体的调节对象、干扰形式等来通过经验来确定 PID 参数，在工况发生变化后也需要及时调整这些参数。

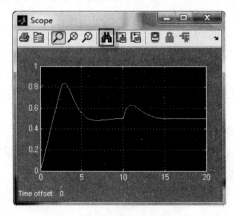

图 5-9　Simulink 模拟结果

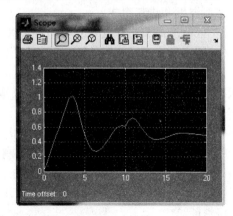

图 5-10　减小比例作用后的 Simulink 模拟结果

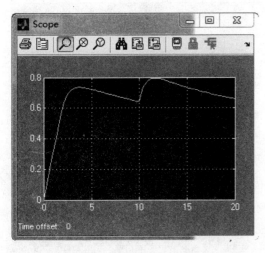
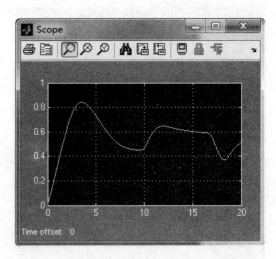

图 5-11　减小积分作用后的 Simulink 模拟结果　　　图 5-12　增加微分作用后的 Simulink 模拟结果

5.1.2　控制系统结构合成

全装置范围控制系统的设计应从整个过程而不是单个设备的角度来考虑，即采用"由上到下"的顺序法，利用可获得的自由度，按重要性的次序来依次达到设计目标。全装置范围控制的定性设计法由以下步骤组成。

① 确定控制目标。这是与过程目标密切相关的。例如，可能希望在确保产品满足市场规定质量的同时，完成规定的生产量，并保证过程满足环境和安全方面的约束。

② 确定控制的自由度。实际上，自由度分析对全装置范围控制系统的合成可能太烦琐。比较简捷的方法是，流程中控制阀的数目等于自由度的数目。当流程中阀门位置确定后，必须仔细避免用一个以上的阀控制一个流量。万一自由度不能充分满足所有控制目标，这可能必须增加控制阀。

③ 建立能量管理系统。在本步骤中，确保控制回路能将放热和吸热反应器调节在要求的温度水平上。此外，确定温度控制器的位置，保证通过公用工程物流而不是热集成中的匹配物流来调节温度，从而将外界扰动从过程中排除。

④ 稳定产量。这由在主进料物流或主产物物流上设置流量控制回路实现，注意这两种选择会导致非常不同的全流程控制结构。另一种选择是通过调节反应器操作条件控制产量，例如控制温度和进料组成。

⑤ 控制产品质量和处理安全、环境和操作方面的约束。

⑥ 固定每个循环回路的流量和控制气相和液相量（容器压力和液位）。过程设备内的负荷，例如持液量和容器压力（气相持有量的量度）是比较容易控制的，它们的控制对稳定装置状态是很重要的。必须对每个循环物流施加流量控制，以避免循环流量通过设备后的正反馈作用，即"雪球效应"。

⑦ 校核组分衡算。设置控制回路防止个别化学组分在过程中积累。

⑧ 控制各过程单元。在这一步，对剩余的自由度进行安排，保证为每个过程单元提供适当的局部控制。注意在处理装置范围的主要控制问题后才进行这一步。

⑨ 经济优化和改善动态可控性。当某些控制阀还要被安排时，用它们改善过程的动态和经济性能。

【例 5-2】 针对第 2 章所设计的 HDA 工艺流程，设计其控制结构。

解 第2章对 HDA 的反应、分离、循环和换热部分给出了详细设计结果（图 2-92），针对这一结果进行全流程范围控制系统的初步设计，将有助于判别达到所要求产量水平的难易程度。具体设计步骤如下。

① 确定控制目标。HDA 流程的控制目标是达到苯的产量为 120kmol/h，为稳定该产量，必须用阀 V-2 控制原料甲苯的进料量。

② 确定控制的自由度。在工艺流程图（图 5-13）中已确定了 22 个控制阀的位置，它们就是控制流程中各类物料和设备状态的自由度。

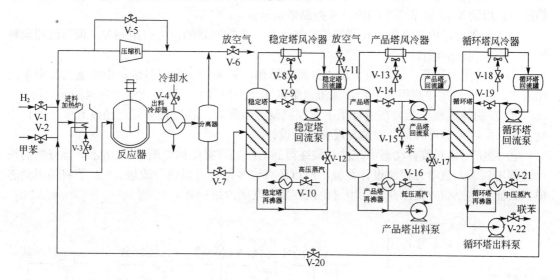

图 5-13　带控制阀的 HDA 流程

③ 建立能量管理系统。通过加热炉燃料气阀 V-3 调节反应器进料的温度在 621℃，冷却水阀 V-4 用于调节反应器出料的温度在 38℃。这两个阀调节的都是公用工程物流，所以避免了温度扰动不被循环放大，从而提高了反应器进出料温度的稳定性。

④ 稳定产量。如前所述，设置一流量控制器，用阀 V-2 来控制新鲜甲苯的进料量为 130.23kmol/h（见表 2-16），由它的设定值来调节产量。而且，用阀 V-1 来控制新鲜氢气的进料流量为 225.07kmol/h（见表 2-16）。

⑤ 控制产品质量以及处理安全、环境和操作方面的约束。稳定塔顶用于脱除轻组分，对浓度没有严格的要求，所以塔顶回流直接用 V-9 进行流量调节，使其流量固定在 1.34kmol/h（塔顶产品流量为 8.92kmol/h，回流比为 0.15，所以回流量为 8.92×0.15=1.34kmol/h，这些数据分别见表 2-15 和表 2-16）。而产品塔和循环塔的塔顶馏出主产品和主原料，所以需要进行严格控制，可通过阀 V-14 和 V-19 调节精馏段温度来间接控制产品组成。由于稳定塔和产品塔的塔釜产品都要进入其后的精馏塔进行二次分离，所以这些产品的浓度也要严格控制，可通过阀 V-10 和 V-16 调节塔釜温度来间接控制产品组成。而循环塔则不同，其塔釜产品为用作燃料的副产品联苯，无需严格控制其浓度，所以阀 V-21 被用于调节蒸汽流量。

⑥ 固定每个循环回路的流量以及控制气相和液相量（容器压力和液位）。循环物流流量必须通过流量控制保持恒定。对于液相循环，由于循环塔塔顶产品阀 V-20 将用于回流罐液位控制，所以不能用其来固定循环液流量。于是，需要将新鲜甲苯进料的流量控制器改为控制新鲜甲苯和循环甲苯汇合物流的流量，调节阀还是 V-2。对于气相循环，直接通过阀 V-14 控制调节压缩机旁路流量，就可以固定其流量。

对三个塔的收集器和回流罐必须设置液位控制，对三个塔的压力控制也是需要的。对于循环塔，用阀 V-20 调节塔顶物流，来控制该塔回流罐的液位；用阀 V-22 调节塔底联苯流量，来控制塔釜液位；通过调节空冷器调节阀 V-18 来控制回流罐压力，因为塔顶气相中基本不含不凝性组分。对于产品塔，用阀 V-15 调节塔顶物流，来控制该塔回流罐的液位；用阀 V-17 调节塔底物流，来控制塔釜液位；通过调节空冷器调节阀 V-13 来控制回流罐压力，因为塔顶气相中基本不含不凝性组分。对于稳定塔，用回流罐放空阀 V-11 来控制回流罐压力，因为塔顶气相中含有较多的不凝性组分；用空冷器调节阀 V-8 调节塔顶制冷量，来控制该塔回流罐的液位；用阀 V-12 调节塔底物流，来控制塔釜液位。

对于分离器，用放空阀 V-6 调节放空气流量，来控制罐的压力；用阀 V-7 调节液相出料流量，来控制罐的液位。

⑦ 校核组分衡算。为了防止反应过程中结焦，必须控制反应器进料中的氢气与甲苯之比为 5:1，所以需要将甲苯汇合物流流量乘以 5 作为新鲜氢气进料流量控制器的设定值。

⑧ 控制各过程单元。在进行了上述控制设计步骤后，各过程单元已经没有多余的自由度可用，所以无需再对单个的单元设备进行设计。

⑨ 经济优化和改善动态可控性。最终得到的控制方案结构如图 5-14 所示。该方案的设计过程用到了大量单元控制设计经验，所以还有许多地方可以进行改进。5.2 节将利用动态模拟验证上述控制方案，并进一步讨论该控制方案的改进问题。

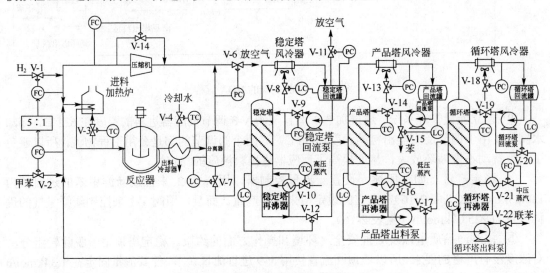

图 5-14　HDA 流程的控制结构

5.2　利用 Aspen Plus 进行精馏塔灵敏板分析

5.2.1　Aspen Plus 中的灵敏度分析

灵敏度分析（Sensitivity Analysis）是一个研究过程变量之间关系的有力工具。利用该工具，用户可以改变一个或多个流程变量并研究该变化对其他流程变量的影响，是进行工艺可控性研究的一个有用工具。被变化的流程变量必须是流程的输入参数，由模拟系统计算出的变量不能被改变。灵敏度分析中对流程输入量所做的改变不会影响模拟，因为灵敏度研究独立于基础工况模拟而运行。灵敏度分析的主要用途包括：① 研究输入变量的变化对过程的影响；② 验证一个设计规定是否可行；③ 初步优化。

在 Aspen Plus 软件中，灵敏度分析工具位于 Data Browser 的 Model Analysis Tools→Sensitivity 内，如图 5-15 所示。建立一个灵敏度分析任务的步骤如下。

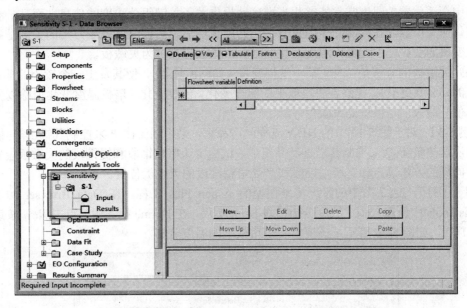

图 5-15　Aspen Plus 中的灵敏度分析工具

① 定义要被进行灵敏度分析的流程变量。它们通常为经过模拟计算出的变量，在 Define 对话框内定义。

② 定义要被变化的输入变量。它们不能是经过模拟计算出的变量，并要指定这些变量的变化范围（可以是一系列的等距点或变量值列表），在 Vary 对话框内定义。

③ 定义灵敏度分析表格。需要规定表格各列所要计算的变量，这些变量可以从步骤①内定义的变量列表中选择，或者输入任何合法的 Fortran 表达式，表达式含有步骤①内定义的某些变量。这些内容在 Tabulate 对话框中定义。

灵敏度分析结果在 Sensitivity Results→Summary 内查看。该结果是一个表格，表格的前 n 列是被改变的变量的值（n 是用户在 Vary 对话框内定义的被改变变量的个数），其余列则用来显示用户在 Tabulate 页面上定义的各变量的值。Aspen Plus 还提供了 Plot 菜单项，帮助用户将灵敏度分析结果绘成曲线图，以便更清楚地观察不同变量间的关系。绘图的基本步骤如下。

① 选择作为自变量的列，然后从 Plot 菜单下选择 X-Axis Variable。

② 选择作为因变量的列，然后从 Plot 菜单下选择 Y-Axis Variable。

③ 从 Plot 菜单下选择 Display Plot。

提示：用鼠标左键点击列标题来选择一列数据。

5.2.2　精馏塔的灵敏板分析

绝大多数精馏塔的设计是为了将两种关键组分分离以获得指定的分离效果。因此，在精馏塔的操作中，"理想的"控制结构需要测定产品流股的组成，并调整一些可控输入（如回流比、加热蒸汽流量等），从而能够达到产品流股中关键组分的纯度要求。然而，由于在线组分分析仪价格昂贵、维修成本高，而且存在测量滞后性，所以在实践中应用得并不多。所以，不直接测量组分浓度也能取得较好控制效果的温度控制方案，在实践中得到了广泛的应用。

对于恒压二元体系，温度与组成是一一对应的。虽然该规律并不适用于多组分体系，但精馏塔中合适位置的温度常常能够相当准确地提供关于关键组分浓度的信息。而且，温度传感器廉价而又可靠，在控制回路中只有很小的测量滞后。塔板温度控制方案的关键是寻找一块受控变量的变化能引起最大温度变化的塔板，该板也被称为灵敏板。

确定灵敏板的方法是：改变某一受控变量（如回流量等），使其发生一个较小的变化（如设计值的±5%或更小），观察各块塔板上的温度变化，温度变化（塔板温度变化值除以受控变量变化值）最大的塔板就是灵敏板。

【例5-3】 对于图5-14中的HDA流程的产品塔，采用回流比 R 来控制其馏出产品组成，采用再沸器热负荷 Q 来控制其塔釜产品组成，试确定该塔精馏段和提馏段的灵敏板位置。然后，用同样的方法确定稳定塔提馏段和产品塔精馏段的灵敏板位置。

解 ①打开2.4.3节中的带严格塔模型的 Aspen Plus 工程，在 Data Browser 的 Model Analysis Tools 中新建一个灵敏度分析模块 S-1。然后，在 Define 标签中，点击 New 按钮定义变量 STGT，如图5-16所示。该变量代表塔板上的温度分布。

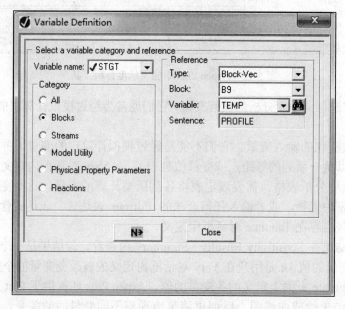

图5-16 定义 Aspen Plus 灵敏度分析模块中的被观测量

提示：Aspen Plus 可供用户使用的变量分为标量（Var）和向量（Vec）两种，后者在使用时需要制定索引号（Index）。

② 在 Vary 标签下，选择塔 B9（产品塔）的回流比（MOLE-RR）为灵敏度分析的调节变量，如图5-17所示。此处，在 List of values 中填入回流比改变前后的值，即由原先的1.81提高至1.90（增加5%）。

③ 在 Tabulate 标签下，指定 Column No（列号）为1~21（只分析精馏段），其值（Tabulated variable or expression）分别为对应塔板上的温度，如图5-18所示。

④ 为了避免带着整个流程进行灵敏度分析而引起收敛速度慢的问题，本例将除三个塔之外的其他设备全部去除，仅对如图5-19所示的流程进行分析。为此，需要输入稳定塔进料

600 的数据，可由 2.4.3 节的稳态模拟结果获得，列于表 5-1 中。

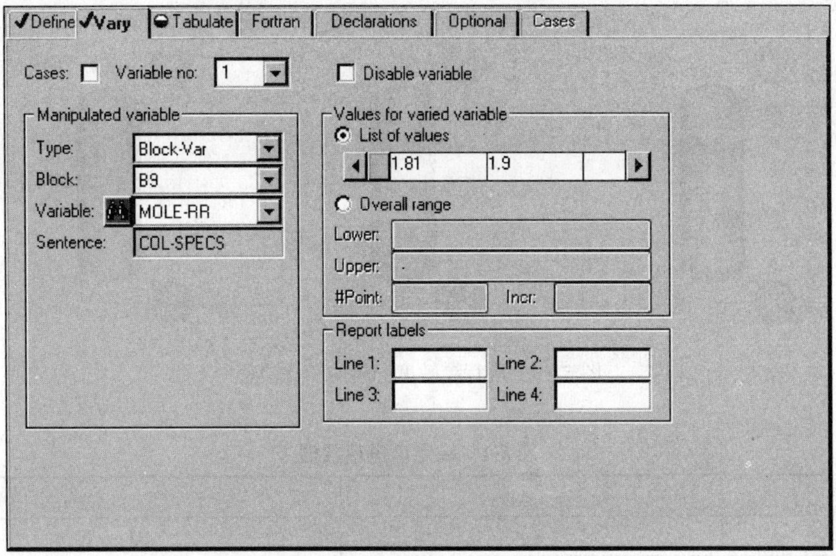

图 5-17　定义 Aspen Plus 灵敏度分析模块中的操纵变量

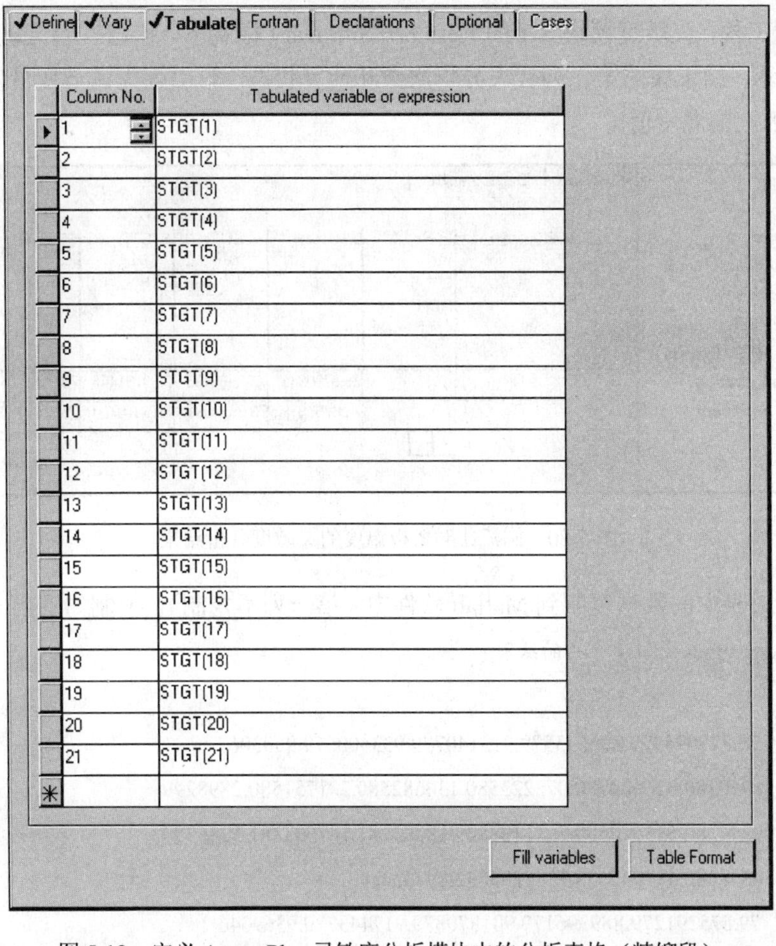

图 5-18　定义 Aspen Plus 灵敏度分析模块中的分析表格（精馏段）

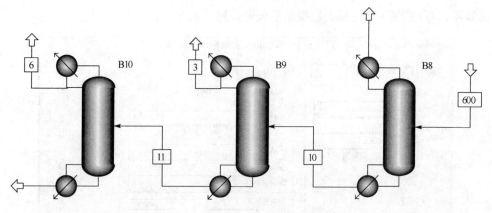

图 5-19　进行灵敏度分析的简化流程

表 5-1　稳定塔进料数据

温度/℃		压力/MPa		流量/（kmol/h）	
38		3.2		174.888384	
摩尔组成	H_2	CH_4	C_6H_6	C_7H_8	$C_{12}H_{10}$
	0.00476149	0.04437124	0.69666754	0.2367233	0.01747643

⑤ 运行工程，灵敏度模块 S-1 的 Results→Summary 标签下，可以查看灵敏度分析结果，如图 5-20 所示。结果表的第一列代表分析次数和计算状态，第二列为调节变量值，其余各列则表示各塔板上的温度值。

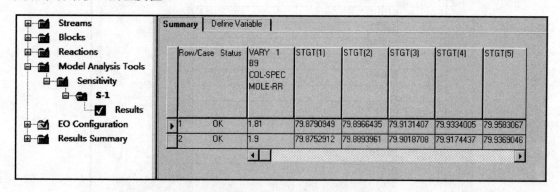

图 5-20　回流比对塔板温度的灵敏度分析结果

⑥ 将结果表中的数据复制到 Matlab 软件中（第一列不复制），编制如下的 Matlab 程序：

% 来自 Aspen Plus 灵敏度分析的结果

data=[

　　1.81　79.879094979.896643579.913140779.933400579.9583067

　　79.988950280.026689780.073223580.130682580.201751580.2898299

　　80.399244　80.535510580.705718880.918983181.187003181.5246789

　　81.950608682.487045683.158429383.9897333;

　　1.9　　79.875291279.889396179.901870879.917443779.9369046

79.961240579.991698 80.029856280.077721580.137854480.2135367

80.308996180.429707580.582797280.77758   81.026254381.3447497

81.753619682.278616282.950024583.8014782];
% 温度变化
ddata=data(2,:)–data(1,:);
% 温度变化/回流比变化
for i=2:length(ddata)
    ddata(i)=ddata(i)/ddata(1);
end
% 绘制结果
plot(1:length(ddata) –1,ddata(2:length(ddata)));
grid on,
xlabel('塔板号'),
ylabel('dT/dR'),

运行上述程序，得到如图 5-21 所示的最终分析结果。由该图可以看出，回流比对第 19 块塔板温度的影响最大，所以该塔板就是精馏段的灵敏板。

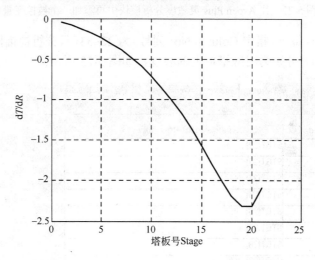

图 5-21　在 Matlab 中绘制出的回流比对塔板温度的灵敏度分析结果

提示：欲将 Matlab 所绘制的曲线图复制到其他软件中，只需点击菜单 Edit→Copy Figure 即可。图片参数（如图片格式、背景色等）通过菜单 Edit→Copy Options 来修改。

⑦ 接下来，考察再沸器热负荷 Q 对塔板温度的影响。在 Vary 标签下，点击 variable no 中的<New>来添加一个调节变量 2。选择塔 B9 的 QN（Variables）为灵敏度分析的调节变量，并在 List of values 中填入 Q 热负荷改变前后的值，即由原先的 2104767.66W 提高至 2210000W（增加 5%），如图 5-22 所示。同时，还要将第一个变量——回流比 R 屏蔽掉（选中 Disable variable），否则灵敏度分析模块将针对两个变量值的各种组合情况进行计算。最后，塔 B9 原来的操作规定（Operating specifications）包括的是 Refulx ratio（回流比）和 Distillate to feed ratio（馏出对进料流量比），并不包括再沸器热负荷 Q。所以，为了进行 Q 的灵敏度分析，需要将 Distillate to feed ratio 替换为 Reboiler duty。

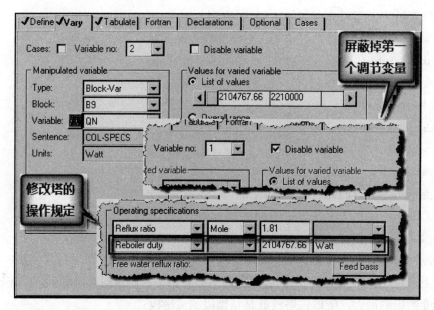

图 5-22   往 Aspen Plus 灵敏度分析模块中再添加一个被控变量

⑧ 在 Tabulate 标签下，指定 Column No（列号）为 22~33（只分析提馏段），其值（Tabulated variable or expression）分别为对应塔板上的温度，如图 5-23 所示。

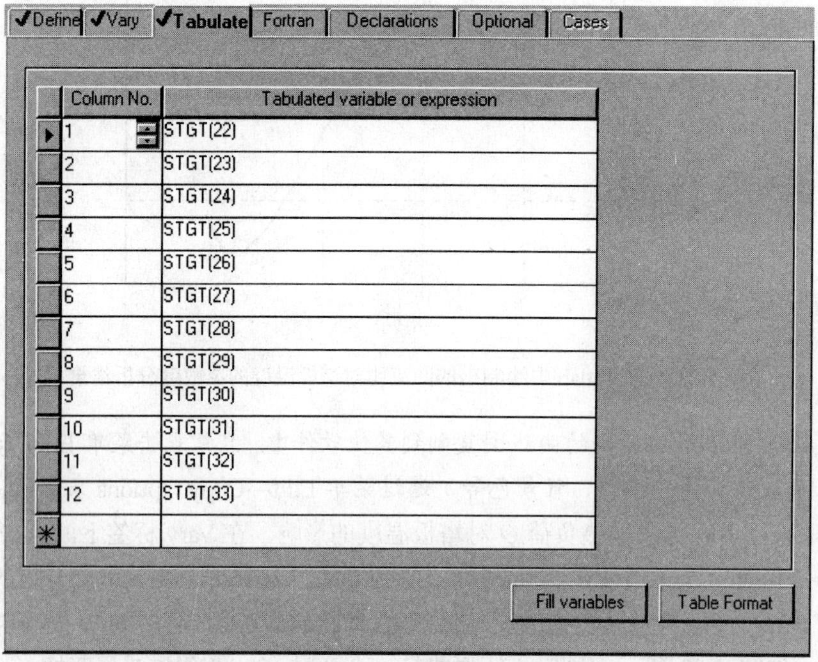

	Column No.	Tabulated variable or expression
▶	1	STGT(22)
	2	STGT(23)
	3	STGT(24)
	4	STGT(25)
	5	STGT(26)
	6	STGT(27)
	7	STGT(28)
	8	STGT(29)
	9	STGT(30)
	10	STGT(31)
	11	STGT(32)
	12	STGT(33)
*		

图 5-23   定义 Aspen Plus 灵敏度分析模块中的分析表格（提馏段）

⑨ 重复步骤⑤和⑥，得到再沸器热负荷 Q 对塔板温度的影响结果，如图 5-24 所示。可以看出，第 26 块塔板为提馏段的灵敏板。

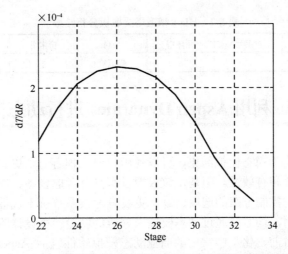

图 5-24　在 Matlab 中绘制出的再沸器热负荷对塔板温度的灵敏度分析结果

⑩ 依照同样方法，可分析得到稳定塔提馏段的灵敏板为第 4 块理论板（进料板），循环塔精馏段的灵敏板为第 6 块理论板，结果分别如图 5-25 和图 5-26 所示。各塔的分析结果列于表 5-2 中。

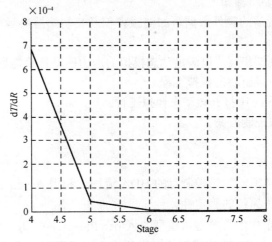

图 5-25　稳定塔提馏段的灵敏度分析结果

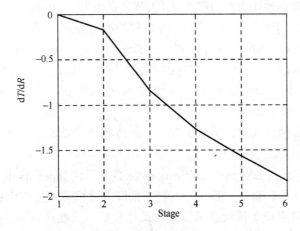

图 5-26　循环塔精馏段的灵敏度分析结果

表 5-2　HDA 精馏塔灵敏板分析结果

项目	稳定塔	产品塔	循环塔	项目	稳定塔	产品塔	循环塔
精馏段	—	19	6	提馏段	4	26	—

5.3　利用 Aspen Dynamics 进行动态模拟

前期的工艺设计均为稳态模拟结果，可以使用户对流程有一个更加深入的了解，或者说可以验证流程的可行性和有效性。但是，该模拟过程没有考虑设备、阀门尺寸等物理量对流程的影响，也没有考虑控制方案的选取问题，更没有考察系统抗干扰性能。这些因素在流程设计中起到重要的作用，均需要通过动态模拟来分析，以检验所设计的控制措施能否将工艺控制在设计值附近。目前，化工中常用的商业动态模拟软件包括 Aspen Dynamics、HYSYS 和 PROT/II，下面以使用最为广泛的 Aspen Dynamics 为例说明如何进行动态模拟。

用 Aspen Plus 开发完稳态模拟过程后，就可以利用 Aspen Dynamics 开发动态模拟过程了，考察控制方案的可行性。与稳态模拟不同的是，动态模拟为压力驱动计算，即所有流量的计算都需要一定压差，所以动态模拟需要更多的设备数据。

进行动态模拟的主要步骤如下。

① 输入动态模拟所需的额外数据，如储罐容积及其初始持料量等。通常，这些数据都设有默认值。

② 添加必要的控制阀和泵，以满足动态模拟的压力驱动计算需要。

③ 从 Aspen Plus 中导出动态模拟工程。

④ 在 Aspen Dynamics 中打开该动态模拟工程。

⑤ 根据需要来修改控制方案。

⑥ 运行动态模拟。

⑦ 分析结果，完善控制方案。

【例 5-4】 对图 5-14 所示的带控制点的 HDA 流程，利用 Aspen Plus 进行动态模拟，检验存在进料波动的情况下系统的稳定性。

解　① 打开 2.4.3 节中的带严格塔模型的 Aspen Plus 工程。为了确定三个塔的尺寸，包括塔高、塔径、回流罐尺寸和残液罐尺寸，需要指定塔板类型（或填料类型），以便获得流体力学数据。具体原理和操作方法可参看 4.4.3 节。点击 Data Browser 的 Blocks→B8→Tray Sizing，为稳定塔新建一个塔板计算模块 1。在该模块的 Specifications 标签下，选定 Tray type（塔板类型）为 Nutter Float Valve（浮阀），并指定 Starting stage（开始塔板号）为 2，Ending stage（结束塔板号）为 7，如图 5-27 所示。同样的方法，指定产品塔和循环塔的塔板类型为浮阀。运行模拟，从三塔的塔板计算模块的 Results 标签中，可以看到三塔的塔径（Column diameter）依次为 0.81m、1.53m 和 0.62m。

提示： Aspen Plus 的计算中，第一块理论塔板为塔顶冷凝器，最后一块理论塔板为塔釜再沸器。

② 在 Data Browser 的 Setup→Specifications 标签下，将 Input mode 由 Steady-State 改为 Dynamic，如图 5-28 所示。也可以点击工具栏中的 ⬚，将模拟的目的由稳态改为动态。设定了动态模拟选项后，许多设备模块都需要添加尺寸数据，需要从各模块的 Dynamic 标签中指定。

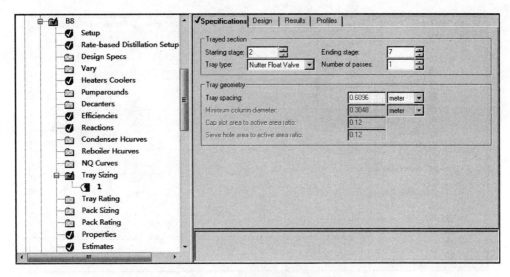

图 5-27　指定稳定塔的塔板类型

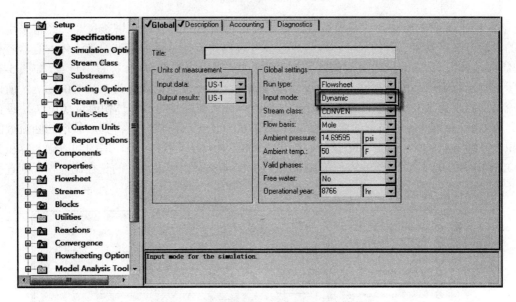

图 5-28　将 Aspen Plus 案例改为动态模拟

提示：通过菜单 View→Toolbar，然后在弹出的对话框中选择 Dynamic 复选框，来显示动态模拟工具栏，如图 5-29 所示。

③ 给定反应器的尺寸。根据设计基础案例中的反应器体积 178m³，由式（2-12）计算得到反应器的直径为 3.3m，高度为 20m。在反应器 B1 的 Dynamic 选项中，输入这些数据，如图 5-30 所示。

提示：由于反应器的 Setup 页面中已经指定了反应器体积，所以在 Dynamic 中输入尺寸时，只需要输入高度和直径二者之一就可以了，剩余的项则系统自动计算。

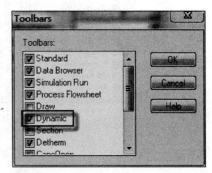

图 5-29　显示动态模拟工具栏

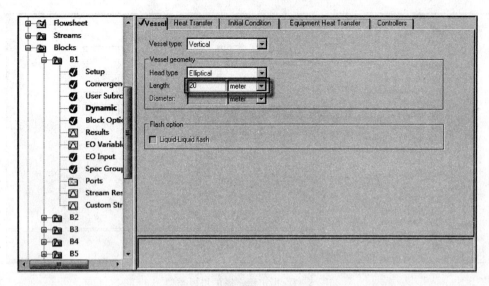

图 5-30　输入反应器的尺寸

④ 给定各塔的尺寸。动态模拟时，需要指定精馏塔的回流罐和塔釜尺寸。经常采用如下的经验方法来确定二者的尺寸：以进入或离开容器的流体总量为基准，当流体占容器容积50%时，流体应有 5min 的停留时间。液体的流量可从塔模块的 Profiles 标签中查看，如图 5-31所示。对于稳定塔，可查得回流罐的液体体积流量（第一块理论板）为 $3.38 \times 10^{-5} \mathrm{m}^3/\mathrm{s}$，所以回流罐的容积为 $3.38 \times 10^{-5} \times 10 \times 60 = 0.02 \mathrm{m}^3$；可查得进入到塔釜的液体体积流量（第 7 块理论板）为 $0.011 \mathrm{m}^3/\mathrm{s}$，所以塔釜的容积为 $0.011 \times 10 \times 60 = 6.6 \mathrm{m}^3$。同样，可得到产品塔的回流罐的容积为 $0.0089 \times 10 \times 60 = 5.3 \mathrm{m}^3$，塔釜的容积为 $0.0085 \times 10 \times 60 = 5.1 \mathrm{m}^3$；循环塔的回流罐的容积为$0.0015 \times 10 \times 60 = 0.9 \mathrm{m}^3$，塔釜的容积为 $0.0015 \times 10 \times 60 = 0.9 \mathrm{m}^3$。假设设备的长径比为 2，则直径和长度可由下两式来计算：

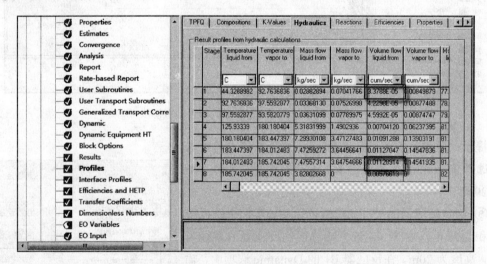

图 5-31　稳定塔的流体力学计算结果

$$D = \sqrt[3]{\frac{2V}{\pi}} \qquad (5-5)$$

$$H = 2D \qquad (5-6)$$

由此可以计算得到各塔回流罐和塔釜的直径和长度，列于表 5-3 中。然后，在稳定塔 **B8** 的 Dynamic→Reflux drum 下，输入该塔回流罐的直径和长度，如图 5-32 所示；在 Sump 标签下，输入该塔塔釜的直径和长度，如图 5-33 所示。最后，点击 Dynamic→Hydraulics 标签，在其中输入塔板数（从 2 到 7）和塔的直径（0.81m），其余数据采用系统给定的默认值即可，如图 5-34 所示。依照同样方法，依次输入产品塔和循环塔的上述信息。

表 5-3　HDA 各精馏塔回流罐和塔釜尺寸计算结果

项目	稳定塔			产品塔			循环塔		
	V/m^3	D/m	H/m	V/m^3	D/m	H/m	V/m^3	D/m	H/m
回流罐	0.02	0.23	0.46	5.3	1.5	3.0	0.9	0.8	1.6
塔釜	6.6	1.6	3.2	5.1	1.5	3.0	0.9	0.8	1.6

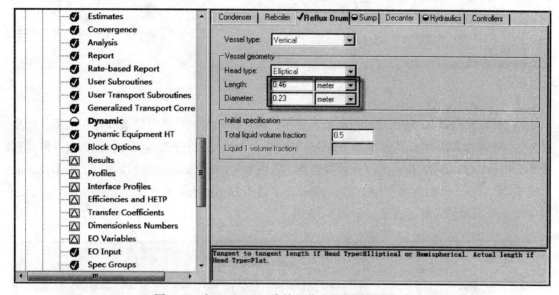

图 5-32　在 Aspen Plus 中输入稳定塔的回流罐尺寸

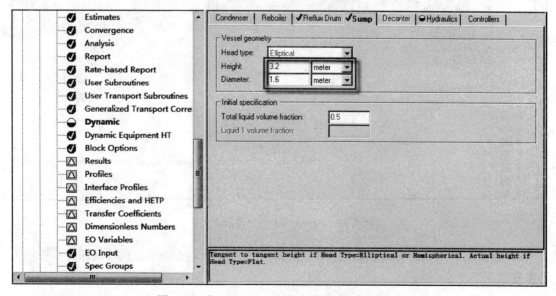

图 5-33　在 Aspen Plus 中输入稳定塔的塔釜尺寸

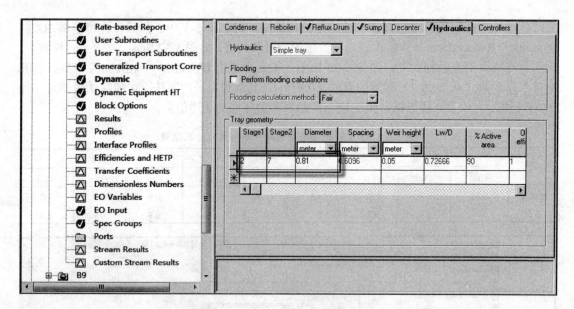

图 5-34　在 Aspen Plus 中输入稳定塔的直径

⑤ 给定分离器 B2 的尺寸。根据稳态模拟结果，可知流出分离器的液体体积流量（物流 16）为 0.0045m³/s，所以其容积为 0.0045×10×60=2.7m³。假设分离器的长径比为 2，则其直径和长度可由式（5-5）和式（5-6）计算得到，分别为 1.2m 和 2.4m。最后，在 B2 的 Dynamic 标签中，将 Vessel type（容器类型）由 Instantaneous 改为 Horizontal，并分别在 Length 和 Diameter 框中输入分离器的长度和直径，如图 5-35 所示。

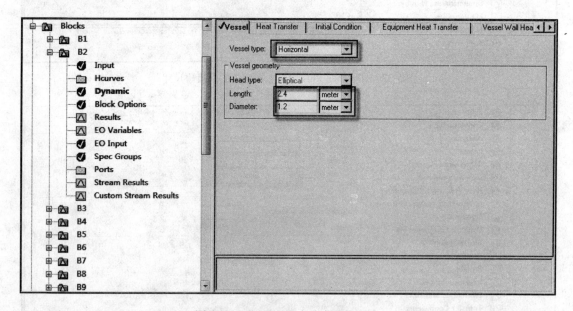

图 5-35　Aspen Plus 中分离器的尺寸

⑥ 根据图 5-13，往 HDA 流程图中添加阀和泵，如图 5-36 所示。这些阀和泵需要输入的参数已列于表 5-4 中。

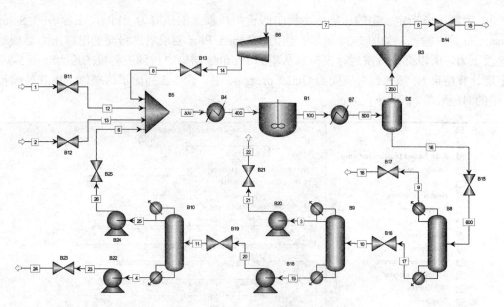

图 5-36 往 HDA 流程中添加阀和泵

表 5-4 HDA 流程中阀和泵的参数

阀	B11, B13	B12, B25	B14, B17	B16, B21, B19, B23	B15
Outlet pressure/MPa	3.4	3.4	0.1	0.1	1.0
Valid phases	Vapor-Only	Liquid-Only	Vapor-Only	Liquid-Only	Liquid-Only
泵	B20, B18, B22		B24		
Pressure increase/MPa	0.05		3.4		

⑦ 为进料预热器输入一定压降。将预热器 B4 的 Pressure 框中原来的 3.4MPa 更改为 −50kPa，如图 5-37 所示。同时，考虑这一压降后，反应器 B1 的压力需要修改为 3.35MPa。

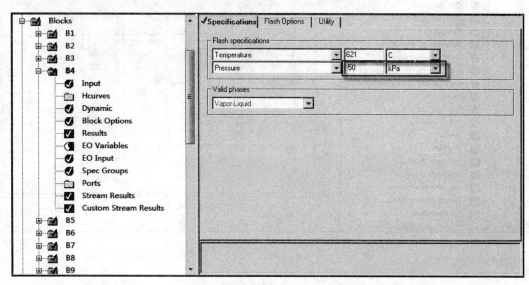

图 5-37 为预热器输入一定的压降

提示： 若换热器压力项中的数值大于零，则表示该值为换热器的操作压力；若数值小于零，则表示该值为换热器的压降。

⑧ 为精馏塔指定一定的压降，本例中假设每块板上的压降为 1kPa，在各塔的 Setup→
Pressure 标签中输入，如图 5-38 所示。然而，Aspen Plus 要求塔进料阀的出口压力必须等于
进料板压力，所以必须再次运行模拟，从塔的 Profiles 结果中找到进料板的压力（图 5-39 为
稳定塔计算结果），填入到对应阀的 Outlet pressure 中，表 5-5 列出了这些值，用其替换掉表
5-4 中的对应数值。

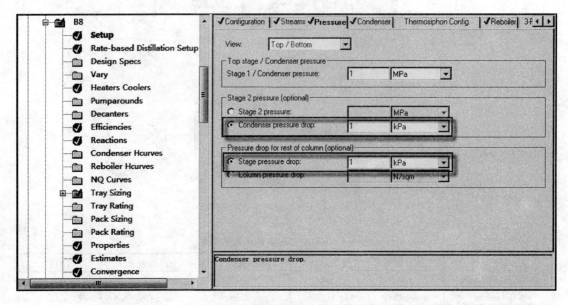

图 5-38　为精馏塔输入一定的塔板压降

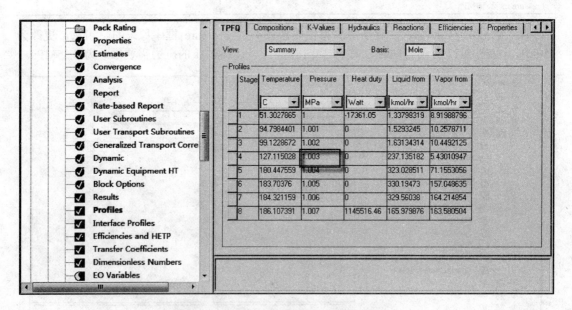

图 5-39　在 Aspen Plus 中查看进料板压力

表 5-5　添加压降后的 HDA 各塔进料阀出口压力

阀	B19	B16	B15
Outlet pressure/MPa	0.103	0.121	1.003

⑨ 至此，动态模拟所需数据均已指定。运行模拟后，点击动态模拟工具栏中的 R，进行压力驱动检查，结果如图 5-40 所示，表明上述设置已完全满足了压力驱动计算的需要。

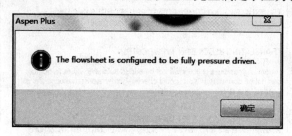

图 5-40　压力驱动检查结果

⑩ 点击动态模拟工具栏中的 ⋆⋆，将稳态模拟结果以压力驱动的形式导出到 Aspen Dynamics 中。此过程中，需要用户将该结果保存到一文件中（图 5-41），并会给出一些警告信息（图 5-42）。这些警告主要包括以下内容。

图 5-41　转换为动态模拟文件

■ 反应器 B1 未进行压力调节。由于分离器已加入了压力调节，所以反应器的压力可以得到保证，无需再单独进行压力调节。

■ 分离器 B2 气相出口没有调节阀。该阀被安装到了放空气物流 5 中，将来可用其来调节分离器的压力。

■ 产品冷却器 B7 建议进行纯气相冷却。实际上，该换热器的主要作用就是将气相冷凝为液相，以便在其后的分离器 B2 中进行分离，所以无需理会该警告。

■ 塔顶和塔釜出料中缺少控制阀。这些阀全部被安装在了泵后，可以在 Dyanmics 中手工添加液位控制器。

■ 泵将采用缺省的特性曲线进行计算。

虽然这些信息不会影响稳态向动态的转换，但用户必须在动态模拟时给予关注，并进行相应的修改才能得到正确的模拟结果。

提示：动态模拟文件后缀为 dynf。也可以通过菜单 File→Export 来导出动态模拟文件。

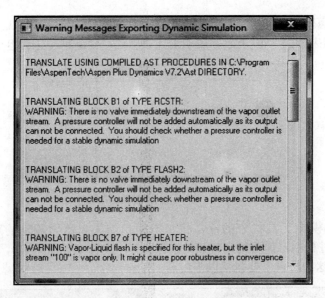

图 5-42　导出至 Aspen Dynamics 时的警告信息

⑪ 此时，已转换好的动态模拟文件自动在 Aspen Plus Dynamics 中打开，如图 5-43 所示。可以看出，该流程图与 Aspen Plus 中的稳态模拟流程图完全相同，只是增加了一些控制回路。但对照图 5-14 可以看出，还有许多控制回路未添加。将所有控制回路添加完毕的流程图见图 5-44，下面说明这些控制回路的添加方法。

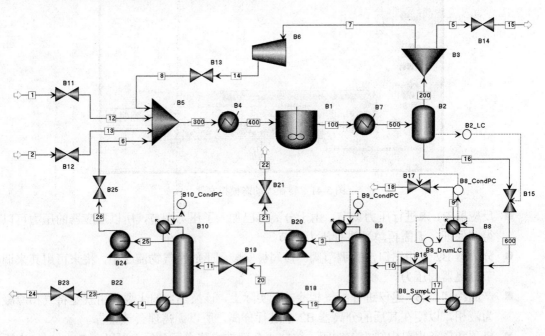

图 5-43　导入至 Aspen Dynamics 中的 HDA 流程

⑫ 首先，添加原料氢和甲苯的比例调节回路。由于甲苯进料流量控制器测量的是新鲜和循环甲苯的流量总和，所以需要拖放 ModelLibraries→Controls 2→Sum 图标（见图 5-45）至流程图，然后点击 ModelLibraries→ControlSignal（见图 5-46），此时流程图中的设备、物

流、阀门等图标四周均出现蓝色短线，代表所有可以连接控制线的信息，如图 5-47 所示。点击新鲜甲苯进料物流 13 旁边的蓝色短线，则弹出如图 5-48 所示的对话框。其中的 STREAMS（"13"）.Fcn("C7H8")代表该物流中甲苯的摩尔流量，选中此项后再点击 OK 按钮。此时，出现一带箭头的黑色实线。移动光标，则箭头随之移动，放置在加和器 B27 入口后点击左键，则弹出如图 5-49 所示的对话框。其中的 Input1 和 Input2 分别代表需要加和的两个信号，选择其中的 B27.Input1 后点击 OK 按钮，则物流 13 与加和器 B27 之间建立了一条蓝色虚线状的控制信号。同样方法，在循环甲苯物流 26 和加和器 B27 之间建立另一条控制信号线。然后，拖放 ModelLibraries→Controls→PIDIncr 图标（图 5-50）至流程图中，得到一 PID 控制器 B28，点击 ControlSignal 在加和器 B27 和控制器 B28 之间添加一控制信号线，弹出如图 5-51 所示的对话框。选择 B28.PV 后点击 OK 按钮，此步骤的含义是将加和器的输出作为控制器 B28 的测量值。最后，在新鲜甲苯物流阀 V12 和控制器 B28 之间添加一控制信号线，并在弹出的控制对话框（图 5-52）中选择 B28.OP，表示将该控制器的输出作用在阀 V12 上。至此，甲苯进料控制回路已添加完毕，修改 B28 的名称为 FC01，则得到如图 5-53 所示的控制流程。

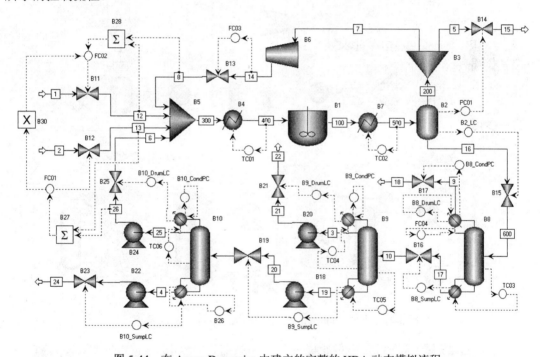

图 5-44　在 Aspen Dynamics 中建立的完整的 HDA 动态模拟流程

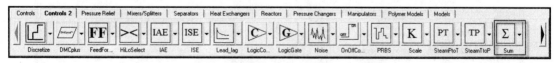

图 5-45　Aspen Dynamics 中的加和模块

提示：① 控制器对话框中的 PV 是 present value 的简称，意为该控制的当前测量值；SPRemote 是 set point remote 的简称，意为从外部输入的设定值；SP 是 set point 的简称，意为设定值；OP 为 opening 的简称，意为控制器输出的开度。

② 在图标上单击右键，可以看到 Aspen Dynamics 提供了很多有用的右键命令。其中的 Rename Block 为重命名，Rotate Icon 为旋转图标，Align Blocks 为对齐图标等。

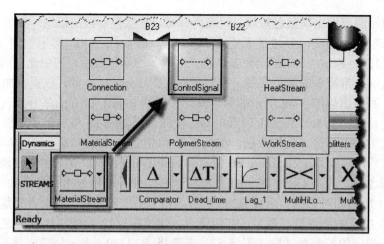

图 5-46 Aspen Dynamics 中的控制线

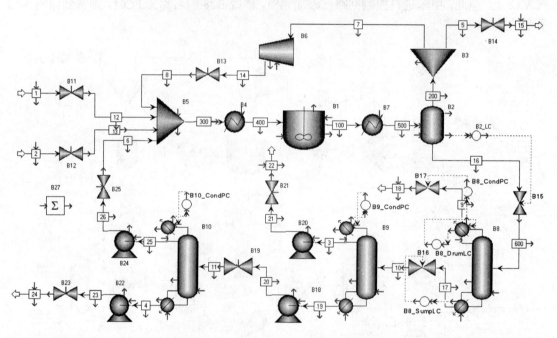

图 5-47 点击 ControlSignal 之后的 Aspen Dynamics 流程

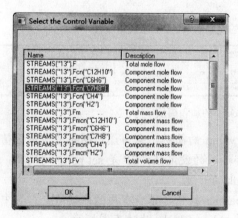

图 5-48 测量新鲜甲苯流量

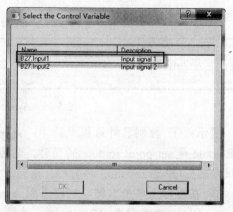

图 5-49 指定加和器的输入

图 5-50　Aspen Dynamics 中的 PID 控制器模块

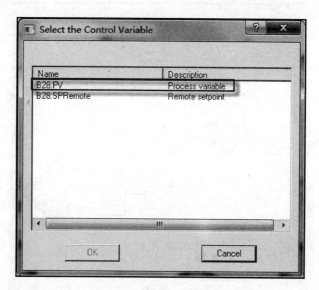

图 5-51　将测量信号作为 PID 控制器的测量值

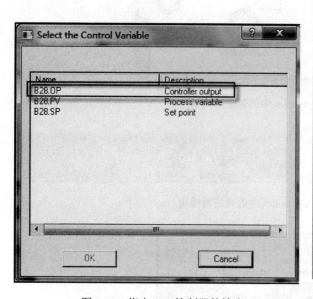

图 5-52　指定 PID 控制器的输出

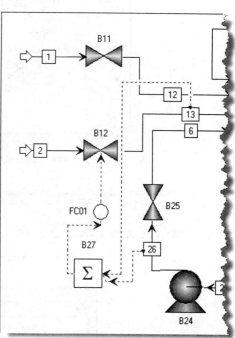

图 5-53　Aspen Dynamics 中的甲苯进料流量控制

⑬ 依照同样方法添加原料氢的进料流量控制回路，如图 5-54 所示。然后，添加 FC01 和 FC02 之间的比例调节。拖放 ModelLibraries→Controls→Multiply 图标（图 5-55）至流程图，得到模块 B30。从 FC01 到 B30 添加一控制信号线。此过程中，FC01 控制器将弹出类似图

5-51 的对话框，选择 FC01.PV 项；乘法器 B30 将弹出类似图 5-49 的对话框，选择 Input1 项。双击乘法器图标，在弹出的对话框的 Input2 中，输入氢对甲苯的比值 5，如图 5-56 所示。最后，从 B30 到 FC02 添加一控制信号线，完成整个氢与甲苯进料的比例调节回路，如图 5-57 所示。

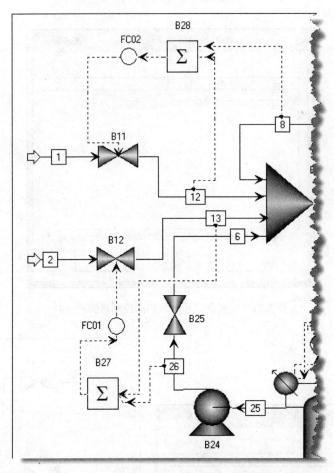

图 5-54　Aspen Dynamics 中的氢进料流量控制

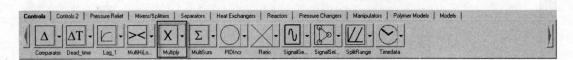

图 5-55　Aspen Dynamics 中的乘法器模块

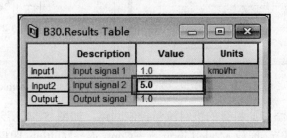

图 5-56　指定乘法器的乘数

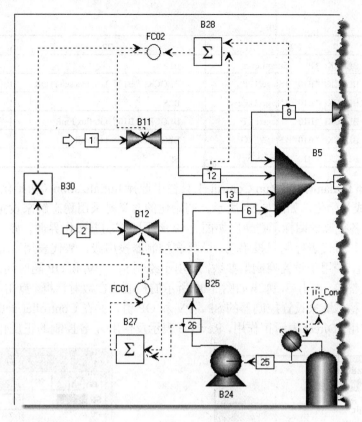

图 5-57　Aspen Dynamics 中的氢和甲苯进料的比例调节回路

　　⑭ 图 5-14 中的其他控制回路，可以依照同样方法添加，最终得到如图 5-44 所示的控制结构，图中各控制回路的具体参数见表 5-6。

表 5-6　在 Aspen Dynamics 中建立的各 HDA 控制回路参数

控制器	PV	OP	Controller action
FC01	B27 输出	B12	Reverse
FC02	B27 输出	B11	Reverse
TC01	STREAM("400").T	BLOCKS("B4").QR	Reverse
TC02	STREAM("500").T	BLOCKS("B7").QR	Reverse
FC03	STREAM("14").F	B13	Reverse
PC01	BLOCK("B2").P	B14	Direct
B2_LC	BLOCK("B2").level	B15	Direct
B8_CondPC	BLOCK("B8").Stage(1).P	B17	Direct
B8_DrumLC	BLOCK("B8").Stage(1).Level	BLOCK("B8").Condenser(1).QR	Direct
FC04	BLOCK("B8").Reflux.F	BLOCK("B8").Reflux.FmR	Reverse
TC03	BLOCK("B8").Stage(4).T	BLOCK("B8").QRebR	Reverse
B8_SumpLC	BLOCK("B8").SumpLevel	B16	Direct
B9_CondPC	BLOCK("B9").Stage(1).P	BLOCK("B9").Condenser(1).QR	Reverse
B9_DrumLC	BLOCK("B9").Stage(1).Level	B21	Direct
TC04	BLOCK("B9").Stage(19).T	BLOCK("B9").Reflux.FmR	Direct
TC05	BLOCK("B9").Stage(26).T	BLOCK("B9").QRebR	Reverse

控制器	PV	OP	Controller action
B9_SumpLC	BLOCK("B9").SumpLevel	B19	Direct
B10_CondPC	BLOCK("B10").Stage(1).P	BLOCK("B10").Condenser(1).QR	Reverse
B10_DrumLC	BLOCK("B10").Stage(1).Level	B25	Direct
TC06	BLOCK("B10").Stage(6).T	BLOCK("B10").Reflux.FmR	Direct
B26	BLOCK("B10").Stage(7).Q	BLOCK("B10").QRebR	Reverse
B10_SumpLC	BLOCK("B10").SumpLevel	B23	Direct

⑮ 在 Aspen Dynamics 的 Run Control 工具栏中选择 Initialization（初始化），然后点击右侧的▶按钮，完成初始化，如图 5-58 所示。初始化的含义是采用稳态解来设定动态模拟的边界值。依次双击各控制器图标，则弹出如图 5-59 所示的控制器操作界面。界面上的 ✎ 按钮代表控制器投自动，✎ 代表控制器投手动，✎ 代表控制器投串级，% 代表用百分比来分别显示 SP、PV 和 OP 值，✎ 用于设置控制器参数，✎ 用于绘制 SP、PV 和 OP 随时间的变化曲线，♫ 用于控制器参数整定。点击 ✎，弹出如图 5-60 所示的控制器参数对话框。点击 Initialize Values 按钮，让系统用稳态解来设置控制器的 SP、PV 和 OP 值，并在 Controller action 单选框中指定控制的正反作用（Direct 表示正作用，Reverse 表示反作用），各控制的正反作用值见表 5-6。

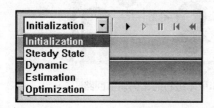

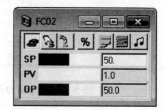

图 5-58　Aspen Dynamics 中的 Run Control 工具栏　　图 5-59　Aspen Dynamics 中的控制器操作界面

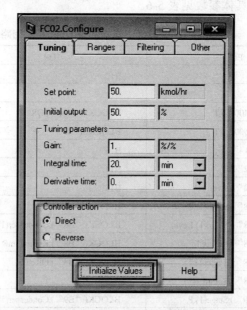

图 5-60　Aspen Dynamics 中的控制器参数设置界面

提示：Dynamics 初始化控制器的 OP 时，如果该 OP 作用于阀门上，则该值自动设为 50；如果 OP 作用于设备上，比如控制再沸器热负荷，则该值为设备参数的稳态值。

⑯ 至此，所有的动态模拟准备工作均已完成，保存该工程文件。为方便观察各测量数据的变化趋势，打开一些关键控制器面板放置在流程图窗口之上，如 FC01、FC02、PC01、B9_DrumLC、B10_SumpLC，它们分别代表了甲苯进料流量、氢气进料流量、放空气压力、产品苯液位、副产品联苯液位。为把进料比例控制投入使用，点击 FC02 的█按钮，将其投入串级，这样 FC02 的 SP 将自动变为 FC01 的 PV 值的 5 倍。此时的 Aspen Dynamics 流程图结构如图 5-61 所示。然后，在 Run Control 工具栏中选择 Dynamic，点击右侧的▶按钮运行动态模拟。观察各控制器的 PV 和 OP 值，直至它们几乎不再变化为止，这说明系统已接近稳态，点击‖按钮暂停动态模拟，保存工程文件。作为示例，图 5-62 给出了产品塔回流罐液位的渐趋稳态的变化过程，该图是在点击 B9_DrumLC 控制上的█按钮后弹出的。

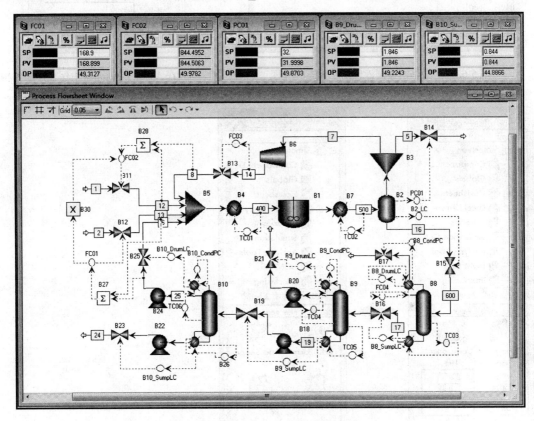

图 5-61　Aspen Dynamics 中的图面结构

⑰ 为避免再次一一排布这些关键控制器，可以点击菜单 Tools→Capture Screen Layout 或 Tools 工具栏中的█按钮，在弹出的对话框（图 5-63）中输入该结构名字，保存该图面布置结构。欲加载该结构，可点击菜单 Tools→Explore 或 Tools 工具栏中的█，打开 Exploring 窗口，双击其中的 Flowsheet 图标，再双击出现的 Layout1（已保存的图面结构名称）图标即可，如图 5-64 所示。

⑱ 为了考察 HDA 控制结构的抗干扰能力，下面测试甲苯进料流量降低 20%时的系统变化。由于 HDA 的主产品为苯，所以将苯产品的流量和浓度作为考察指标。为了显示二者的变化曲线，点击菜单 Tools→New→New Form，在弹出的对话框中（图 5-65），输入图名（Form Name），并选择 Plot 类型，从而新建两个显示图，图名分别为 F_benzene 和 X_benzene。双击产品苯物流，在弹出的计算结果对话框中，选择 F（摩尔流量）拖放至 F_benzene 图，将

Zn("C6H6")（苯的摩尔分数）拖放至 X_benzene 图，如图 5-66 所示。

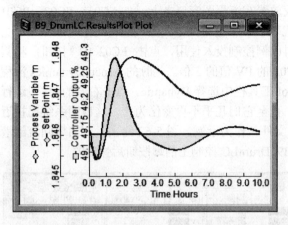

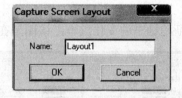

图 5-62　产品塔回流罐液位渐趋稳态的过程　　　　图 5-63　在 Aspen Dynamics 中保存图面结构

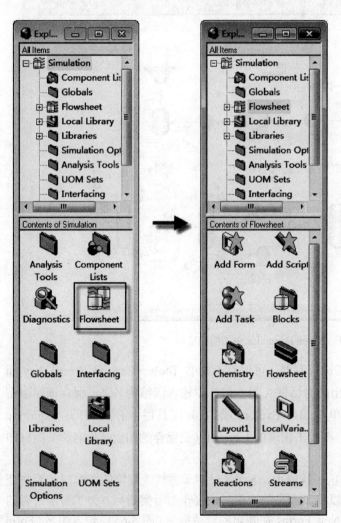

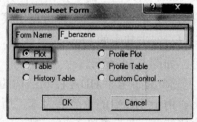

图 5-64　在 Aspen Dynamics 中加载图面结构　　　　图 5-65　在 Aspen Dynamics 中添加

一个显示图

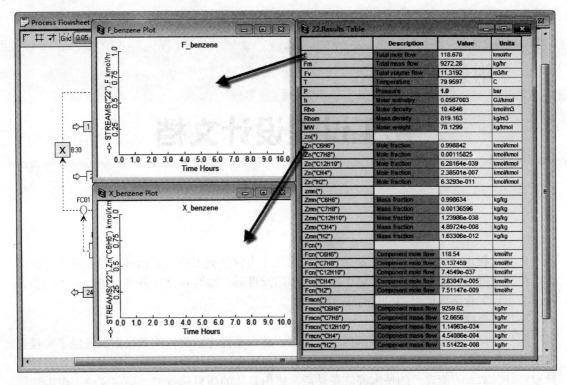

图 5-66　在显示图中添加显示内容

⑲ 运行动态模拟，并在 2h 时刻将 FC01 的 SP 改为 135（较原值降低 20%），得到的模拟结果如图 5-67 所示。可见，进料流量的大幅降低，会大量减少苯产品的流量，但产品浓度的变化不大，所以图 5-14 中所给的 HDA 控制方案是有效的。

提示：在图上选择右键菜单中 Zoom Full 命令，才能显示曲线的全部内容。

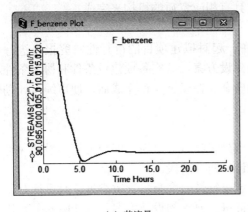

（a）苯流量

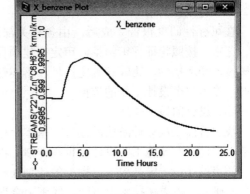

（b）苯浓度

图 5-67　在甲苯流量减少干扰下的 HDA 动态模拟结果

化工过程设计文档

　　化工过程设计的工作程序通常为：以基础设计为依据提出项目建议书；经上级主管部门认可后写出可行性研究报告；报请上级主管部门批准后，编写设计任务书，进行扩大初步设计；经上级主管部门认可后，进行施工图设计。

一、项目建议书

　　项目建议书由拟建项目的各部门、各地区、各企业提出，其目的是根据国民经济和社会发展的长远规划，结合矿藏、水利等资源条件和现有生产力分析，在广泛调查、收集资料、勘察厂址、基本弄清建厂的技术经济条件后，提出具体的项目建议书，向国家或上级主管部门推荐项目。获得批准的项目建议书是正式开展可行性研究、编制计划任务书的依据。

二、可行性研究报告

　　项目建议书经综合部门平衡、筛选后，需要对项目进行可行性研究认证，这项工作极其必要，是基本建设前期工作的重要内容，是基本建设程序中的组成部分。可行性研究报告按照项目资金来源性质不同，可由项目实施单位自己委托具有相应咨询或设计资质的机构来完成，也可由资金提供方或有关上级主管部门指定具有相应资质的机构来完成。

三、计划任务书

　　在可行性研究报告完成后，由各相关部门在一起对拟建项目的可行性研究报告进行论证、评审，按照论证评审结论，审定拟建项目的建设方案，落实各项建设条件和协作条件，审核技术经济指标，比较和确定厂址，落实建设资金。在以上工作完成后，便可编写计划任务书，作为整个设计工作的依据。

四、设计阶段

　　我国目前工程设计阶段的划分，基本上已与国外工程设计接轨，即分为初步设计（也称基础工程设计）及施工图设计（也称详细工程设计）两个阶段。

　　初步设计：一般是根据已批准的计划任务书或可行性研究报告评审意见，对设计对象进行全面研究，探求在技术上可能、经济上合理的最符合要求的设计方案。设计中的主要技术问题，要使之明确化、具体化，在初步设计阶段需要编写初步设计说明书及工程概算书。

　　施工图设计：是根据已经批准的初步设计进行的，它是进行施工的依据，为施工服务。在此设计阶段的设计成品是详细的施工图纸和重要的文字说明及工程预算书。

　　一般按照工程的重要性、技术的复杂性并根据计划任务书的规定，可以分为两段设计或一段设计。设计重要的大型企业以及使用比较新和比较复杂的技术时，为了保证设计质量，可以按照初步设计、施工图设计两个阶段进行。技术上比较简单、规模较小的工厂或个别车间的设计，可直接进行施工图设计，即一个阶段的设计。总之，设计阶段的划分，需按上级的要求、工程的具体情况和设计能力的大小等条件来决定。

五、初步设计说明书

初步设计的设计文件应包括以下两部分内容：设计说明书和附图、附表。化工厂（车间）设计说明书的内容和编写要求，根据设计的范围（整个工厂、一个车间或一套装置）、规模的大小和主管部门的要求而不同。对于炼油厂、化工厂，初步设计的内容和编写要求，原化学工业部曾有文件规定。对于一个装置或一个车间，其初步设计说明书的内容应包括：设计依据、设计指导思想和设计原则、产品方案、生产方法和工艺流程、车间（装置）组成和生产制度、原料和中间产品的主要技术规格、工艺计算、主要原材料和动力消耗定额及消耗量、生产控制分析、仪表和自动控制、技术保安和防火及工业卫生、车间布置、公用工程、"三废"治理及综合利用、车间维修、土建、车间定员、技术经济等。

六、主要的工程设计图纸

1. 带控制点的工艺流程图

带控制点的工艺流程图也称为施工流程图，是在方案流程图的基础上绘制的、内容较为详尽的一种工艺流程图。在施工流程图中应把设计的工艺过程中涉及的所有设备、管道、阀门以及各种仪表控制点等画出。它是设计、绘制设备布置图和管道布置图的基础，也是项目建设过程中进行设备施工安装和生产过程中指导操作的主要依据。其主要内容有：设备示意图、管道流程线、图例、标题栏等。

2. 设备布置图

设备布置图是化工设计、施工、设备安装、绘制管路布置图的重要技术文件，是在简化了的厂房建筑图上增加设备布置的内容，用来表示设备与建筑物、设备与设备之间的相对位置，在项目建设过程中可以直接指导设备的安装。复杂工艺流程设计过程中还要求绘制出平面设备布置图和立面设备布置图。其主要内容包括：一组视图、尺寸和标注、方位标、标题栏等内容。

3. 管道布置图

管道布置图又称管道安装图或配管图，主要表达车间或装置内管道和管件、阀、仪表控制点的空间位置、尺寸和规格，以及与有关机器、设备的连接关系。管道布置图是管道安装施工的重要依据，一般包括以下内容：一组视图、尺寸和标注、管口表、方向标、标题栏等。

参考文献

[1] 王静康. 化工过程设计. 北京：化学工业出版社，2006.

[2] 屈一新. 化工过程数值模拟及软件. 北京：化学工业出版社，2010.

[3] 汪海，田文德. 实用化学化工计算机软件基础. 北京：化学工业出版社，2010.

[4] 方利国. 计算机在化学化工中的应用. 第3版. 北京：化学工业出版社，2010.

[5] 马江权，冷一欣. 化工原理课程设计. 北京：中国石化出版社，2009.

[6] 教育部高等教育司，北京市教育委员会. 高等学校毕业设计（论文）指导手册. 北京：高等教育出版社，2007.

[7] 陈声宗. 化工设计. 第2版. 北京：化学工业出版社，2008.

[8] 方利国. 计算机辅助化工制图与设计. 北京：化学工业出版社，2010.

[9] 蒋慰孙，俞金寿. 过程控制工程. 第2版. 北京：中国石化出版社，1999.

[10] 田文德，王晓红. 化工过程计算机应用基础. 北京：化学工业出版社，2007.

[11] 黄璐，王保国. 化工设计. 北京：化学工业出版社，2001.

[12] 厉玉鸣. 化工仪表及自动化. 第4版. 北京：化学工业出版社，2006.

[13] Seider Warren D, Seader J D, Lewin Daniel R 著. 产品与过程设计原理——合成、分析与评估. 朱开宏，李伟，钱四海译. 上海：华东理工大学出版社，2006.

[14] Douglas J M 著. 化工过程的概念设计. 蒋楚生，夏平译. 北京：化学工业出版社，1994.

[15] Smith R 著. 化工过程设计. 王保国，王春艳，李会泉，石磊译. 北京：化学工业出版社，2002.

[16] 姚平经. 过程系统工程. 上海：华东理工大学出版社，2009.

[17] Luyben William L. Distillation design and control using Aspen simulation. New Jersey: John Wiley & Sons, 2006.

[18] 王晓红，田文德，王英龙. 化工原理. 北京：化学工业出版社，2009.

[19] 田文德，张军. 化工安全分析中的过程故障诊断. 北京：冶金工业出版社，2008.

[20] Ralpha Schefflan. Teach yourself the basics of Aspen Plus. Singapore: Wiley, 2011.

[21] 李军，卢英华. 化工分离前沿. 厦门：厦门大学出版社，2011.